普通高等教育“十二五”规划教材

21世纪全国高校应用人才培养信息技术类规划教材

计算机应用案例教程

方世强　史秀璋　林洁梅　主　编

内 容 简 介

本书以教育部计算机基础课程教学指导委员会制定的“大学计算机基础教学基本要求”为主线，结合计算机应用技术的发展及高校计算机课程的教学和学生掌握计算机技术的实际需要而编写。主要内容包括：计算机基础知识、操作系统、计算机网络应用基础、Word 2007、Excel 2007、PowerPoint 2007，并附实验内容。在编写中考虑到学生今后工作的需要和学生的实际接受能力，课程内容和上机实验的程度按照够用、实用的原则进行安排。本书以应用为主，突出案例教学，使学生能在应用中学习，在学习中应用。

本书适合作为高等院校大学计算机基础课程的用书，还可作为计算机等级考试的培训教材，以及其他专业、不同层次从事办公自动化的工作者学习及参考。

图书在版编目（CIP）数据

计算机应用案例教程/方世强，史秀璋，林洁梅主编．—北京：北京大学出版社，2011.9
（21 世纪全国高校应用人才培养信息技术类规划教材）

ISBN 978-7-301-19394-5

I. 计… II. ①方… ②史… ③林… III. 电子计算机—高等学校—教材 IV. TP3

中国版本图书馆 CIP 数据核字（2011）第 170152 号

书　　名：计算机应用案例教程
著作责任者：方世强　史秀璋　林洁梅 主编
策 划 编 辑：温丹丹
责 任 编 辑：温丹丹　段泽旗
标 准 书 号：ISBN 978-7-301-19394-5/TP・1186
出 版 发 行：北京大学出版社
地　　址：北京市海淀区成府路 205 号　100871
电　　话：邮购部 62752015　发行部 62750672　编辑部 62765126　出版部 62754962
网　　址：http://www. pup. cn
电 子 信 箱：zyjy@pup. cn
印 刷 者：三河市博文印刷厂
经 销 者：新华书店
787 毫米×1092 毫米　16 开本　16.25 印张　395 千字
2012 年 4 月第 1 版　2013 年 9 月第 4 次印刷
定　　价：34.00 元

前　言

计算机学科是信息科学的一个重要组成部分。当今世界已经迈入信息时代，可以说没有计算机就没有现代化。在信息化社会中，计算机文化知识已成为人们知识结构中不可缺少的重要组成部分，掌握计算机技能不仅是当今社会所必需的，而且也是培养人才的一种有别于常规文化的教育，一种人才科学素质教育，一种强有力的技术基本教育。当今世界，综合国力的竞争，说到底是掌握高科技人才的竞争。怎样将计算机科学知识迅速而有效地普及到全社会，也就成为了各国、各民族，特别是发展中国家和民族的一件具有紧迫感的任务。“人才培养，计算机教育必须先行”已逐渐成为大家的共识。

为此，我们必须对学生加强计算机基础应用教育。不仅要培养学生具有计算机文化意识，而且要培养他们真正掌握现代化的信息处理工具。高等学校各类学生，毕业后大多是社会的实用人才，要求他们熟练掌握计算机的操作，以满足日常工作中的文字、图像、声音、动画等数据处理。因此我们的教学也应当从实际出发，着重计算机基础应用教育。目前，计算机各类教材、专业书籍琳琅满目，但以案例教学的书籍还是比较欠缺。因此，有北京大学出版社组织有多年教学经验的一线教师共同编写本书，以适应高等教育的发展需要，目的是通过本书的学习，在突出实训的基础上，使学生更好、更快地掌握计算机操作技能。

本书由方世强、史秀璋、林洁梅主编，具体编写分工如下：第 1 章由沈岳、杜鹏编写，第 2 章由郭晨、马楠编写，第 3 章由张紫潇、高书凤编写，第 4 章由史秀璋编写，第 5 章由方世强、赵伟霞编写，第 6 章由史秀璋、程文英编写，第 7 章由林洁梅编写，全书由史秀璋、方世强审核，教学课件由沈岳制作，请登录我社网站 www.pup.cn 的“下载专区”进行下载。

本书在编写的过程中得到郭红俊、谭秀杰、覃枚芳、张德实、李丹丹、王辉等同志的参与和帮助，在此表示感谢。

对于本书的错误和不足之处，敬请同行和读者批评指正。

编　者
2012 年 4 月

目　　录

第 1 章　计算机基础知识

1.1　计算机的产生与发展

计算机是20世纪最重大的发明之一，它的出现对人类的经济、政治、文化，以及人们的生活产生着巨大的冲击和影响。

1.1.1　什么是计算机

计算机，即电子计算机，也称为电脑，是用于信息处理的电子设备。在软件系统的控制下，将输入的数据信息，按照要求进行存储、分类、整理、判断、计算、决策和处理等操作。

1.1.2　计算机的产生与发展

1. 计算机的产生与发展经历

计算机是适应现代科技发展的需要而产生的。1943—1946 年期间，美国宾夕法尼亚大学为美国军方研制了第一台电子管计算机，取名为 ENIAC。从 1946 年第一台电子管计算机诞生以来，根据计算机的性能和当时的硬件技术状况，将计算机的发展分成 4 个阶段，分别为电子管计算机、晶体管计算机、集成电路计算机和超大规模集成电路计算机。

计算机更新换代的主要标志，除了电子器件的更新之外，还包括计算机系统结构方面的改进和计算机软件的发展。各代计算机的情况如表 1-1 所示。

表 1-1　计算机发展历程

	电子管计算机	晶体管计算机	集成电路计算机	超大规模集成电路计算机
时间	1946—1958 年	1959—1964 年	1965—1971 年	1972 年至今
主要元件	电子管	晶体管	集成电路	超大规模集成电路
每秒运算次数	数千次至数万次	数十万次	数十万次至数千万次	数亿次以上
存储容量	15 万字节	20 万字节	50 万字节	数百万字节以上
软件	机器语言、汇编语言	高级语言，出现管理程序	管理程序发展为操作系统	网络、数据库、多媒体技术及大量应用软件

从 20 世纪 80 年代开始，研究人员研发了可以处理声音、具有人工智能、能够积累知识、可以自行推理和有多个 CPU 并行处理数据的计算机硬件系统和软件系统，即第五代计算机，它以人工智能为主要特点。

2. 计算机的发展趋势

计算机的发展趋势是巨型化、微型化、多媒体化、资源网络化和处理智能化。

（1）巨型化。计算机发展的一个趋势是研制出功能极强、运算速度特快的巨型机。其运算速度达每秒千亿次以上。巨型机的发展体现了计算机科学研究和发展的水平。

（2）微型化。微型计算机简称“微型机”，它是大规模集成电路技术发展的产物，它采用集成度越来越高、功耗越来越小的大规模和超大规模集成电路芯片。内存储器采用高速度、高密度的半导体存储器。它的功能已经达到几年前小型机甚至中型机的水平，由于它具有体积小、质量轻、功能强和价格低等突出优点，因此发展极其迅速并且被广泛的应用。

（3）多媒体化。多媒体是以数字技术为核心的图像、声音与计算机、通信等融为一体的信息环境的总称。多媒体的实质是让人们利用计算机，以方便、更接近自然的方式交换信息。

（4）资源网络化。计算机网络是计算机发展的又一个方向。计算网络是指由通信线路连接的、由网络协议所联系的、由独立的计算机组成的、着重解决资源共享的一种多机系统。它可以用电缆或光缆将地理上很分散的、独立的计算机联成一个整体，实现资源共享。

（5）处理智能化。研究智能模拟是计算机发展的另一个重要方向，它是将计算机科学与控制论、仿生学和心理学等各学科相结合而发展起来的，是探索、模拟人的感觉和思维的学科，使计算机具有人工的智能，如定理证明、自然语言的理解以及图像和物体的识别等。目前主要方向是研究专家系统和机器人。

1.2 计算机的分类和特点

1.2.1 计算机的分类

计算机总体上可以分为模拟计算机和数字计算机，数字计算机按用途又可以分为专用计算机和通用计算机。按 1989 年美国电气和电子工程师协会（IEEE）将通用计算机进行分类，可分为下面 6 种。

（1）巨型计算机也称为超级计算机。在各类计算机中占地面积最大，速度最快，价格也最昂贵。这种计算机采用高速器件和并行处理的体系结构以达到高速度，目前其运行速度可达每秒千亿次。巨型机被用于大数据量、高速度处理的情况，如气象预报、国防应用等。

（2）小巨型计算机，也称为小型超级计算机或桌上型超级计算机。它的功能略低于巨型机，速度达到每秒几十亿次，而价格是巨型机的 1/10。

（3）大中型计算机或称大型电脑。大中型计算机的价格一般在 100 万美元左右。一部主机可同时支持 128 个以上的用户，内存可达 1 GB 以上。大中型计算机一般多用于国防、各公司行政总部的事务处理等方面。

（4）小型计算机。小型计算机的价格一般在 1 万～10 万美元。通常一部主机可以同时支持 2～16 个用户，它普遍用于各中小型企业、工厂和学校。

（5）个人计算机，即平行常所说的微型计算机。这类计算机的价格在数百美元至 1 万美元以下，由于价格低廉，近年来深受学校、家庭以及小型企业的欢迎，因而发展十分迅速。从 1983 年 IBM 公司发表基于 8088CPU 的 PC/XT 个人计算机至今，已经发展到 Pentium 4 芯片的计算机，其主频也从 4.77 MHz 提高到 1.5 GHz。产品有台式、手提式、掌上型等类型。

（6）工作站。工作站是介于微型计算机与小型计算机之间的一种高档计算机。其运行速度比微型计算机快，且有较强的网络功能。它主要用于专业领域，如图像处理、计算机辅助设计等。

1.2.2　计算机的特点

1. 运算速度快

这是计算机最显著的特点。1946 年它诞生时运算速度为 5 000 次 / 秒；现在微型计算机一般运算速度达每秒数亿次；巨型机的速度甚至达每秒数亿次以上。例如，我国的大规模并行计算机系统神威一号的峰值速度为 3 840 亿次/秒，是在世界上已经投入商业运行的前 500 台高性能计算机之一，它可以轻松地完成天气预报、人类心脏基因克隆运算等过去难以完成的计算。

2. 计算精确度高

计算机采用二进制数表示各种数据信息，数的精确度主要取决于数据的位数，称为字长。字长越长，精度越高。因此数字计算机的精度可以达到很高。

3. 自动化功能强

计算机的原始数据、中间结果和最后结果都可以存入存储器中。事先编制好的程序也可以存入存储器中，计算机按照程序指令执行任务。这是计算机能够自动计算的基础。使用者将程序送入后，计算机就在程序控制下完成全部工作，并输出结果，不需人工干预。

4. 存储量大

具有存储信息的能力是数字计算机的主要特点之一。现在计算机的内存和外存容量越来越大，从而大大提高了计算机对信息的存储能力。

5. 操作越来越简单

使用者不需要了解计算机的内部复杂结构和原理，就可以利用高级语言对计算机编程；计算机也可以应用于不同的场合，根据程序的控制完成不同的工作。

1.3　计算机的应用领域

1. 数值计算

计算机的发明和发展，首先是为了快速解决科学研究和工程技术中的大量数学运算问题。由于计算机的计算速度快，且精确度高，大大提高了科研与工程设计的速度和质量，广泛应用于在某些工程设计中，如卫星轨道的计算、发射参数的计算等。

2. 实时控制

实时控制用于对机械、钢铁、石油和化工等生产过程的控制，利用计算机实现生产过程的实时控制，可以大大提高自动化水平，提高控制准确性，提高产品质量，降低成本。在军事现代化中，实时控制也占重要的地位。

3. 数据处理（信息处理）

数据处理是计算机应用的一个重要领域。如企业管理、情报检索、办公自动化等领域都有大量的数据需要进行各种分析、加工与处理。数据处理系统利用网络的互联实现了计算机资源共享。

4. 计算机的辅助设计、辅助教学

计算机辅助设计（CAD）是利用不同的计算机设计系统，在与设计人员的交互作用下，实现最优化设计、判断和处理等工作。目前，CAD 已成为生产现代化的重要手段之一。CAD 技术的发展，带动计算机辅助制造（CAM）的发展，随着计算机技术的发展，全面自动化生产将成为当今发展的必然趋势。计算机集成制作系统（CIMS）已走向应用。CIMS 是包含人、机器、物料、资金和信息等活动的复杂系统。借助计算机综合集成能力，使生产活动协调配合，取得最佳效益。计算机辅助教学（CAI），可以通过计算机很直观地进行模拟演示，取得良好的教学效果。

5. 人工智能

人工智能是计算机科学的一个分支，是研究怎样用计算机来模仿人脑所从事的推理、学习、思考、规划等思维活动，以来解决人类专家才能处理的复杂问题。如医疗诊断、石油探测、气象预报、管理决策等。目前人工智能取得了一定的成功，例如，在人机象棋大赛中计算机战胜国际象棋大师、机器人足球赛等。现在人工智能正朝着实用化迈进，如对口语的理解、手写字的识别、机器人驾驶车在危险环境下工作等。

6. 计算机通信

计算机之间相互联结成网络后，作用与功能被大大地扩展了。可以通过银行的计算机网络实现异地存取款业务；通过网络传递股票信息，在家里就可以利用计算机炒股；电子商务已经步入人们的生活。

7. 多媒体计算机

多媒体计算机能够处理文本、图形、图像、声音等多种媒体信息。具有集成性、实时性、交互性的特点。典型应用包括教育和培训、咨询和演示、娱乐和游戏、视频会议系统、视频服务系统（如影片点播系统）、计算机支持协同工作（如远程会诊系统）等。新一代的多媒体计算机将融学习、工作和娱乐于一体。

8. 计算机模拟

计算机模拟是计算机程序代替实物模型所做的模拟实验，既广泛应用于工业部门，又应用于社会学领域。在 20 世纪 80 年代末，出现了“虚拟实现”的新技术，将成为 21 世纪初期最有前景的新技术之一。

1.4　计算机系统的组成

完整的计算机系统由计算机硬件系统和计算机软件系统两大部分组成，如图 1-1 所示。

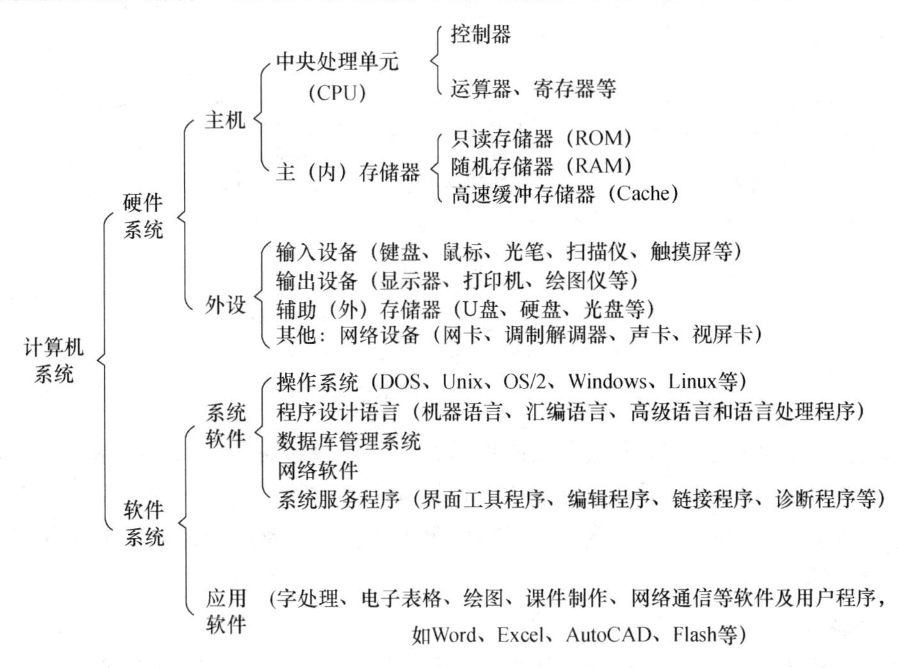

图 1-1　计算机系统的组成

硬件是软件的基础，软件是硬件的实现，所以计算机系统既包含硬件又包含软件，两者不可分割，硬件和软件相结合才能充分发挥计算机系统的功能。

1.4.1　计算机硬件系统

计算机硬件或称硬件平台，是指计算机系统所包含的各种机械的、电子的、磁性的装置和设备，如运算器、软盘、硬盘、键盘、显示器、打印机等。每个功能部件各尽其职，协调工作，缺少其中任何一个，都不能成为完整的计算机硬件系统如图 1-2 所示。

图 1-2　计算机硬件系统的组成

硬件是组成计算机系统的物质基础，不同类型的计算机，其硬件组成是不一样的。从计算机的生产、发展到今天，各种类型的计算机都是属于冯·诺依曼型计算机。这种计算机的硬件系统结构从原理上来说主要由运算器、控制器、存储器、输入设备和输出设备 5 部分组成，存储器又分为内存储器和外存储器两类。通常把运算器与控制器称为中央处理器（Central Processing Unit，CPU），把中央处理器与内存储器称为计算机的主机，把外部存储器和输入/输出设备统称为计算机的外部设备。冯·诺依曼型计算机硬件系统的组成结构如图 1-3 所示。

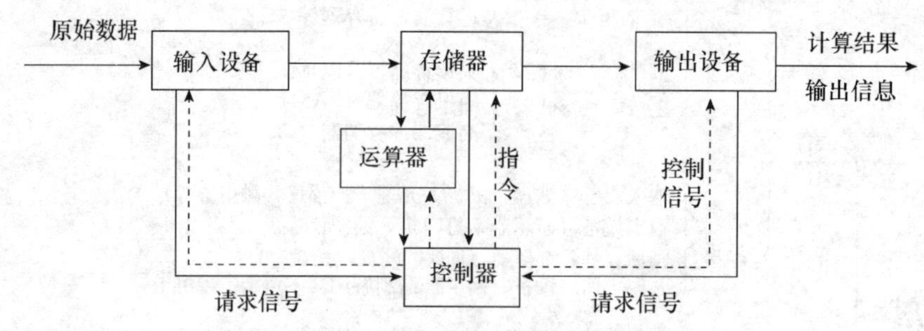

图 1-3　计算机硬件系统的组成结构

运算器用于对数据进行算术运算和逻辑运算，即数据的加工处理；控制器用于分析指令、协调 I/O 操作和内存访问；存储器用于存储程序、数据和指令；输入设备用于把源程序和数据输入到计算机中；输出设备用于输出源程序、数据及运行结果。下面分别对各主要硬件进行介绍。

1. 中央处理器（CPU）

中央处理器是一个大规模集成电路器件，是计算机的心脏。如图 1-4 所示。它产生控制信号对相应的部件进行控制，并执行相应的操作。不同型号的计算机，其性能的差别首先在于其微处理器性能的不同，而中央处理器的性能又与它的内部结构、硬件配置有关。每种中央处理器都具有特有的指令系统。

2. 内存储器

内存储器即内存，也称为主存储器如图 1-5 所示，是计算机的存储设备，通常分为只读存储器（Read Only Memory，ROM）、随机存储器（Read Access Memory，RAM）和高速缓冲存储器（Cache）三类。

图 1-4　CPU 芯片

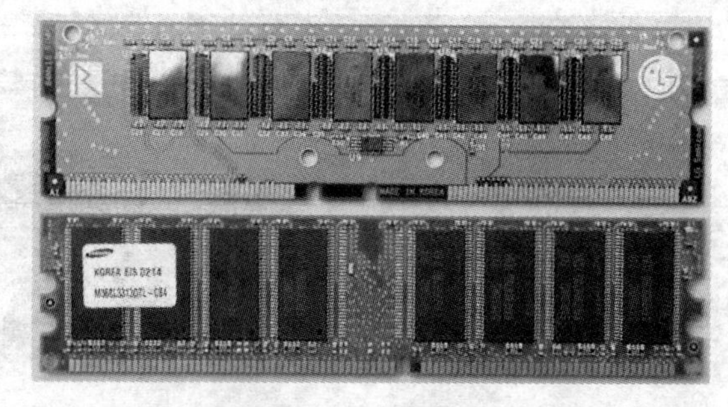

图 1-5　内存条

（1）只读存储器。ROM 中的程序是由设计者和制造商事先编制好固化在芯片上面的，使用者不能改变。主要用于检查计算机系统的配置情况并提供最基本的 I/O 控制程序，如存储 BIOS 参数的 CMOS 芯片。其特点是计算机断电后程序仍然存在。

（2）随机存储器。RAM 是计算机工作的基础，用于存放运行程序所需的命令、程序和数据等。CPU 在执行程序时要经常从内存储器中取指令和数据，RAM 中的内容随着计算机的工作时时变化。

RAM 主要有两个特点：一是存储单元中的数据可以反复使用，只有向存储单元写入新数据时，其中的旧数据被新数据取代；二是当计算机断电后，RAM 的信息自然消失。

目前计算机的内存采用半导体存储器，基本上以内存条形式设计，其优点是插拔方便，用户可根据需要随时增加内存。常见的内存条有 128 MB、512 MB、1 GB 和多个 GB 等。

（3）高速缓冲存储器。由于 CPU 速度的不断提高，RAM 的速度越来越难以满足高速 CPU 的要求。在一般情况下，读写系统、主存均要加入等待时间，这对高速 CPU 来讲是一种极大浪费。解决的办法就是采用 Cache 技术，即是指在 CPU 与主存储器之间设置一级或两级高速小容量存储器，称为高速缓冲存储器。在计算机工作时，系统先将指令或数据由外存读入内存的 RAM 中，再由 RAM 读入 Cache 中，CPU 直接从 Cache 中读取指令或数据进行操作。

Cache 主要用来存储 CUP 常用的数据和代码信息，其容量在 32～256 KB 之间，存取速度通常在 15～35 ns 之间，而 RAM 存取速度一般要大于 80 ns。

3. I/O 设备接口电路

接口是指不同设备为实现与其他系统或设备连接的对接部分。不同的设备，特别是以计算机为核心的电子设备，都有自己独特的系统结构、控制软件、总线、控制信号等。为使不同设备能连接在一起协调工作，必须对设备的连接有一定的约束或规定，这种约束就是接口协议。实现接口协议的硬件设备称为接口电路，简称接口。

计算机接口的作用是使计算机系统与外部设备、网络，以及其他的用户系统进行有效连接，以便进行数据和信息的交换。

I/O 接口分为总线接口和通信接口。当外设或用户电路与 CPU 之间进行高速数据、信息交换及控制操作时，应使用计算机总线把外设和用户电路连接起来，这时就需要使用计算机总线接口；当计算机系统与其他系统直接进行数字通信时使用通信接口。

（1）总线接口。计算机总线接口是计算机提供给用户的一种电路插座，供插入各种接口。插座的各个管脚与计算机总线的相应信号线相连，用户只要按照总线排列的顺序制作外设或用户电路的插线板，即可实现外设或用户电路与系统总线的连接，使外设或用户电路与计算机系统成为一体。常用的总线接口有：AT 总线接口、PCI 总线接口、IDE 总线接口。

AT 总线接口多用于连接 16 位的外部设备，例如 16 位声卡、低速的显示适配器、16 位数据采集卡以及网卡等。PCI 总线接口用来连接 32 位计算机系统中的外部设备，例如 3D 显示卡、高速数据采集卡等。IDE 总线接口主要用于连接各种磁盘和光盘驱动器，可以提高系统的数据交换速度和能力。

（2）适配器。为使各种不同的外设能在 CPU 控制下正常工作，除了需要有计算机总线接口电路外，还必须配备有适当的适配电路，通常称为接口适配器。适配器是指计算机系统中驱动某一个外设而设计的功能模块电路的统称。例如计算机中的打印机适配器、监视器适配器（显示卡）等。适配器只能用于具有相应总线接口的计算机系统。适配器电路中必须包括两个接口电路，一个是与总线对接的总线接口，另一个是与外设对接的 I/O 接口。

在计算机系统中的 I/O 接口不具备系统功能，也就是说不能独立完成某些系统任务，只起到设备连接的作用。而适配器具有独立的系统功能，它可以完成系统分配的任务，并与计算机系统并行运行。例如，显示适配器的任务是从系统接收一定格式的数据和命令，根据系统所给的命令，将数据按一定的方式进行处理，产生显示器所需要的信号，再通过显示接口把显示信号输出到显示器。

（3）通信接口。通信接口是指计算机系统与其他系统直接进行数字通信的接口电路，通常分串行通信接口和并行通信接口（即串口和并口）及 USB 接口，如图 1-6 所示。

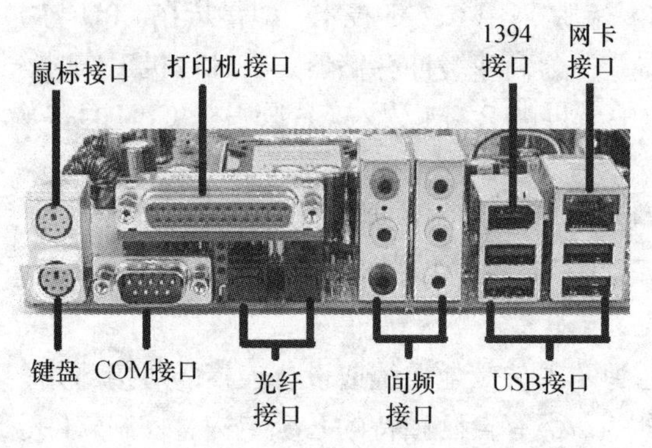

图 1-6　计算机接口

串口用于把像 MODEM 这种低速外部设备与计算机连接，传送信息的方式是一位一位地依次进行。串行接口的标准是电子工业协会 RS-232C 标准。串行接口的连接器有 D 型 9 针插座和 D 型 25 针插座两种，位于计算机主机箱的后面板上。鼠标器就是连接在这种串行口上。

并行接口多用于连接打印机等高速外部设备，传送信息的方式是按一个字节同时进行。PC 使用的并行接口为标准并行接口。打印机一般采用并行接口与计算机通信，打印机端用 36 针 8 位连接器，计算机端用 D 型 25 针连接器。并行接口也位于计算机主机箱的后面板上。

USB（Universal Serial Bus，通用串行口）使用特殊的两种 D 型 4 针插头插座，小的一头与外设上设置的 USB 接口相连，大的一端与计算机 USB 插座相连。目前，Pentium 以上的主板均已设置 USB 接口，一般为 3～6 个 USB 插座。

4. 总线

总线是系统各部件之间传送信息的公共通道，按其传送的信息可分为数据总线、地址总线和控制总线 3 类。

数据总线（Data Bus，DB）用来传送数据信息，是双向总线。CPU 既可通过 DB 从内存或输入设备读入数据，又可通过 DB 将内部数据送至内存或输出设备。DB 决定了 CPU 和计算机其他部件之间每次交换数据的位数。Pentium CPU 有 32 条数据线，每次可以交换 32 位数据。

地址总线（Address Bus，AB）用于传送 CPU 发出的地址信息，是单向总线。传送地址信息的目的是指明与 CPU 交换处的内存单元或 I/O 设备。一般存储器是按地址访问的，所以每个存储单元都有一个固定的地址，要访问 1 MB 存储器中的任一单元，需要给出 1 MB 的地址。即需要 20 位地址（2^{20}=1 MB），因而地址总线的宽度决定了 CPU 的最大寻址能力。

控制总线（Control Bus，CB）用来传送控制信号、时序信号和状态信号等。其中有的是 CPU 向内存或外部设备发出的信息，有的是内存或外部设备向 CPU 发出的信息。显然，CB 中的每一根线的方向是一定的、单向的，但作为一个整体则是双向的。所以，在各种结构框图中，凡涉及控制总线 CB，均是以双向线表示。典型的总线结构如图 1-7 所示。

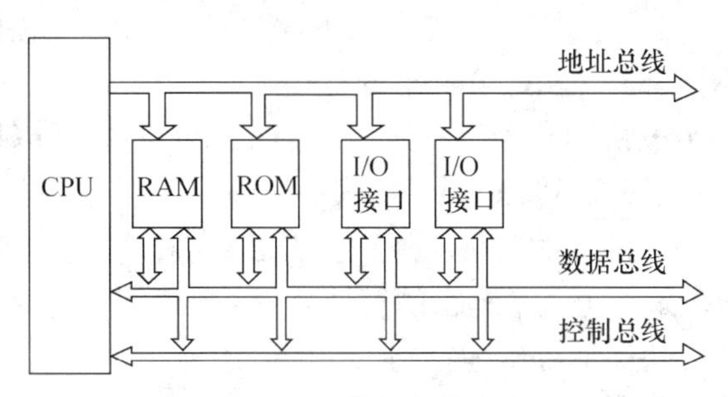

图 1-7　计算机总线结构

5. 存储设备

（1）U 盘。U 盘又称优盘、闪盘，是现在最常用的移动存储设备，目前市场上常见的 U 盘如图 1-8 所示。U 盘一般以 Flash 闪存芯片作为存储介质，配以控制电路，具有防磁、防震、防潮等特性，可靠性非常高，擦写次数可多达 100 万次。U 盘一般使用 USB 接口，体积小巧，携带方便，容量较大，功能较多，且在 Windows 2000/XP 等常用操作系统下不需要专门安装驱动程序，当前流行容量为 512 MB～4 GB 的产品。

现在一些厂家开始注重提高 U 盘的附加性能，如杀毒功能、保密功能、邮件收发功能等，用户在选择产品时，可以根据实际需求进行挑选。

U 盘的 USB 接口标准有 USB 1.1 和 USB 2.0 两种，目前市面上销售的 USB 2.0 标准的产品越来越多，USB 1.1 标准的产品正逐渐被淘汰。

（2）移动硬盘。移动硬盘是一种大容量的移动存储设备，虽然其便携性稍差，但其容量可高达几百 GB，如图 1-9 所示。

图 1-8　U 盘

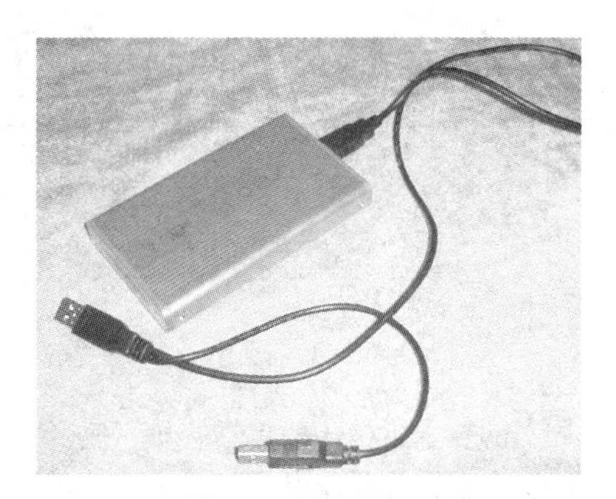

图 1-9　移动硬盘

移动硬盘是由一个硬盘盒和一块硬盘组成的，硬盘盒中有标准硬盘接口和控制电路。硬盘盒通过一条 USB 连接线与计算机主机的 USB 接口相连。由于有些 USB 接口供电不足，硬盘盒一般都配有一条额外的连接线，用单独电源供电。也有的是通过计算机的 PS/2 接口或另外一个 USB 接口供电。

常用的硬盘盒有两种，一种是配合台式机的 5 英寸硬盘使用的，另一种是配合笔记本电脑的 3 英寸硬盘使用的。5 英寸硬盘的容量较大，目前市面上有几百个 GB 的产品销售，其转速高，速度快，但其体积、重量和发热量也较大，便携性较差。而 3 英寸硬盘体积小，重量轻，便于携带，但容量较小。移动硬盘的 USB 接口标准也有 USB 1.1 和 USB 2.0 两种，目前市面上销售的基本上都是 USB 2.0 标准的移动硬盘。

（3）硬盘。硬盘是由电机和硬盘组成的，一般置于主机箱内。硬盘是涂有磁性材料的磁盘组件，根据容量，一个普通转轴上串有若干个硬盘，每个硬盘的上下两面各有一个读/写磁头。与软盘磁头不同，硬盘的磁头不与磁盘表面接触，它们“飞”在离磁盘面百万分之一英寸的气垫上。硬盘是一个非常精密的机械装置，磁道间只有百万分之几英寸的间隙，磁头传动装置必须把磁头快速而准确地移到指定的磁道上。

硬盘的基本系统来组织磁道、扇区和读写磁盘，一个硬盘可以有多张的盘片，所有的盘片串在一根轴上，两个盘片之间仅留出安置磁头的距离。柱面是指盘的所有盘片具有相同编号的磁道。硬盘的容量取决于硬盘的磁头数、柱面数及每个磁道扇区数，由于硬盘一般均有多个盘片，所以用柱面这个参数来代替磁道。每一扇区的容量为 512 B，硬盘的容量为：512 × 磁头数 × 柱面数 × 每道扇区数。

不同型号的硬盘其容量、磁头数、柱面数及每磁道扇区数均不同，主机必须知道这些参数才能正确控制硬盘的工作，因此安装新硬盘后，需要对主机进行硬盘类型的设置。此外，当计算机发生某些故障时，有时也需要重新进行硬盘类型的设置。

目前的硬盘有两种，一种为固定式，一种为抽取式。所谓固定式就是固定在主机箱内，容量在 100 GB～1 000 GB 之间，如图 1-10 所示。

图 1-10　硬盘内外结构

硬盘的技术指标一般包括容量、速度、访问时间及平均无故障时间。

（4）光盘。光盘是利用光学的方式进行读写信息的存储器。光盘存储器最早用于激光唱机和影碟机，后来由于多媒体计算机的迅速发展，光盘存储器便在 PC 系统中获得广泛的应用。目前使用的光盘有用于存储视频信号的视频光盘及存放数字音频信号的激光唱盘，计算机所用光盘是用于存储数字信号的。

根据光盘存储技术，光盘驱动器分为：CD-ROM（只读光盘驱动器）、CD-R（可写光盘驱动器）、CD-R/W（可擦写光盘驱动器）、DVD-ROM（数字视频只读光盘驱动器）、DVD-RAM（数字视频可反复擦写光盘存储器）。CD-ROM 已经成为计算机的标准配置，随着价格的下降，CD-R/W 及 DVD-ROM 正逐渐被用户接受，有望取代 CD-ROM 和软驱。光盘存储器按用途可分为只读型光盘和可重写型光盘两种。

只读型光盘中包括 CD-ROM 和只写一次性光盘。CD-ROM 由厂家预先写入数据，用户不能修改，这种光盘主要用于存储文献和不需要修改的信息。只写一次性光盘的特点是可以由用户写信息，但只能写一次，写后将永久存在盘上不可修改。目前，计算机中常用的是 CD-ROM。

光盘的主要特点有：存储容量非常大，一张 4.72 英寸 CD-ROM 的容量可达 600 MB；可靠性高，不可重写光盘上的信息几乎是不可能丢失的。

DVD（Digital Video Disc，数字视频光盘）作为与 CD 同样大小的光盘却具备了 CD 无法与之相媲美的优势。在几乎不增加成本的基础上，数倍甚至几十倍地提升了存储的容量，而且 DVD 的速度也是 CD 无法比拟的，例如，16 倍速的 DVD 的传输速率相当于 140 倍速左右的 CD 的传输速度（这里指的是读 DVD 盘的速度），并且驱动器与当今的 CD 光盘向下兼容，所有的 DVD 驱动器都可以读取 CD-Audio 和 CD ROM 光盘，所以，DVD 逐渐取代 CD，成为主流光存储设备。

（5）存储系统的层次结构。在计算机中存储信息的器件有内存、U 盘、硬盘、光盘等。为了充分发挥各种存储器的长处，将其有机地组织起来，这就构成了具有层次结构的存储系统。

所谓存储系统的层次结构，是把各种不同存储容量、不同存取速度的存储器，按照一定的体系结构组织起来，使所存放的程序和数据按层次分布在各种存储器中。存储系统的层次结构如图 1-11 所示。

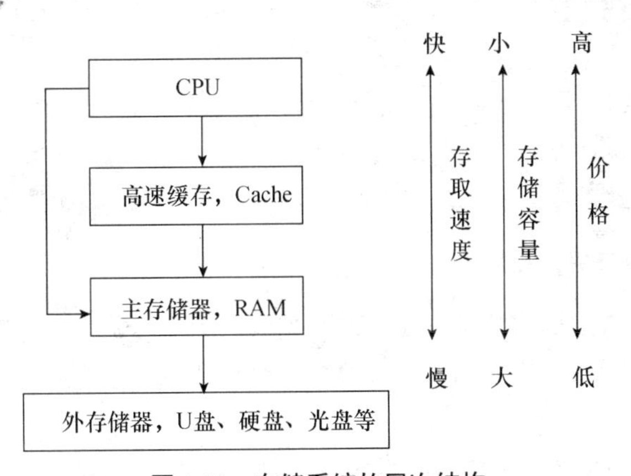

图 1-11　存储系统的层次结构

6. 输入设备

（1）键盘。键盘是计算机的主要输入设备，是实现人机对话的重要工具。通过它可以输入程序、数据、操作命令，也可以对计算机进行控制。

① 键盘的结构。键盘中配有一个微处理器，用来对键盘进行扫描、生成键盘扫描码和数据转换。

计算机的键盘已标准化，有 84 键的和 101 键的两种，如图 1-12 所示。通常使用的是 101 键的键盘。用户使用的键盘是组装在一起的一组按键矩阵，包括字符键、功能键、控制键、特殊键和数字键等。

字符键是指常用字符数据，如大小字字母、阿拉伯数字、特殊符号等。

功能键是指 F1，F2，…，F12，每个键的功能由软件决定，对于不同的软件有不同的功能。

控制键是指一些具有特定含义的键，主要有 Ctrl、Shift、Alt、Enter 等。这些键只有和其他键合在一起才具有特定的用途，其功能也由软件决定。

特殊键是指具有特定功能的键，如 Tab 键、Enter 键、Backspace 键及 Esc 键等。

② 键盘接口。键盘通过一个 5 针插头的五芯电缆与主机板上的 DIN 插组插座相连，使用串行数据传输方式。

（2）鼠标。鼠标是主要的输入设备，其主要功能用于移动显示器上的光标并通过菜单或按钮向主机发出各种操作命令，但不能输入字符和数据。

① 鼠标的结构。鼠标的类型、型号很多，按结构可分为机电式和光电式两大类。

机电式鼠标器内有一滚动球，在普通桌面上移动即可使用。光电式鼠标器有一个光电探测器，需要在专门的反光板上移动才能使用。

鼠标的外观如一方形盒子，其上有两个或三个按钮如图 1-13 所示。通常，左按钮用作确定操作；右按钮用作特殊功能，如在 Windows 中在任一对象上单击鼠标右按钮会弹出当前对象的快捷菜单。

图 1-12　101 键的键盘

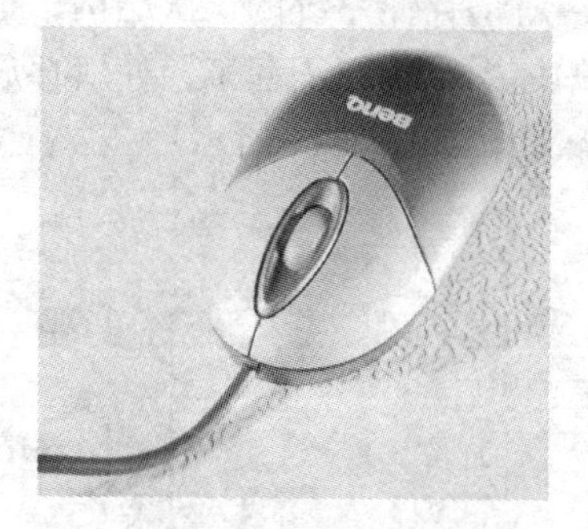

图 1-13　机械鼠标

② 鼠标接口。安装鼠标一定要注意其接口类型。鼠标接口多为串行口，将鼠标直接插在计算机的串行口 COM1 或 COM2 上即可，不需要任何总线接口板或其他外部电路。

7. 输出设备

（1）显示器。显示器用来将系统信息和计算机的处理结果显示在屏幕上，是计算机主要的输出设备。

① 显示器的分类。显示器有多种形式，多种类型，多种规格。按结构可分为阴极射线管（CRT）显示器、液晶显示器等。液晶显示器具有体积小、质量轻，只要求低压直流电源便可工作等特点，大多用在便携式计算机上。计算机上使用最多的是 CRT 显示器，其工作原理基本上和一般电视机相同，只是数据接收和控制方式不同如图 1-14 所示。

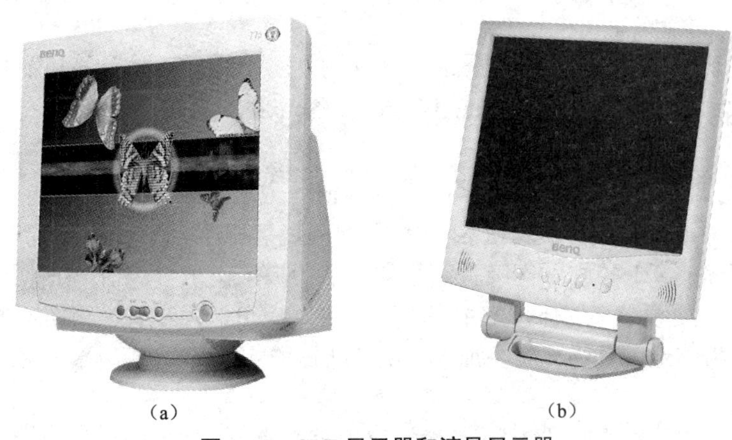

(a)　　　　(b)

图 1-14　CRT 显示器和液晶显示器

显示器按显示效果可以分为彩色显示器和单色显示器。单色显示器只能产生一种颜色，即只有一种前景色（字符或图像的颜色）和一种背景色（底色），不能显示出彩色图像。彩色显示器所显示的图像，其前景色和背景色均有许多不同的色彩变化，从而构成了五彩缤纷的图像。之所以能显示出色彩，不仅取决于显示器本身，更主要的是取决于显示卡的功能。

显示器按分辨率可分为中分辨率显示器和高分辨率显示器。中分辨率为 320 × 200，即屏幕垂直方向上有 320 根扫描线，水平方向上有 200 个点。高分辨率为 640 × 480，1024 × 768，1280 × 720，1400 × 1050 等。分辨率是显示器的一个重要指标，分辨率越高，图像就越清晰。

② 显示卡。显示器与主机相连必须配置适当的显示适配器，即显示卡。由于显示器有多种类型，因而显示卡也有多种类型。主要类型如图 1-15 所示。

（2）打印机。打印机也是计算机的基本输出设备之一。

① 打印机的分类。按照打印方式可分为字符式、行式和页式三类。字符式是逐个字符依次打印；行式是按行打印；页式是按页打印。按照打印机的工作机构可分为击打式和非击打式两类。常见的打印机类型如图 1-16 所示。

② 打印机与计算机的连接。打印机与计算机的连接均以并行口或串行口为标准接口，通常采用并行接口，打印机一端为 36 针插座，计算机一端为 25 针插座。

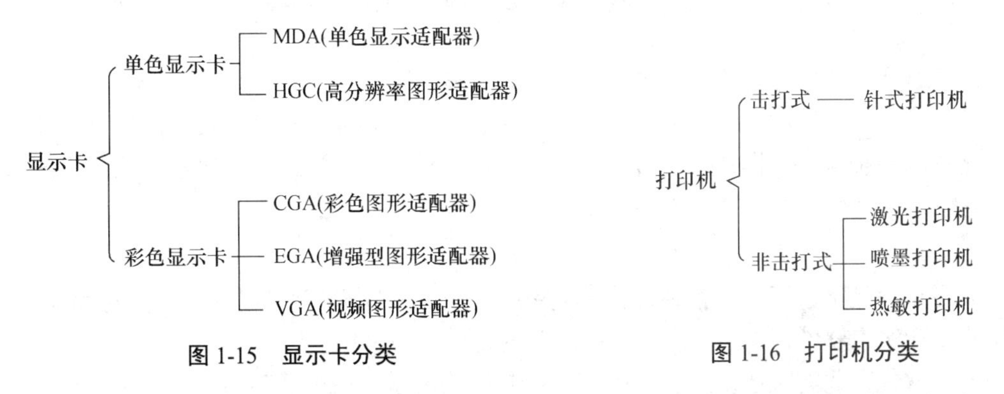

图 1-15　显示卡分类　　　　图 1-16　打印机分类

使用打印机必须安装相应的驱动程序，在安装系统时最好同时安装多种型号打印机的驱动程序，使用时再根据所配置的打印机的型号进行设置。

8. 其他外部设备

（1）声卡。声卡主要用于声音的录制、播放和编辑，是多媒体计算机的核心部件。常见的声卡除了大家熟知的声霸卡（Sound Blaster 及 Sound BlasterPro）外，还有 Sound Magic、Sound Wave 等。

声卡的安装方法是将其插到计算机主板的任何一个总线插槽即可，要求声卡类型与总线类型一致，然后通过 CD 音频线和 CD-ROM 音频接口相连。

同样，在完成了声卡的硬件连接后，还需安装相应的驱动程序和作为输出设备的音箱。

（2）视频卡。视频是多媒体技术中最重要的一环，可以说没有视频谈不上多媒体。视频卡种类繁多，粗略地可分为视频叠加卡、视频捕捉卡、电视编码卡、MPEG 解压卡和 TV Turner 卡。

视频信号最大特点是数据量极大，一秒钟不压缩的全屏真彩色 NTSC 视频信号（640 × 480，24 bit，30 帧/秒）大约有 28 MB 数据量。目前微型计算机从处理速度到存储量都不能满足，因此视频压缩是视频技术的关键。视频标准根据压缩方法分为 Windows AVI 和 MPEG 标准。

视频卡的安装方法是将其插入计算机主板中的任何一个总线插槽，即完成视频卡的硬件连接，然后安装相应的驱动程序。

（3）网络适配器。又称网卡，它是计算机与计算机之间互连的专门附加接口电路。可以利用双绞线或同轴电缆以 10 Mbps 或 100 Mbps 的速率传输信息。网卡与所配的计算机总线匹配，常见的网卡有 16 位 ISA 总线（用于 486 以下的计算机），32 位 PCI 总线（用于奔腾计算机）。每个网卡都有自带的驱动程序，只有正确安装了驱动程序的网卡才能工作。

1.4.2　计算机软件系统

软件是相对硬件而言的，它包括计算机运行所需的各种程序及相关资料，如 Windows 操作系统、C 语言程序、各种维护使用手册、程序说明书等都是软件。一台性能优良的计算机不仅需要有高档的硬件设备，还需配有优良的软件。软件可分为系统软件和应用软件两类。

1. 系统软件

系统软件是计算机必须具备的，它负责管理、控制、运行和维护计算机的各种软、硬件资源。它能合理地组织程序在计算机中处理流程，简化或代替用户在多个环节上所承担的任务。

最典型的系统软件是操作系统（Operating System）。

操作系统是为了提高计算机的资源利用率、方便用户使用计算机及提高计算机响应速度而配备的一种软件。操作系统可被看做是用户与计算机的接口，用户通过操作系统来使用计算机。任何软件必须在操作系统支持下才能运行。

2. 应用软件

应用软件是指为了解决各种计算机应用中的实际问题而编制的程序，它包括商品化的通用软件和实用软件，也包括用户自己编制的各种用户程序。

随着软件工业的飞速发展，应用软件不断推陈出新，种类繁多。包括文字处理系统、报表处理系统、计算机辅助绘图系统、数据库管理系统、图像处理软件、工具软件等。

1.4.3 机器指令与计算机语言

1. 机器指令

指挥计算机执行某种基本操作的命令称为指令。例如，从哪个存储单元取操作数、完成什么操作、得到结果存放到什么地方等。

一台机器所能执行的全部操作指令的集合称为计算机的指令系统。不同类型的计算机具有不同的指令系统，各指令系统的指令数目和指令种类也各不相同。

机器指令是一系列二进制代码，是对机器进行程序控制的最小单位，也称为机器语言的语句。

为实现程序控制任务，一条指令必须由以下两部分组成。

（1）操作码。操作码是一种代码，用来指明计算机应该执行的基本操作的性质和功能，如加、减、乘、除、移位、传送等。

（2）地址码。地址码也是一种代码，用来指出进行操作的数据存放在何处，即指明操作数地址。

一般命令格式为：

操作码	地址码

由机器指令组成的程序称为目标程序，而用各种计算机语言编制的程序称为源程序。源程序只有被翻译成目标程序才能被计算机接受和执行。

2. 计算机语言

（1）机器语言。机器语言是各种不同功能机器指令的集合，它的语法规则就是机器指令的格式。

机器指令是一系列二进制代码，所以机器语言是计算机能直接理解并执行的语言，不用翻译 CPU 可直接执行，是各种计算机语言中运行最快的一种语言。其主要缺点是这种语言不容易被人们记忆和掌握，编写困难，不同类型的计算机机器语言是不同的，而且不可移植。

（2）汇编语言。汇编语言采用助记符来代替操作码，用地址符号代替地址码。即用一些简单的英语缩写词、字母和数字符号来代替机器指令，这样使每条指令都有明显的特征，便于使用和记忆。

汇编语言仍然是一种面向机器的语言。它的语句和机器指令是一一对应的，保留了机器语言中指令的格式，即每条指令是由操作码和地址码组成。

使用汇编语言编写程序，机器不能直接识别，必须把它翻译成机器语言程序，机器才能认可和执行，这一过程称为“汇编”。

用汇编语言编写的程序比机器语言编写的程序容易被理解、记忆、检查和修改，它在工作时与机器语言一样，占内存少，执行速度快，还可完成一般高级语言难以完成的工作。常用它来编写系统软件，实时控制软件等。它的缺点是：这种语言与具体机型密切相关，不同机型用汇编语言编写的程序不能通用。

机器语言和汇编语言称为低级语言，它们与具体机型密切相关。

（3）高级语言。

① 高级语言的特点。机器语言和汇编语言都是面向机器的，要求用户对机器硬件及工作原理比较熟悉，因而较难普及。20 世纪 50 年代中期出现了各种高级语言。高级语言与自然语言非常接近，使得这种语言易于被用户掌握，便于记忆、阅读和理解。它是面向用

户而不是面向机器的，从而使编程效率大大提高。

此外高级语言与硬件功能相分离，独立于具体的机器系统，因此它的通用性和可移植性强。

目前世界上已有数百种高级语言，其中使用比较广泛的有 10 多种，如：Basic、Pascal、Fortran、C、Lisp、Cobol 等，在 Windows 上运行有 VB、VC、C++、Java 等。

② 编译程序和解释程序。用高级语言编写的源程序计算机无法识别，必须把它翻译成机器识别的语言，才能被计算机识别和执行。高级语言必须配有翻译程序，而每种高级语言都有自己的翻译程序。

翻译程序有两种类型：编译程序和解释程序，这就形成了高级语言的两种工作方式。

编译程序把高级语言编写的源程序翻译成机器语言的目标程序，再经过连接装配程序形成可执行程序，运行可执行程序即可得到结果。

解释程序是将源程序的语句翻译一条，执行一条。是逐条解释，逐条执行，不保留解释后的机器码，再运行此程序时还要重新解释后再执行。

使用编译方式，直接运行可执行程序，速度快，但需要占较大的内存空间。而解释方式占内存小，但运行速度慢一些。高级语言必须经过翻译，与低级语言相比它的运行速度慢，占内存大。编译方式和解释方式的过程分别如图 1-17 所示和如图 1-18 所示。表 1-2 是各种计算机语言的比较。

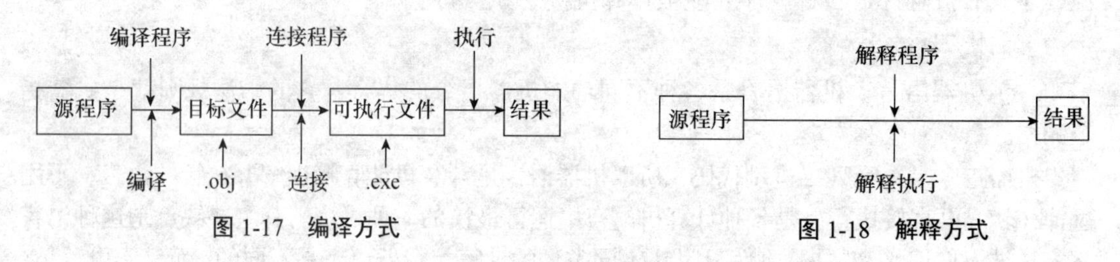

图 1-17　编译方式

图 1-18　解释方式

表 1-2　计算机语言的比较

人机交换 \ 语言	低级语言		高级语言
	机器语言	汇编语言	
代码	二进制代码	助记符与地址符号	与自然语言相近
计算机理解程度	计算机直接理解并可以执行		
人的理解程度	极难	较难	易
是否需要翻译		需要汇编	解释或编译
速度	最快	较快	较慢
		Z-80 汇编、8086 汇编	C 语言、Fortran 语言

1.5　计算机的安全

1.5.1　计算机病毒的定义与特点

1. 计算机病毒的定义

计算机病毒（Computer Virus）在《中华人民共和国计算机信息系统安全保护条例》中被明确定义为：“指编制或者在计算机程序中插入的破坏计算机功能或者破坏数据，影响计算机使用并且能够自我复制的一组计算机指令或者程序代码。”

2. 计算机病毒的特点

病毒除了具有程序的特性，还具有传染性、隐蔽性、潜伏性、可激活性和破坏性。其中传染性，即自我复制能力，是计算机病毒最根本的特点，也是它和正常程序的本质区别。大部分病毒感染系统之后一般不会马上发作，它可长期隐藏在系统中，达到某种条件时被激活，它用修改其他程序的方法将自己的精确复制或者可能演化的形式放入其他程序中，从而感染它们。任何病毒只要侵入系统，都会对系统及应用程序产生不同程度的影响。轻者会降低计算机工作效率，占用系统资源，重者可导致系统崩溃。

3. 计算机病毒的产生

（1）病毒不是来源于突发或偶然的原因。一次突发的停电和偶然的错误，会在计算机的磁盘和内存中产生一些乱码和随机指令，但这些代码是无序和混乱的。病毒则是一种比较完美的，精巧严谨的代码，按照严格的秩序组织起来，与所在的系统网络环境相适应和配合起来，病毒不会通过偶然形成，并且需要有一定的长度，这个基本的长度从概率上来讲是不可能通过随机代码产生的。

（2）病毒是人为的特制程序。现在流行的病毒是由人为故意编写的，多数病毒可以找到作者信息和产地信息，通过大量的资料分析统计来看，病毒作者主要情况和目的是：一些天才的程序员为了表现自己和证明自己的能力，或对上司的不满，为了好奇，为了报复，为了祝贺和求爱，为了得到控制口令，为了软件拿不到报酬预留的陷阱等。当然也有因政治，军事、宗教、民族、专利等方面的需求而专门编写的，其中也包括一些病毒研究机构和黑客的测试病毒。目前，已经发现的计算机病毒达 6 000 多种，由于计算机病毒具有隐蔽性、传染性等特点，因此，实施计算机病毒干扰将在未来高科技战争中被广泛采用。一场计算机病毒大战已经拉开序幕，鏖战即将到来。

随着计算机科学的发展和信息技术的普及，病毒的研发群体也呈现越来越明显的低龄化特征。不少青少年计算机爱好者加入了病毒编写的行列，希望通过编写一个最有威慑力的病毒而一夜成名。而网络的发展给这些计算机天才们提供了一个极佳的病毒试验场。

1.5.2　计算机病毒的分类

根据多年对计算机病毒的研究，按照科学的、系统的、严密的方法，计算机病毒可分类如下。

1. 病毒存在的媒体

根据病毒存在的媒体，病毒可以划分为网络病毒、文件病毒、引导型病毒。

网络病毒通过计算机网络传播感染网络中的可执行文件，文件病毒感染计算机中的文件（如：COM、EXE、DOC 等），引导型病毒感染启动扇区（Boot）和硬盘的系统引导扇区（MBR），还有这三种情况的混合型，例如，多型病毒（文件和引导型）感染文件和引导扇区两种目标，这样的病毒通常都具有复杂的算法，它们使用非常规的办法侵入系统，同时使用了加密和变形算法。

2. 病毒传染的方法

根据病毒传染的方法可分为驻留型病毒和非驻留型病毒，驻留型病毒感染计算机后，把自身的内存驻留部分放在内存（RAM）中，这一部分程序挂接系统调用并合并到操作系统中去，处于激活状态，一直到关机或重新启动。非驻留型病毒在得到机会激活时并不感染计算机内存，一些病毒在内存中留有小部分，但是并不通过这一部分进行传染，这类病毒也被划分为非驻留型病毒。

3. 病毒破坏的能力

根据病毒破坏的能力可划分为以下几种。

（1）无害型：除了传染时减少磁盘的可用空间外，对系统没有其他影响。

（2）无危险型：这类病毒仅仅是减少内存、显示图像、发出声音及同类音响。

（3）危险型：这类病毒在计算机系统操作中造成严重的错误。

（4）非常危险型：这类病毒删除程序、破坏数据、清除系统内存区和操作系统中重要的信息。

1.5.3 计算机病毒的破坏行为

根据有的病毒资料可以把病毒的破坏目标和攻击部位归纳如下。

1. 攻击系统数据区

攻击部位包括：硬盘主引寻扇区、Boot 扇区、FAT 表、文件目录。一般来说，攻击系统数据区的病毒是恶性病毒，受损的数据不易恢复。

2. 攻击文件

病毒对文件的攻击方式很多，例如，删除、改名、替换内容、丢失部分程序代码、内容颠倒、写入时间空白、变碎片、假冒文件、丢失文件簇、丢失数据文件。

3. 攻击内存

内存是计算机的重要资源，也是病毒的攻击目标。病毒额外地占用和消耗系统的内存资源，可以导致一些大程序受阻。

病毒攻击内存的方式如下：占用大量内存、改变内存总量、禁止分配内存、蚕食内存。

4. 干扰系统运行

病毒会干扰系统的正常运行，以此作为自己的破坏行为。此类行为也是花样繁多，可以列举下述诸方式：不执行命令、干扰内部命令的执行、虚假报警、打不开文件、内部栈溢出、占用特殊数据区、换现行盘、时钟倒转、重新启动、死机、强制游戏、扰乱串并行口。

5. 速度下降

病毒激活时，其内部的时间延迟程序启动。在时钟中纳入了时间的循环计数，迫使计算机空转，计算机速度明显下降。

6. 攻击磁盘

攻击磁盘数据、不写盘、写操作变读操作、写盘时丢字节。

7. 扰乱屏幕显示

病毒扰乱屏幕显示的方式很多，例如，字符跌落、环绕、倒置、显示前一屏、光标下跌、滚屏、抖动、乱写、吃字符。

8. 干扰键盘

病毒干扰键盘操作，已发现有下述方式：响铃、封锁键盘、换字、抹掉缓存区字符、重复、输入紊乱。

9. 攻击喇叭

许多病毒运行时，会使计算机的喇叭发出响声。有的病毒作者让病毒演奏旋律优美的世界名曲，在高雅的曲调中去杀戮人们的信息财富。有的病毒作者通过喇叭发出种种声音。已发现的有以下方式：演奏曲子、警笛声、炸弹噪声、鸣叫、咔咔声、嘀嗒声。

10. 攻击 CMOS

在机器的 CMOS 区中，保存着系统的重要数据。例如，系统时钟、磁盘类型、内存容量等，并具有校验和。有的病毒激活时，能够对 CMOS 区进行写入动作，破坏系统 CMOS 中的数据。

11. 干扰打印机

假报警、间断性打印、更换字符。

1.5.4 计算机病毒的安全管理

计算机的安全管理

（1）限制网上可执行文件和数据共享，一旦发现病毒，立即断开网络，碰到来路不明的电子邮件，不要打开，而应直接删除，尽量在单机上完成。

（2）不要使用来历不明的存储设备。

（3）将有用的文件和数据赋只读属性。

（4）对硬盘上的重要文件经常备份。

（5）不要在计算机上玩网络游戏。

经常检查系统是否有病毒。

请熟记以下的六字口诀：

① 关（Step 1：关闭电源）；

② 开（Step 2：以干净的引导盘开机）；

③ 扫（Step 3：用防毒软件扫描病毒）；

④ 除（Step 4：若检测到病毒，则删除之）；

⑤ 救（Step 5：用紧急修复盘或其他方法救回资料）；

⑥ 防（Step 6：好了！计算机安全了。不过为了预防以后不再受到病毒的侵害，建议经常更新杀毒软件，以建立完善坚固的病毒防护系统）。

1.5.5 计算机病毒防治工具

目前国内外流行的查毒、杀毒工具很多，下面简单介绍几种很实用的杀毒软件。

1. 金山毒霸

它具有查毒范围广的特点，可查杀从传统的 DOS、Windows 病毒和 Office 宏病毒，到 Java、HTML、VBScript、JavaScript 等多种新型病毒及近百种黑客程序和变种。它几乎可查杀超过 20 000 种的病毒家族及其变种，支持数十种流行压缩文件格式，包括 ZIP、CAB、RAR、ARJ、LHA、TAR、GZIP 和 LZEXE 等；支持 E-mail 查毒，可查杀包括 MIME、UUENCODE 等编码格式的 E-mail 附件；具备先进的病毒防火墙实时反病毒技术，自动查杀来自 Internet、E-mail 和盗版光盘的病毒；自动查杀 CIH 病毒等恶性病毒，允许在带毒环境中安全查杀 CIH 等病毒，不需重新启动计算机；具备 CIH 终身免疫功能及硬盘分区自动修复功能。将金山毒霸智能升级程序复制到毒霸安装目录下（覆盖原来的 Update.DAT 文件），即可使用毒霸的在线升级功能，享受快捷方便的在线升级服务。

2. 瑞星杀毒软件

瑞星杀毒软件是北京瑞星科技股份有限公司研发的反病毒安全工具，它采用国际领先的 MPS 宏定位跟踪技术，可准确、安全、彻底查杀 Office（Word/Excel）宏病毒及其他未知宏病毒，并独创修复用户被不良杀毒软件破坏的文件的功能。瑞星杀毒软件能清除 DOS、Windows 9x/NT 4.0/2000/XP 等多平台的病毒，以及危害计算机网络信息安全的各种“黑客”等有害程序，其界面如图 1-19 所示。

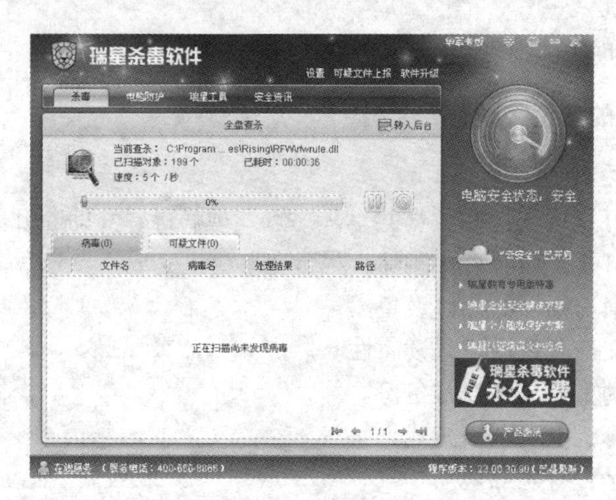

图 1-19　瑞星杀毒软件界面

3. 卡巴斯基杀毒软件

卡巴斯基是俄罗斯的大型计算机公司“Kami”的反病毒部门，开发和完善保护计算机及计算机网络的软件来抵御计算机病毒的入侵，AVP Silver，AVP Gold 和 AVP Platinum 等主要产品很快受到国内外用户的好评。

在完善自己的反病毒产品的同时，公司还开发新的项目——信息安全系统，扩充了产品的种类：防火墙和内容过滤产品，其界面如图 1-20 所示。卡巴斯基实验室在提供全面的安全解决方案的同时，还在网站设有网络攻击专栏，包含的内容从网络攻击的基本定义到全面分析，并在卡巴斯基病毒百科全书中收集了形形色色的病毒，这是全面认知病毒的宝库。卡巴斯基为了最大限度满足用户的需求，不断发展和完善自己的解决方案，在反病毒行业始终保持领先地位。卡巴斯基对新的病毒能够快速做出反应；努力完善和发展新的产品，给客户提供最先进的信息防护体系。

图 1-20　卡巴斯基杀毒界面

4. KV 2011杀毒软件

即 KV300、KV3000、KV2004、KV2009 杀毒软件后，北京江民新科技有限公司又全新研发推出了 KV2011 产品。这是国内首家研发成功启发式扫描、内核级自防御引擎，填补了国产杀毒软件在启发式病毒扫描以及内核级自我保护方面的技术空白。KV2011 具有启发式扫描、虚拟机脱壳、“沙盒”（Sandbox）技术、内核级自我保护金钟罩、智能主动防御、网页防木马墙、ARP 攻击防护、互联网安检通道、系统检测安全分级、反病毒 Rootkit/HOOK 技术、“云安全”防毒系统等十余项新技术。KV2011 病毒库数量已超过 100 万种（类），江民全球病毒监测网、基于“云计算”原理的防毒系统每日分析处理数十万种可疑文件，更新上万种新病毒，即时将客户端反馈上报的新病毒升级到服务器，极大地提高了病毒处理数量和处理速度，更有效地保障了用户的计算机数据和网络应用安全。其界面如图 1-21 所示。

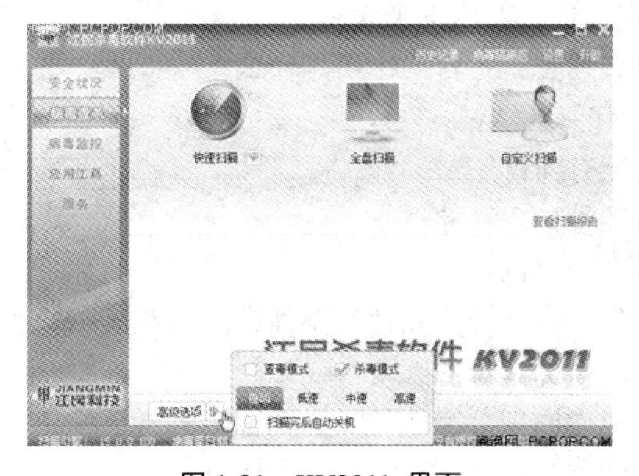

图 1-21　KV2011 界面

5. 其他工具

其他一些可在网上下载的杀毒软件如图 1-22 所示，这些类型的工具主要是专门针对某一类网络安全问题的专杀工具。

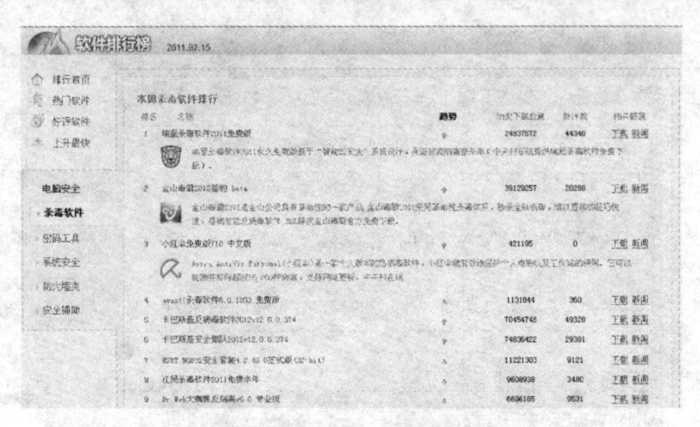

图 1-22　网络杀毒软件

习　题

简答题

1．什么叫计算机?

2．计算机发展分几个时代?各个时代的元件特征有何不同?

3．计算机发展的趋势是朝着哪几个功能发展?

4．计算机分几类?其特点是什么?

5．计算机应用领域指的是什么?

6．什么叫字节?什么叫字?什么叫字长?它们之间的关系如何?

7．计算机发展如何?

8．计算机系统是由几部分组成?

9．冯·诺依曼原理是什么?用图来表示。

10．内存储器细分有几类?各自的作用是什么?

11．ROM 和 RAM 有何区别?

12．高速缓冲存储器有何作用?

13．目前市场上有几种光盘存储器?

14．I/O 总线有几种?是什么?

15．目前市场上彩显的像素分为几种?哪种最清晰?

16．影响显示器性能指标有哪些因素?

17．打印机按打字工作原理分为几类?激光打印机属于哪一类?

18．什么叫调制解调器?有何作用?

19．系统软件是指什么?

20．计算机语言可分几种?有何特点?

21．如何将自己编制的源程序转换成计算机能执行的文件?

22．什么是计算机病毒?计算机病毒有何特点?

23．如何防止计算机病毒侵入系统?如果系统有病毒,应如何清除?

第 2 章　操 作 系 统

2.1　操作系统的基本知识

2.1.1　操作系统的概念

操作系统（Operating System，OS）是计算机系统中系统软件的重要组成部分，它是计算机系统中所有软、硬件资源的组织者和管理者。计算机系统中的主要部件之间相互配合、协调一致地工作，都是靠操作系统的统一控制才得以实现的。任何一个用户都是先通过操作系统来操作计算机的，所以操作系统又是沟通用户和计算机之间的“桥梁”。

如图 2-1 所示，操作系统如同一个管理中心，计算机系统的软、硬件资源都必须通过这个中心才能向用户提供正确利用软、硬件资源的方法和环境。

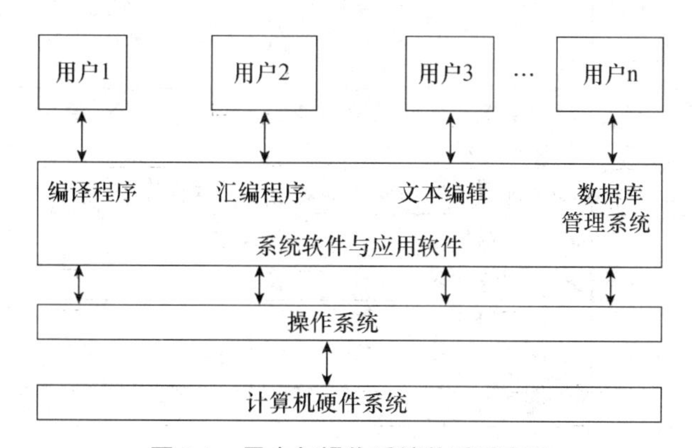

图 2-1　用户与操作系统关系示意图

操作系统的基本目的是方便用户，使用户能便利地使用计算机；此外则是提高计算机本身的工作效率，最大限度地发挥计算机资源的效用。

操作系统的基本功能是处理器管理、存储管理、设备管理、文件管理、用户接口管理和其他功能。

1. 处理器管理功能

处理器管理主要负责处理中断事件和处理器的调度，也就是管理 CPU，使它能高效地、有条不紊地工作，这是操作系统最重要的任务。

2. 存储管理功能

存储管理的主要任务，是为多道程序的运行提供良好的环境，方便用户使用存储器，提高存储器的利用率以及能从逻辑上来扩充内存。

3. 文件管理功能

文件管理的主要任务，是对用户文件和系统文件进行管理，以方便用户使用，并保证文件的安全性，为此文件管理应具有对文件存储空间的管理，目录管理文件的读、写管理以及文件的共享与保护等功能。

4. 设备管理功能

设备管理的主要任务是完成用户提出的 I/O 请求，为用户分配 I/O 设备；提高 CPU 和 I/O 设备的利用率；提高 I/O 速度以及方便用户使用 I/O 设备。

5. 用户接口管理功能

为了方便用户使用操作系统，操作系统又向用户提供了“用户与操作系统的接口”。

2.1.2 操作系统的分类

操作系统的类型取决于分类方法，表 2-1 列出了按照不同分类方法所划分出的操作系统类型。下面简单介绍几种操作系统。

表 2-1　操作系统的分类

分类方法	操作系统类型
按系统功能分	批处理操作系统 分时操作系统 实时操作系统
按计算机配置分	单机配置：大型机操作系统、小型机操作系统、微型机操作系统、多媒体操作系统 多机配置：网络操作系统、分布式操作系统
按用户数目分	单用户操作系统 多用户操作系统
按任务数量分	单任务操作系统 多任务操作系统

1. 单用户操作系统

单用户操作系统的特点是在一个计算机系统内一次只能支持运行一个用户程序，在这种系统中 CPU 执行程序是按顺序一个一个地执行，如 DOS 操作系统等。

2. 实时操作系统

实时操作系统一般为专用机而设计，它的特点是对外部实时信号做出及时响应。它是一种基本上无须人为干预的监视和控制系统，多用于需要快速响应和及时处理的系统中。

3. 分时操作系统

分时操作系统的特点是多用户可同时使用一台计算机，而且用户彼此独立，互不干扰；用户可共享计算机资源，效率高。

4. 网络操作系统

计算机网络是利用通信机构把独立、分散的计算机连接起来的一种方式。网络操作系统对网络进行管理，实现资源共享，提供网络通信和网络服务等功能。

5．分布式操作系统

分布式操作系统是由多台计算机组成，系统中各台计算机无主次之分，系统资源共享。

操作系统的分类仅限于宏观上的，它们具有很强的通用性，具体使用哪一种操作系统，要视硬件环境及用户的需求而定。

2.1.3　文件和文件系统

1．文件（File）

计算机处理的数据和运行的程序是以文件方式保存在磁盘上的。文件是具有名字、存储于外存的一组相关信息的集合。

2．文件系统

操作系统中负责管理和存取文件的软件机构称为文件管理系统，简称文件系统。具体地说，文件系统负责为用户建立文件、存取、修改和转储文件，控制文件的存取，用户可以对文件实现"按名存取"，通过文件名，对文件进行直观的操作，当用户不再使用文件时撤销文件。

文件系统为用户提供了一种方便、统一的存取和管理信息的方法，既能共享又能安全地来管理用户和系统本身的信息。

3．文件的命名

每个文件必须只能有一个标记，这个标记称为文件全名，简称文件名。文件全名由盘符名、路径、主文件名（简称文件名）和文件扩展名 4 部分组成。其格式为：

[盘符：][路径] <文件名> [.扩展名]

其中，方括号内的内容为可选项，尖括号的内容为必选项。

例如：C:\dos\mem.com

注意：同一磁盘同一目录路径下不能有同名文件；用户自取的文件名中不能使用系统保留字符串，以及 DOS 的命令动词和系统规定的设备文件名等。

4．通配符

计算机操作中一共规定了两种通配符，即"*"和"？"。

（1）"*"通配符。代表从当前位置开始到以后的所有任意字符串。例如，A 盘上有 M1724.EXE、ADDR1.BAS、ADDR3.BAS、M2024.COM、RICES.DBF、PAY.PRG、PEOPLE.PRG 7 个文件，*.*表示任意的文件名和任意的文件扩展名，也即表示以上所有的文件。若给出的文件名为 M*.*，则指文件名以 M 开头、之后的所有字符及文件扩展名为任意字符的文件：M1724.EXE、M2024.COM；P*.PRG，则指文件名以 P 开头、之后的所有字符为任意字符而文件扩展名为 PRG 的文件，即 PAY.PRG、PEOPLE.PRG。

（2）"？"通配符。代表所在位置上的任意一个字符。还是以上面提到的 7 个文件为例，若给出文件名 ADDR？.BAS，则是指文件名以 ADDR 开头，后面一个字符为任意字符而文件扩展名为 BAS 的文件，即 ADDR1.BAS、ADDR3.BAS。

5．文件的类型

文件可分为系统文件、通用文件与用户文件 3 类。对文件名操作系统有一定的约定，常用扩展名可表明文件的类型如表 2-2 所示。

表 2-2　各个文件扩展名及所对应的文件类型

扩展名	文件类型	扩展名	文件类型
.ASC	ASCII 码文件	.EXE	可执行命令或程序文件
.BAK	编辑后的备用文件	.OBJ	中间目标代码文件
.BAT	可执行的批处理文件	.SYS	系统配置文件或专用设备文件
.COM	系统命令文件	.TXT	文本文件
.DBF	xBASE 或 FOXPRO 的数据库文件	.MSC	程序信息文件
.BAS	Basic 语言源文件	.OVL	程序覆盖文件
.C	C 语言源程序文件	.OVR	程序覆盖文件
.COB	Cobol 语言源文件	.PAS	Pascal 语言源文件
.DOC	文档（资料文本）文件	.PRC	数据库程序文件
.FOR	Fortran 语言源文件	.PRN	列表文件
.HLP	求助源文件	.TMP	暂存文件
.LIB	程序库文件	.$$$	暂存或不正确存储文件
.MAR	链接映像文件		

6. 操作系统设备文件名

操作系统除磁盘文件外，还将一些常用的标准外部设备看作文件，称为设备文件，以便与磁盘文件统一进行操作和处理。设备名也称保留设备名，设备名后面的冒号可加，也可不加。但系统约定，凡后面带有冒号的，一定是一个设备，例如 A:、B:、C:、D:、E:、CON:、PRN: 等都是设备名。

常用设备文件名及其含义如表 2-3 所示。

表 2-3　设备文件名及其含义

设备文件名	设 备 名 称
CON	代表输入设备的键盘或输出设备的显示屏幕
AUX（或 COM1）	第一个异步通信适配器的端口
COM2	第二个异步通信适配器的端口
LPT1（或 PRN）	第一个并行接口上的打印机
LPT2	第二个并行接口上的打印机
LPT3	第三个并行接口上的打印机
NUL	虚拟的外部设备名或空设备名，用于测试运行。当作为输入设备时，立即产生文件结束；当作为输出设备时，则模拟写操作，但实际无数据写出。

7. 可执行的文件类型

在计算机操作系统状态下，不是所有文件都能执行，一般情况可执行文件的类型如表 2-4 所示。

表 2-4　可执行文件类型

文件扩展名	文件类型含义和示例
.COM	该类型的文件为 DOS 认可的 DOS 外部命令文件，例如：FORMAT.COM。
.EXE	该类型的文件为 DOS 可运行文件，例如：MFOXPLUS.EXE。
.BAT	该类型的文件为 DOS 认可的批处理命令文件，例如：AUTOEXEC.BAT。

系统访问这三种文件的优先顺序是.COM、.EXE 和.BAT 文件。所以如果有主文件名相同而扩展名相异的三个外部命令，优先执行.COM 类型文件，若要此三个命令均能被执行，则主文件名必须相异。

2. 1. 4　目录（文件夹）的树形结构及路径

1. 文件目录的树形结构

（1）多级目录。目录（在 Windows 下称为文件夹），分单级目录与多级目录。单级目录即根目录。采用单级目录管理文件的方法，就是把所有的文件都置于根目录中，因此在磁盘上可以存放目录的个数受到限制，例如，一张 1.2 MB 高密度 U 盘就只能放 224 个文件和目录。这对磁盘管理带来极大的不便。多级目录是在根目录下建立的各个子目录（子文件夹）。在这些子目录里存放的内容与一般文件不同，它像其上一级目录——父目录一样，其存放的内容是属于它的下一级的文件及一些子目录。

（2）目录的树形结构。目录结构分为根目录、子目录和普通文件三类。根结点即为目录树形结构中的根目录，也称为主目录或系统目录，用反斜线“\”表示，一个子结点犹如一个子目录，任何一个子目录都具有一个父目录而可有任意的文件和一些子目录。

根目录与不同级子目录之间的文件可以同名，且互不干扰，这就给管理磁盘文件带来了极大的方便。

目录名的结构与文件类似，在 DOS 下由 1～8 个 ASCII 字符组成，在 Windows 下不多于 255 个字符，其扩展名由 1～3 个 ASCII 字符组成，但子目录名一般不加扩展名。图 2-2 给出了某计算机硬盘的树形目录结构。

该计算机硬盘的根目录包含 4 个子目录：DOS、Windows、Foxpro、Word 和一个文件 COMMAND.COM。在 DOS 子目录中有 DISKCOPY.COM 和 FORMAT.COM 两个文件。这些文件都以树叶形式挂在主干或分叉上（即根目录或子目录上）。在一级子目录 Word 中包含二级子目录 WANG，在子目录 WANG 中又包含 BA1.TXT 和 BA2.TXT 两个文件，等等。

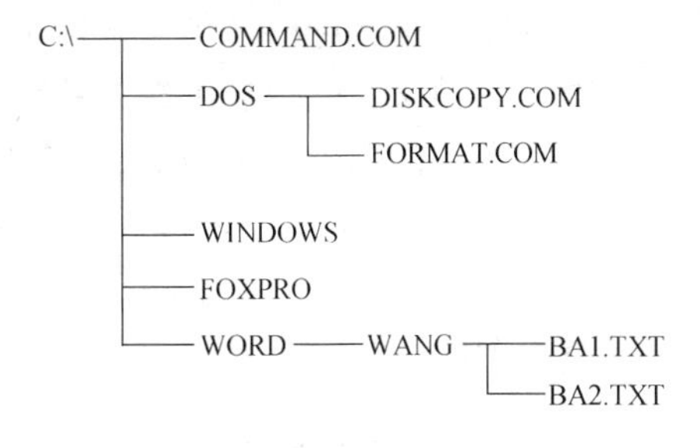

图 2-2　硬盘的树形目录结构

（3）当前目录。当前目录是指用户正在进行文件操作的那一个目录。

在 DOS 中，要注意当前驱动器和当前目录。对于当前目录下的文件名，其路径可以省略。

2. 路径

（1）文件全名中的路径。文件全名的格式是：[盘符：][路径]<文件名>[.扩展名]

路径是目录的字符表示，是一串用反斜线“\”相互隔开的目录名。用来标识文件和目录所属的目录（位置）。

（2）绝对路径和相对路径。路径分为两种：绝对路径和相对路径。以根目录符号“\”开始的路径名叫做绝对路径，不管当前目录是哪一级，用绝对路径可以确定任一磁盘文件，例如，在图 2-2 所示目录结构中的文件 BA1.TXT 可以表示为：\WORD\WANG\BA1.TXT。不以根目录符号“\”打头，而以当前目录的下级子目录名打头的路径称为相对路径。例如，当前目录是子目录 WORD，若显示文件名 BA1.TXT，可以表示为：C：\WORD>DIR WANG\BA1.TXT。

“.”代表当前目录，是当前目录的别名。“..”代表当前目录的上一级目录（父目录或双亲目录），是当前目录的上一级目录的别名。

例如，当前目录是子目录 WANG，若显示文件名，BA1.TXT 可以选用如下一种操作：

　　C：\WORD\WANG>DIR BA1.TXT

或　C：\WORD\WANG>DIR ·\BA1.TXT

或　C：\WORD\WANG>DIR ..\WANG\BA1.TXT

文件全名中的路径，可用绝对路径，也可用相对路径。

综上所述，文件系统是树形结构，因此对文件进行各种操作，如创建或者删除一个文件，都必须指出该文件所在的盘符名、所在目录（路径）及文件名、文件扩展名。如果该文件就在当前盘当前目录中，则只要指出文件名即可。如果文件不在当前盘当前目录中，则必须指出从当前目录到文件所在目录的整个路径。

2.2　DOS 系统

计算机操作系统有 DOS、Unix、OS/2 和 Windows 等。DOS（Disk Operating System）是美国 Microsoft 公司开发的磁盘操作系统，1981 年 7 月正式启用，是一个单用户操作系统。本书提到的 MS-DOS、PCDOS 与 DOS 都是同一个意思。

DOS 是一组控制、管理和分配计算机系统软件和硬件资源的程序集合。DOS 的原意是对磁盘操作、以磁盘作为“基地”而得名。

众多的计算机是在 DOS 支持下进行工作的，早期的版本 Windows 3x，需要 DOS 的支持，现在的 Windows 95、Windows 98、Windows 2000 新型操作系统也还保留着 MS-DOS 的操作方式，用以支持某些在 DOS 支持下的工作软件，因此要学会使用计算机，首先应该掌握 DOS 的基本知识以及 DOS 某些常用命令。

2.2.1　DOS 的基本组成

DOS 由一个引导程序（或称引导记录 BOOT Record）和三个层次模块：基本输入输出程序（Basic Input Output，如 IBMBIO.COM 或 IO.SYS）、磁盘操作管理程序（Disk Operation System，如 IBMDOS.COM 或 MSDOS.COM）、用户命令处理程序（Command Processing，如 Command.com）组成，如图 2-3 所示。

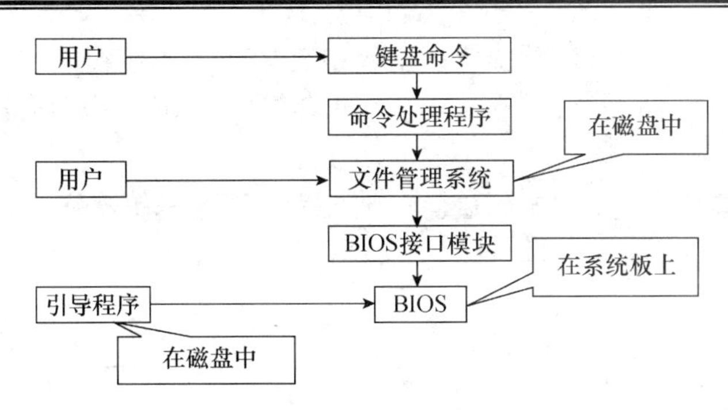

图 2-3　MS-DOS 系统结构

1. BIOS

BIOS 固化在 ROM 中，BIOS 是操作系统与硬件设备的接口。其中主要有这样一些程序：对系统配置进行分析的程序（分析本系统有哪些配置）、自动诊断测试程序（测试各主要部件能否正常工作）、自动装入程序（可启动磁盘并引入操作系统）、主要 I/O 设备驱动程序（负责管理输入输出设备及日期和时间的驱动）、其他中断服务程序。

2. 引导程序（Boot Record）

每次启动 DOS 时即将引导程序装入内存，负责检查启动盘中是否有两个隐含的系统文件——基本输入输出程序（IO.sys）和磁盘操作管理程序（MSDOS.sys）。操作管理程序把用户命令处理程序（Command.com）装入内存，做好解释和执行用户输入的 DOS 命令的准备工作；若无，则显示如下出错信息：

```
Non system disk or disk error
Replace and strike any key when ready
```

3. 基本输入输出程序

主要负责输入输出时分配通道，安排顺序，调度外部设备（如打印机、显示器、驱动器、键盘等），保证系统在运行时能正常工作。

4. 磁盘操作管理程序

这是 DOS 的核心，主要负责磁盘文件管理，包括如何在磁盘上建立、删除、读写和检索各类文件，管理磁盘存储器和其他系统资源，启动并控制输入/输出设备，还负责与用户命令处理程序及各种应用程序的通信。

5. 用户命令处理程序

这是操作系统与用户之间的接口，主要负责接收、识别用户通过键盘终端输入的命令，完成内部命令的解释和处理以及外部命令在内存的装入。

2.2.2　DOS 操作系统的启动和关闭

1. DOS 的启动

用户使用个人计算机时，首先启动计算机，其实质也就是启动 DOS，如图 2-4 所示是 DOS 启动流程示意图。

DOS 的启动方式分为两种：冷启动和热启动。

（1）冷启动。当机器还未加电的状态下通过加电启动机器。

打开主机电源开关前，若在 U 盘驱动器 A 中装有 DOS 系统程序（IO.sys、MSDOS.sys 及 Command.com 文件）的系统盘时，则关上驱动器小门。这一启动为软盘启动，结果提示符为 A>或 A:\>。

若软盘驱动器 A 中没有插入系统盘，而硬盘装有 DOS 系统软件，则由 C 盘启动。若 C 盘启动，其结果是操作系统的提示符 C>或 C:\>。

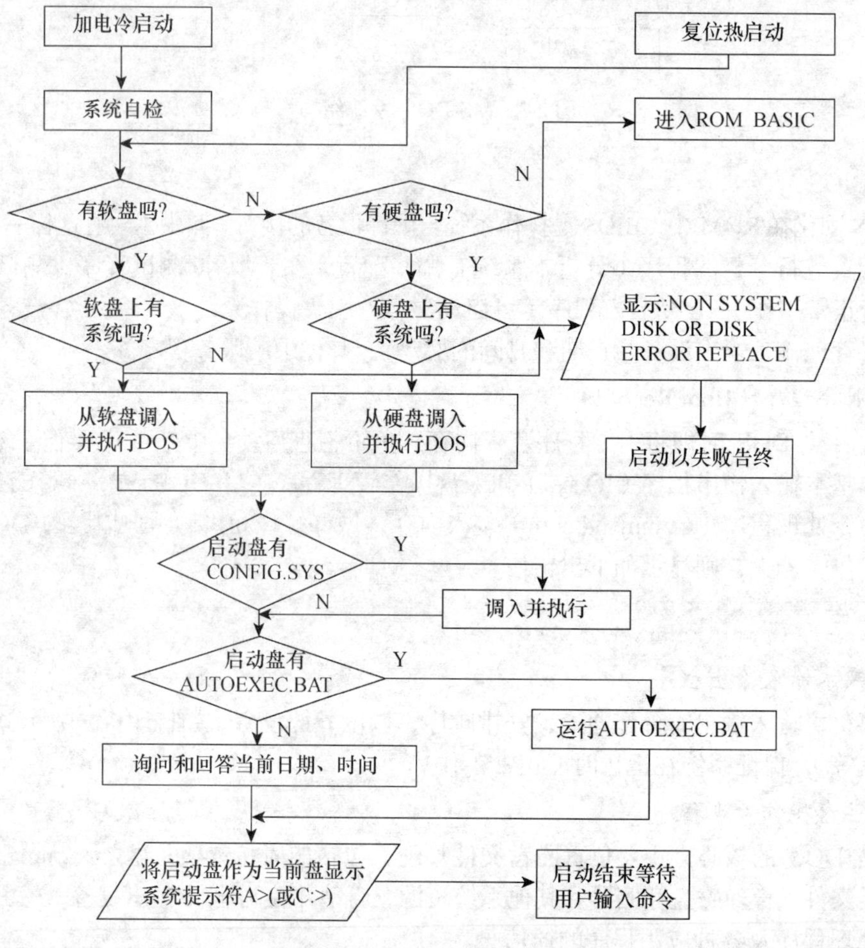

图 2-4　DOS 启动流程示意图

若硬盘上没有操作系统程序，或插入 A 驱动器的软盘不是 DOS 系统盘，则屏幕显示如下的信息：

```
Non-System disk or disk error
Replace and strike any key when ready
```

（2）热启动。热启动是指主机电源已经处于开启情况下进行系统总清除后的再启动。它是通过同时按下 Ctrl+Alt+Del 组合键后实现的。一般当计算机处于加电状态，而不能接受输入键盘命令（通常称为“死机”）或更换系统设置时，往往是使用热启动的办法来重新启动计算机。如果热启动还不成功，应重新使用冷启动的方式启动。

冷启动和热启动的区别在于：前者自动进入系统自检，然后进行系统引导；后者绕过自检阶段，直接进行引导。

2. DOS 的关闭

关闭 DOS 操作系统，也就是平时所说的关机。其步骤大体如下。

（1）先对所进行处理的各种信息执行存盘操作。

（2）结束当前软件的工作状态，一般返回 DOS 提示符状态。

（3）关机前先取出 U 盘驱动器中的 U 盘和光盘驱动器中的光盘。

（4）最后是关机操作。

2.3 Windows 系统

2.3.1 个人计算机操作系统

DOS 操作系统虽然能够为用户编制和运行软件提供一个系统环境，但由于设计上的局限性，它仅是一个字符界面的单任务操作系统，难以满足操作界面图形化、运算处理并行化和应用软件大型化的要求。因此美国微软公司于 1983 年发布了 Windows 视窗系统，此后 Windows 不断发展，历经流行了 Windows 3.1/3.2、Windows 95/98，直至跨世纪的 Windows/Me/XP/2003/2007/Vista 等系统。

1. Windows 3.X 版本

Windows 3.X 版本界面如图 2-5 所示，虽然是基于 DOS 系统下运行的软件，但是它扩展了操作系统的功能，可以运用多窗口和图形环境。Windows 3.X 对于微型计算机的配置要求也不算高，一般具有 80386 处理器，4 MB 以上内存，100 MB 以上硬盘，就可以很好地运行，满足一般需求。

Windows 3.X 从本质上来说，还需依赖于 DOS 系统，还不是完全意义上的操作系统。为此，Microsoft 公司经数年开发，

2. Windows 9X 版本

Windows 9X 系列，包括 Windows 95、Windows 98、Windows 98 se 以及 Windows Me。Windows 9X 的系统基层主要程式是 16 位的 DOS 源代码，它是一种 16 位/32 位混合源代码的准 32 位操作系统，故不稳定。主要面向桌面计算机的系列，如图 2-6 所示。

图 2-5 Windows 3.1 版

图 2-6 Windows 98 版

3. Windows 2000版本

Windows 2000是一个由微软公司发行于1999年12月19日的32位图形商业性质的操作系统。Windows 2000专业版启动界面，如图2-7所示。

它作为新一代的网络操作系统，它拥有一颗稳定的NT之“心”，拥有一张大家熟悉的Windows 9X之“脸”，同时包容了微软公司两大系列操作系统的优点和精华，融合最新操作系统技术，真正可以称为“秀外慧中”。Windows 2000系统以上为用户提供强大功能的同时，在系统的易用性、系统的兼容性、系统的安全性、系统的管理性等方面都有了很大的进步，充分发挥计算机硬件性能，大大提高广大用户的工作效率。

4. Windows XP 版本

Windows XP是基于Windows 2000代码的产品，同时拥有一个新的用户图形界面（叫做月神Luna），如图2-7所示。它包括了一些细微的修改，其中一些看起来是从Linux的桌面环境（Desktop Environmen）诸如KDE中获得的灵感。带有用户图形的登录界面就是一个例子。此外，Windows XP还引入了一个“基于人物”的用户界面，使得工具栏可以访问任务的具体细节。

它包括了简化了的Windows 2000的用户安全特性，并整合了防火墙，以用来确保长期以来一直困扰微软的安全问题。

5. Windows Vista 版本

Windows Vista是微软Windows操作系统的一个版本，如图2-8所示。微软最初在2005年7月22日正式公布了这一名字，之前操作系统开发代号Longhorn。人们可以在Vista上对下一代应用程序（如WinFX、Avalon、Indigo和Aero）进行开发创新。Vista是目前最安全可信的Windows操作系统，其安全功能可防止最新的威胁，如蠕虫、病毒和间谍软件。

图2-7 Windows XP版

图2-8 Windows Vista版

6. Windows 7版本

Windows 7是由微软公司开发的，具有革命性变化的操作系统。该系统旨在让人们对计算机操作更加简单和快捷，为人们提供高效易行的工作环境，如图2-9所示。

据国外媒体报道，日前有消息称Windows 8计划的发布将是2012年下半年。

本节重点介绍Windows系统的新功能、新特点以及使用方法。

图 2-9　Windows 7 版

2.3.2　Windows 系统的共同新特点

1. 安全可靠

由于 Windows 系统采用了 Windows NT 的内核，使得系统更可靠、更安全。

2. 配置方便

Windows 系统对于常用操作项目，引入了智能化的配置向导功能，使用户配置与管理计算机更加方便。

3. 界面简洁

Windows 系统在桌面的构建上更加简洁，它减少了桌面中的不常用图标，简化了“开始”菜单。虽然 Windows 系统增强了系统的功能，但在桌面图标的组织上却更加简洁，更加便于用户进行快捷有效的操作。

4.“个性化”菜单

Windows 系统首次采用了“个性化”菜单。这种“个性化”菜单显示经常使用的菜单项目，隐藏不经常使用的程序选项，这样用户在使用“开始”菜单访问常用程序时将更加快捷。

5. 增强文档安全

为了增强对用户文件的管理，Windows 系统把“我的文档”作为所有应用程序的默认文件夹，使用户保存和查找信息有了统一的位置。“我的文档”加强了用户文件的安全性，它对文件的保存过程都是基于每个用户的，这样处理后，使多个用户共享一台计算机，各用户文档互相隔离，彼此不能看到和修改其他用户的文档（系统管理员除外）。

6. “资源管理器”的增强功能

Windows 系统资源管理器在标准工具栏上增加了“搜索”、“文件夹”和“历史”3 个按钮。通过这些按钮用户可以方便、快速地找到所需的文件，而且它们不仅可以显示本地硬盘中的内容，还可以显示“网络邻居”在 Internet 上的内容。在 Windows 系统的资源管理器中用户还可以对工具栏自定义。

7. 强大的搜索功能

Windows 系统的“搜索”提供了 3 种类型的搜索功能，既可以搜索本地硬盘中的文件或文件夹，又可以搜索局域网中的计算机，还可以搜索 Internet 中的 Web 网站或网页。

8. 提供了手写输入法

Windows 系统简体中文版中的“微软拼音输入法”提供了一个新的功能组件，即手写输入板。利用此输入板，用户可以用鼠标或笔式输入设备输入中文文档。

9. 可选的打开方式

Windows 系统除了保存 Windows 98 的已注册文件的打开方式外，还在快捷菜单中增加了一项可选的打开方式。这项功能可以方便用户使用其他的程序打开与之没有关联的程序文件和帮助用户选择正确的应用程序来处理不同的文档。

10. 增强的网络功能

Windows 系统中的“网上邻居”把在同一工作组中的计算机放入了“邻近的计算机”文件夹中，并且所有基于网络的操作都可以通过“网络邻居”进行修改、删除和添加。

Windows 系统使用了微软开发的 Internet Explorer 浏览器，使用户的网上工作更加快捷方便。全新的智能记忆式网址输入方式使用户可能只输入几个字母，系统就可将有关的网址呈现出来，以进行快速选择。新的搜索助手可以使用多个引擎进行网络搜索。新的“服务器配置”向导使管理员可以只安装他们所需的特性任务组件，简单地选择网络或文件和打印服务等，就可以完成各种相应配置。

11. 易于安装和使用 Windows

Windows 系统使得安装过程变得十分简便。在安装时，采用了智能化的安装向导，每一步都给出简洁的提示，通过 Windows 系统可以更快地访问信息，并且能够更快和更方便地完成任务。

2.3.3 Windows 系统的界面

尽管桌面上的“开始”按钮和“任务栏”依然保持原样，但在 Internet 的影响下，Windows 和 Internet Explorer 6.0 的集成，使界面的大多数其他方面已经变化，有的不只是外观上更漂亮则在功能上有了很大的提高。如图 2-10 所示就是和谐美观的 Windows 系统桌面。

界面改进比较突出的有以下几项。

（1）淡入淡出的菜单。当用户第一次使用 Windows 系统时，单击桌面上的“开始”按钮，就会立刻被其淡入淡出效果的菜单所吸引。当菜单渐渐地从桌面上浮现出来，有点像在浓雾中缓缓出现的感觉一样，给人以视觉上的享受。

用户也可以将 Windows XP 系统菜单设置成传统的弹出式菜单，而且鼠标的阴影也是可以按用户的要求设定的。

（2）带阴影的鼠标。Windows 系统桌面上的鼠标出现了阴影，好像浮在桌面上，非常好看。

（3）个性化菜单。 Windows 系统提供了同 Office 一样的个性化菜单，隐藏用户使用较少的命令，使 Windows 系统菜单显示出用户个性化的特点。

当然，Windows 系统用户菜单中隐藏的命令，不是没有了，只是折叠了起来，单击菜单中的下箭头，即可展开显示出来，供用户选用。如图 2-11 左面就是 Windows XP 系统自动设置的个性化菜单，右面就是该菜单展开的状态。

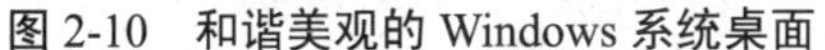

图 2-10 和谐美观的 Windows 系统桌面

图 2-11 自动为用户设置个性化菜单

2.3.4 Windows 系统运行环境

Windows 系统功能强大，同时，使用环境的要求也相对较高。为了充分发挥系统性能，计算机应满足以下要求。

1. 实际使用最低配置要求（以 Windows XP 为例）

（1）CPU：Intel PⅡ 450 MHz。

（2）内存：128 MB。

（3）硬盘：4 GB，最小 1 GB 空间。

（4）显卡：8 MB 以上的 PCI 或 AGP 显卡；VGA 或更高分辨率显示器。

（5）声卡：最新的 PCI 声卡。

（6）CD-ROM：8X 以上 CD-ROM 或 DVD。

（7）IBM 兼容键盘。

（8）微软鼠标或兼容的点输入设备。

2. 网络的相应条件

如果用户使用网络安装，还需要：与 Windows 系统兼容的网络适配卡和电缆；网卡驱动程序及网络环境的共享资源。

注意：最低硬件要求只能满足 Windows XP 系统基本要求，并不能提供良好的表现，最好按微软软件推荐的硬件要求配备。

2.4 Windows 基本组成

为了更好地使用 Windows 系统，有必要让用户对 Windows 做一个基本和概括性的了解。Windows 操作系统的最基本特点就是全鼠标操作、窗口操作和对话框控制。鼠标的使用是简化用户操作，优于命令行式操作系统（也就是 DOS 操作系统）的重要特点。窗口操作，包括移动窗口、缩放窗口、滚动、关闭窗口、切换窗口。对话框则是系统和用户之间交互的界面，通过对话框，用户可以告诉系统特定的要求，使系统按用户的要求进行工作，而系统则可由此向用户提供系统信息。本节主要介绍 Windows XP 系统操作系统的基本组成元素、基本操作手段和基本功能组成。

从 Windows 的基础版本到今天 Windows 高级系统，Windows 的基本组成元素没有发生根本改变。Windows 系统操作基本上就是窗口和对话框组成的。

2.4.1 窗口功能

窗口就是一个用于用户操作的客户区，它是一个完整的可运行的应用程序的外壳，其中可以包含图标或文件的快捷方式，在窗口中可以进行各种各样的操作。不但 Windows 操作系统，而且所有的 Windows 系统应用程序，都使用窗口，且窗口的功能和外观都类似。

窗口的基本组成如图 2-12 所示，该图为 Word 2007 的窗口，包含了主要的窗口组成的部件。

1. 窗口的基本组成

（1）标题栏。标题栏中一般显示当前窗口的名称。

（2）菜单栏。菜单栏中包含很多命令条，通过这些命令，可以在当前窗口中进行相应的操作。

（3）工具栏。工具栏中包含一些工具按钮，一般代表一些常用的命令。

（4）控制按钮。它可以控制窗口的缩放。

（5）文本编辑框。这是该窗口的主要部分，在其中可以实现当前窗口的主要操作。

（6）状态栏。主要用于显示当前窗口的状态，便于用户掌握当前程序运行的状态。

（7）滚动条。用来使窗口的内容，上下滚动。

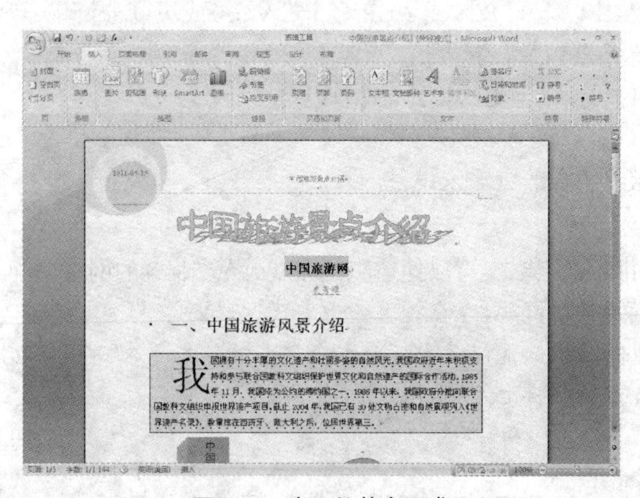

图 2-12 窗口的基本组成

2. 窗口的移动

窗口的主要操作有窗口的移动、缩放、关闭和切换等。

窗口的移动操作主要有以下两种方式。

（1）拖拉—释放。类似于拖拉—释放图标，窗口就相当于一个大的图标。操作过程是把鼠标指针移到一个打开的窗口的标题栏上，按下鼠标左键不放，把窗口移动到要放置的位置，松开鼠标按钮即可。

（2）利用菜单操作。利用操作标题栏左上角的系统菜单如图 2-13 所示，也可以控制窗口的移动。

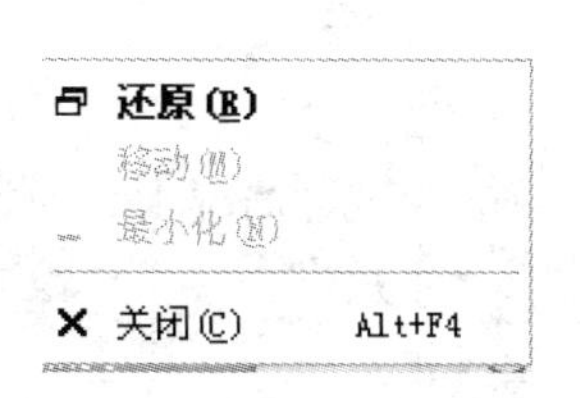

图 2-13　系统菜单

注意：当窗口扩大到最大状态下，不能对窗口进行移动操作。

3. 窗口的缩放

以使用鼠标，对 Windows 窗口进行任意放大和缩小。对窗口进行缩放，必须把鼠标指针指在窗口的边缘上，按下鼠标左键不放，拖动以进行放大或缩小，直到满意为止，释放鼠标左键。对窗口进行放大和缩小，根据鼠标指针指向窗口边缘位置不同，指针形状和所进行的操作也各不相同。指针形状和所进行的操作如表 2-5 所示。

除了进行任意的拖动缩放以外，用户还可以进行窗口关闭、使窗口处于全屏幕、使窗口缩为任务栏上的按钮和使窗口还原等操作。

表 2-5　改变窗口大小时鼠标指针形状及对应的操作

↕	窗口的上/下	在上下方向上缩放窗口
↔	窗口的左右 / 边缘	在左右方向上缩放窗口
↘或↙	窗口的角部	在任意方向上缩放窗口
✥	窗口内部	移动窗口

（1）使用窗口按钮缩放窗口。

① 关闭窗口。单击窗口右上角“✕”按钮，窗口就被关闭。

② 窗口最大化。单击窗口右上角的“□”按钮，窗口扩大到全屏幕。

③ 窗口最小化。单击窗口右上角的“_”按钮，Windows 窗口将缩小为任务栏上的按钮。

④ 窗口还原。单击窗口右上角的“🗗”按钮，窗口还原为原来大小。

（2）窗口操作的其他方法。

① 通过系统菜单来执行。右击窗口的标题栏或是单击标题栏左上角的图标即可打开系统菜单，如图 2-13 所示。可以看出系统菜单中含有“还原”、“移动”、“大小”、“最小化”和“关闭”等项。

② 双击窗口的标题栏，也可以使窗口最大化或还原。

③ 使用快捷菜单执行。可以在任务栏上右击，从弹出的快捷菜单（如图 2-14 所示）中选择“任务管理器”选项，将弹出如图 2-15 所示的窗口。

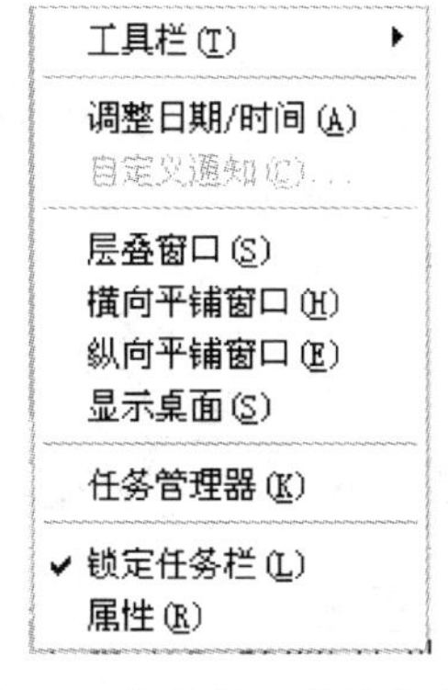

图 2-14　任务栏上的快捷菜单

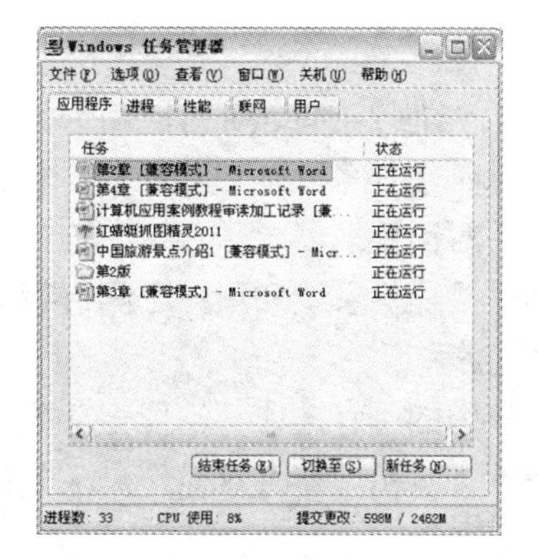

图 2-15　Windows 任务管理器的窗口

4. 窗口的滚动

当一个窗口不能一屏显示当前文件的所有内容，可以使窗口滚动，以达到显示全文的目的。这种情况下，窗口边缘将出现滚动箭头和滚动条，如图 2-12 所示。

注意：一般来讲滚动条的大小是和窗口中内容多少相关的。内容多滚动条就比较小，否则相反。

5. 窗口的切换

Windows 操作系统支持多任务多窗口，当多个窗口同时打开时，可以进行窗口切换。用户单击某一窗口的任意部分，即可切换到这个窗口中，也可使用 Alt +Tab 组合键进行窗口切换。

注意：在多个窗口中，只能有一个成为当前窗口，处于激活状态，允许在其上进行操作。

6. 窗口的排列

在 Windows 系统下，可以打开多个窗口，并且可以使用不同的方法排列窗口，主要有重叠窗口、横向平铺窗口和纵向平铺窗口。在桌面的任务栏上右击，弹出如图 2-14 所示的快捷菜单中选择需要的命令，即可得到图 2-16 操作方法。

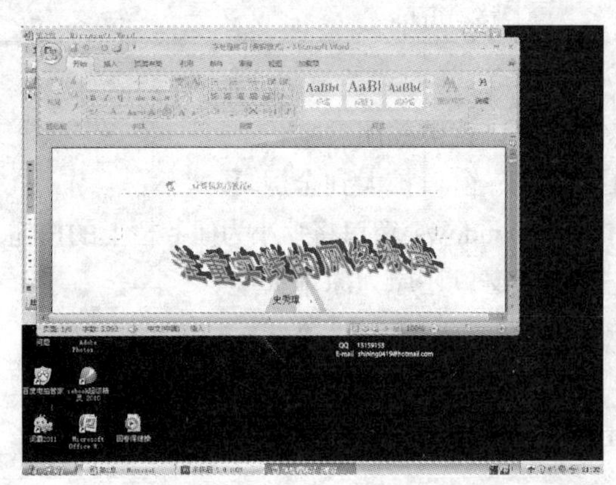

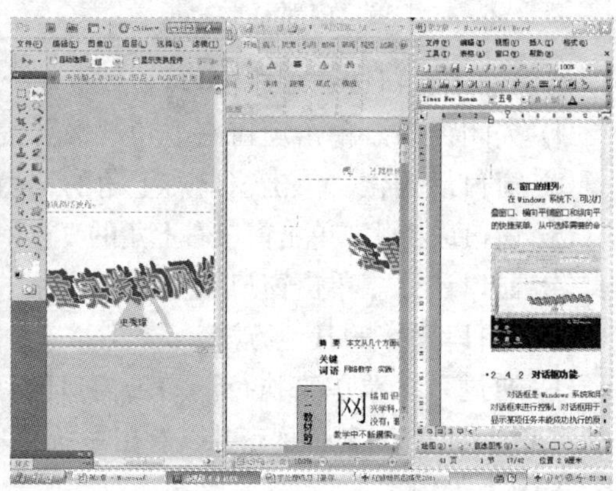

图 2-16　多个窗口层叠和平铺的示例

2. 4. 2　对话框功能

对话框是 Windows 系统和用户进行交互最常用的方式。很多复杂的命令，用户都是通过对话框来进行控制。对话框用于为命令的执行提供附加的信息，或为用户显示警告信息，或显示某项任务未能成功执行的原因。一般来说，使用菜单中后缀带 “…” 的命令将导出一个对话框。

对话框是操作系统和用户之间进行交互操作的界面，在图 2-17 中列出了一种可能出现的对话框元素。

对话框中的所有选项，不但全部可以用鼠标来选择，也可以通过键盘操作来完成，只是不太常用。其键盘操作见表 2-6。

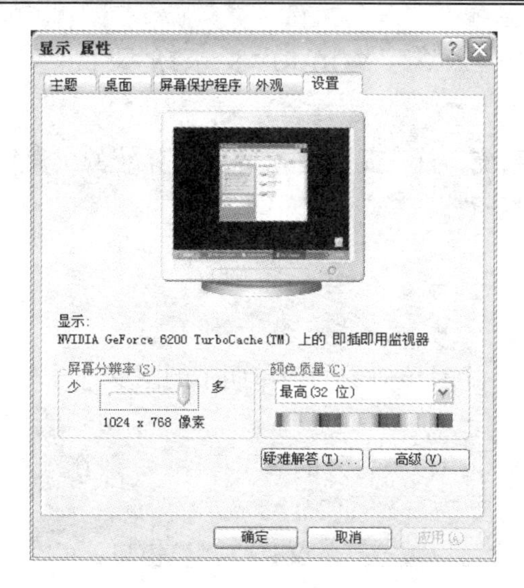

图 2-17　对话框元素介绍

表 2-6　选择对话框选项的键盘命令

目　　的	按 键 操 作
选择下一个选项	按 Tab 键
选择前一个选项	按 Shift + Tab 键
直接移至某选项并选择它	按 Alt 键，同时按选项名字中的下划线字母
在扩展框中选一项	先按↓键展开选择值列表，按↑或↓键选择，再按 Enter 键
取消所做的选择，并关闭对话框	按 Esc 键
增、减数量	按↑键增加数量，按↓键减少数量
选择或取消对某选框的选择	按 Alt 键，同时按选项名字中的下划线字母

2.4.3　鼠标功能

Windows 基本操作手段就鼠标操作，全鼠标操作突出显示了图形操作系统的优势，使广大用户从烦琐难记的 DOS 命令中摆脱出来。随着 Windows 操作系统的不断发展，鼠标的作用日益完善，它可以控制系统中所有的操作和设置，但其基本功能却没有大的改变。下面就介绍一下鼠标的基本操作方法、设置和主要功能。

最常用的鼠标操作有单击、双击、右击、指向、拖动和释放。

（1）单击：在对象上按下并释放鼠标左键一次。

（2）双击：在对象上快速按下并释放鼠标左键两次。

（3）右击：在对象上按下并释放鼠标右键一次。

（4）指向：将鼠标移动到对象上，停留不动。

（5）拖动和释放：在对象上按下左键不放，移动到目的位置释放。

2.5 Windows 系统桌面

一旦启动 Windows 系统，首先显示是 Windows 系统的桌面，它就是用户在计算机上进行所有操作的工作平台。

2.5.1 桌面的组成

1. 桌面上的图标

图标是一种用来代表一个具体对象的简单明了的图形符号。Widows 操作系统中的图标，主要包括以下图标。

（1）程序图标：代表一个可以被打开的应用程序，一般在双击后即可打开该程序窗口，并在该窗口执行程序。

（2）文件夹图标：代表可以被打开的文件夹浏览窗口，可在该窗口中查看文件，文件夹也就是 DOS 中的子目录。

（3）文档图标：代表可以被打开和此文档类型关联的应用程序窗口，并可在该窗口中编辑、修改该文档的内容。

（4）快捷图标：可用以打开该快捷图标所指定的任何程序项目或文档。并在该应用程序窗口中继续工作。

2. 桌面上的“开始”按钮

在桌面上单击左下角的“开始”按钮，通过“开始”菜单，可以实现 Windows 系统操作系统中所有的操作和功能。

3. 桌面上的任务栏

桌面上的任务栏主要包括以下内容。

（1）“开始”按钮（位于任务栏的左端）。可让用户快速启动程序、查找文件或进行系统的设置，Windows 中的工作大多由此开始。用户只需移动鼠标到“开始”按钮并按一下鼠标左键，然后选择项目即可，简单易懂，方便好用。

（2）系统状态区（位于任务栏的右端）。方便用户查看目前系统的运行状态，如系统时间、输入法、音量、资源使用情况等。

（3）运行中的程序按钮。对于每一个运行中的程序项目，任务栏上都会以一个按钮来显示，以方便用户查看和使用鼠标，快速切换打开中的程序项目。

2.5.2 桌面的使用

作为用户的基本工作平台，桌面集成 Windows 系统的所有功能。通过“开始”菜单，控制管理系统的软件、硬件，调用各种应用程序；通过快捷菜单，完成对桌面状态的控制；通过系统提供的图标，可以调用“我的电脑”、“网上邻居”、“我的文档”和“回收站”等应用软件和系统功能，完成对系统、用户网络、用户文档的管理。

1. 开始菜单

通过“开始”菜单可以实现以下功能。

（1）Windows Update，即 Windows 更新。单击此项可以启动 Internet Explorer 使其自

动链接微软公司的 Windows 更新站点，可以在此处下载 Windows 最新的驱动程序、升级程序、补丁程序等，对 Windows 系统进行更新升级。

（2）程序。单击该项可以显示应用程序列表，并且可以通过“附件”使用系统附加的应用程序。

（3）文档。单击该项即可显示用户最近打开的文档列表，并且可以调用“我的文档”窗口。

（4）设置。单击该项，可以分别调用“控制面板”、“网络和拨号链接”、“打印机”以及系统任务栏和开始菜单设置等。

（5）搜索。单击该项，可以分别调用不同的对话框，搜索文件和文件夹、在 Internet 上搜索，或搜索用户。

（6）帮助。单击该项，将调用 Windows 系统的帮助系统，为用户提供全面的帮助。

（7）运行。单击该项，可打开“运行”对话框，从中输入要运行的程序路径和名称，并执行这个程序。

（8）关机。用来关闭计算机、重新启动和注销当前用户登录。

2. 快捷菜单

桌面上的快捷菜单主要提供对桌面控制的快捷方式，使用户迅速实现自己的操作。快捷菜单具有方便、迅速的特点，成为很多用户的首选。

在图 2-18 所示的快捷菜单中的第一个快捷菜单，是右击桌面上的“开始”按钮所调用的；第二个快捷菜单是鼠标右键单击桌面上的任务栏调用的；第三个快捷菜单是右击桌面上的空白地方所调用的。

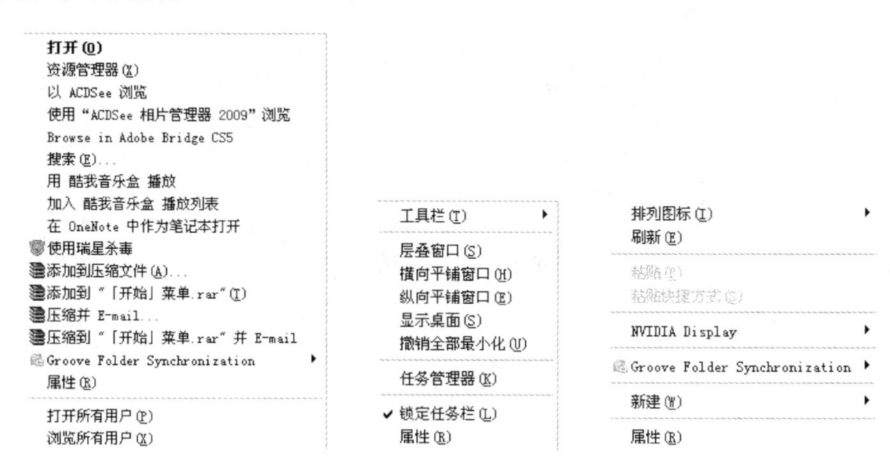

图 2-18　桌面上的快捷菜单

3. 我的电脑

“我的电脑”是管理控制计算机的一个平台，其中有多个系统管理工具。通过它可以对整个计算机硬盘进行控制和调整。在“我的电脑”窗口中又显示多个图标，双击这些图标就可以调用不同的管理工具。

4. 网上邻居

“网上邻居”是 Windows 系统提供给用户专门进入网络环境，主要用于查看和使用网上的计算机资源。

“网上邻居”的主要功能如下。

(1)添加网上邻居。双击该图标，帮助用户链接到共享网络文件夹、Web 文件夹或 FTP 站点。

(2)查看邻近的计算机。双击该图标，可以查看用户所在工作组或域中的其他计算机。

(3)查看整个网络。双击该图标，可以查看用户所联入的整个网络的计算机。

另外，用户还可以在“网上邻居”窗口，调用“网络和拨号链接”向导和“我的文档”、“我的电脑”窗口。

5. 回收站

“回收站”是用户管理文件的一个工具，主要是方便用户删除和恢复文件、文件夹。

恢复删除文件的操作步骤如下。

(1)选中要恢复的文件或文件夹可以按 Ctrl 键间隔选择，也可以按 Shift 键连续选择。

(2)恢复。单击“回收站”中的“还原”按钮，如图 2-19 所示，可见到删除的文件或文件夹恢复到原来的位置。

彻底删除文件，在“回收站”中单击“清空回收站”按钮，出现系统提示，单击“是”按钮，即可完全删除“回收站”中的所有内容。

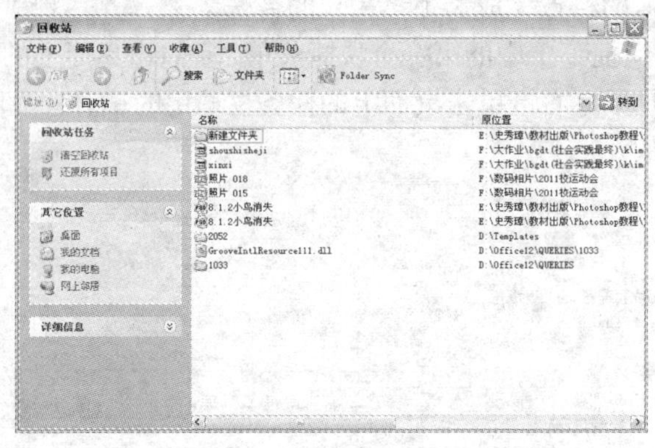

图 2-19 “回收站”窗口

2.5.3 桌面的调整

Windows 系统的桌面，不但提供给用户强大的功能，而且还允许用户进行各种突出个人化特点的调整。

1. 设置桌面背景

在桌面上单击鼠标右键，在弹出的快捷菜单中执行“属性”命令，即可调出“显示属性”对话框，如图 2-20 所示。选择“背景”选项卡，在其中可以进行桌面背景的设置。

2. 选择背景图片

在图 2-20 所示的对话框中，系统提供了背景图片，在其中可选择合适的作为壁纸，也可以单击“浏览”按钮，调出“浏览”对话框，从其他地方选择壁纸，最后单击“确定”按钮。

图 2-20 “显示属性”对话框

2.5.4　设置任务栏

任务栏是桌面的组成部分之一，也可以按用户的需要进行定制。

1. 设置任务栏

（1）打开任务栏设置菜单。在桌面的任务栏上单击鼠标右键，从显示的快捷菜单中选择“工具栏”选项，即可显示一个设置任务栏的菜单，如图 2-21 所示。

（2）选择“工具栏”选项。在图 2-21 的菜单中选择“Windows Media Player”、“链接”、“桌面”、“快速启动”等选项，可以在任务栏上显示相应的内容。

（3）新建工具栏。在桌面任务栏上可以新建工具栏，单击图 2-21 中的“新建工具栏”命令，即可显示如图 2-22 所示的“新建工具栏”对话框，从中选择文件夹或输入 Internet 地址栏中包含的工具所在位置，如双击“我的文档”，在文件夹中显示出“我的文档”，单击“确定”按钮即可。

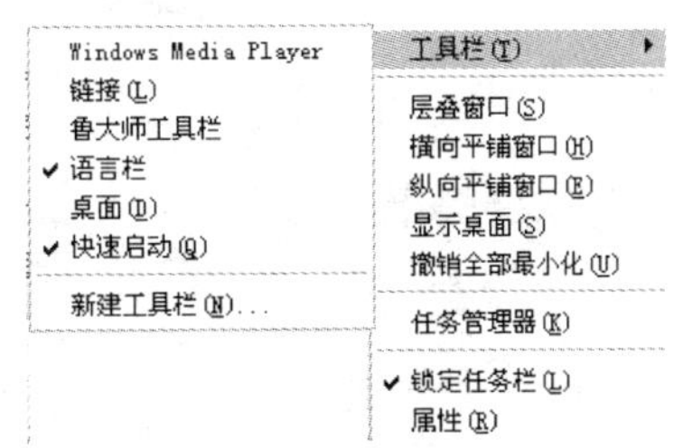

图 2-21　任务栏菜单

Windows 系统提供了对桌面任务栏属性的设置方法，使任务栏更加适合用户的需要。具体过程很简单。

2. 设置任务栏属性

（1）打开“任务栏和开始菜单属性”对话框。右击桌面上的“开始”菜单，选择“属性”命令，即可显示“任务栏和「开始」菜单属性”对话框，单击“「开始」菜单”选项卡，如图 2-23 所示。

（2）设置任务栏属性。在图 2-23 所示的对话框中，可以进行以下设置。

① 选择“「开始」菜单”项，为了便于访问 Internet 和电子邮件，还有自己喜欢的程序。

② 选择“经典「开始」菜单”项，使用以前版本的 Windows 菜单样式。

（3）单击“应用”按钮或 “确定”按钮即可完成设置操作。

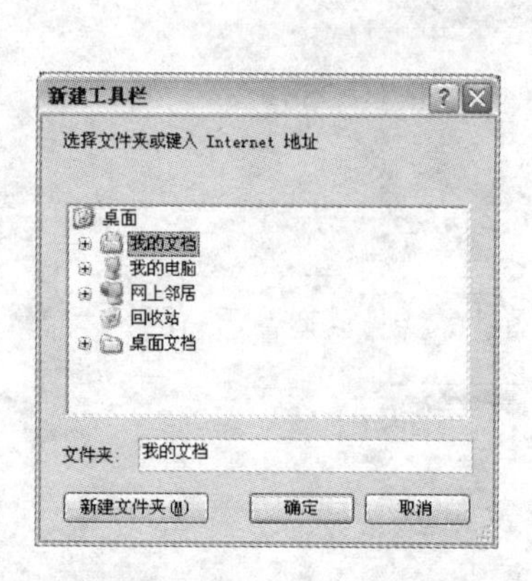

图 2-22 “新建工具栏”对话框

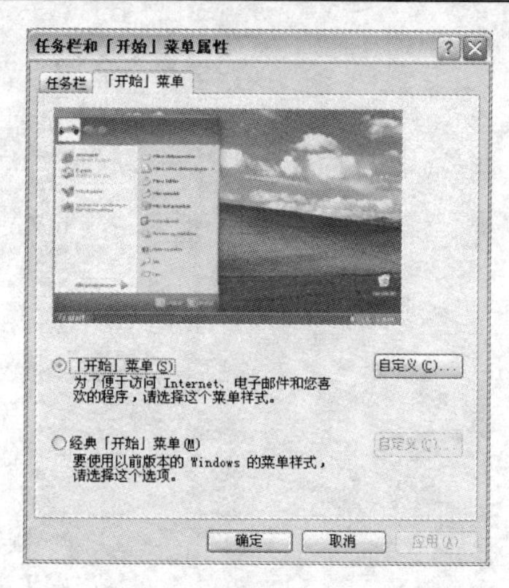

图 2-23 “任务栏和开始菜单属性”对话框

2.5.5 设置“开始”菜单

桌面上的开始菜单同样也是可以设置的，可以选择“开始”菜单中的项目数量以及项目出现的顺序。设置“开始”菜单的步骤如下。

（1）打开“任务栏和开始菜单属性”对话框。右击桌面上的“开始”菜单，选择“属性”选项即可显示“任务栏和「开始」菜单属性”对话框，单击“自定义”按钮，弹出如图 2-24 所示的“自定义「开始」菜单”对话框。

（2）打开“高级”选项卡，如图 2-25 所示。要想确定项目数量，可以在「开始」菜单项目中选择。

图 2-24 “自定义「开始」菜单”对话框

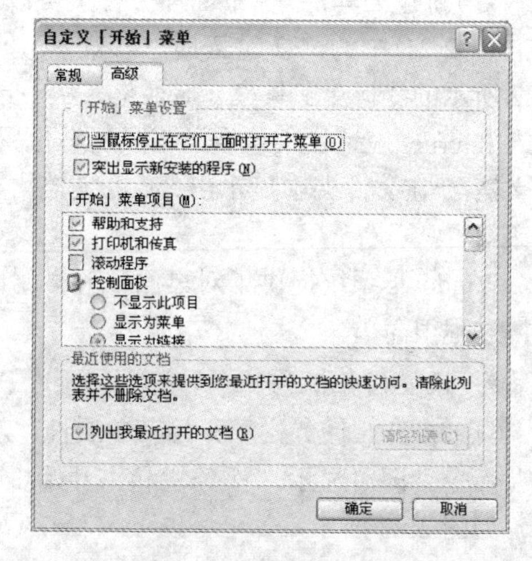

图 2-25 “高级”选项卡

（3）单击“确定”按钮即可完成设置。

2.6　文件管理

计算机所有的程序、文档、图形都是以文件的形式保存的，包括 Windows 系统操作系统也是由大量的文件组成的。所以说管理文件是计算机操作系统的一项基本任务。

文件的管理主要包括保存、复制、移动、查找、删除等操作，这些操作都离不开文件的载体——计算机磁盘。目前磁盘是计算机的主要存储设备，因为磁盘和文件的密不可分的特性，使得管理用户的磁盘成为管理文件系统的一部分。

2.6.1　创建与打开文件夹

1. 创建文件夹

可在“我的电脑”或“资源管理器”创建新文件夹，具体步骤如下。

（1）执行“文件”→“新建”→“文件夹”命令，在窗口中出现一个文件夹图标，旁边有一个框，其中系统默认的文件夹名是“新建文件夹”。

（2）输入新建文件夹的名称，输入的文字替换“新建文件夹”。Windows 系统允许使用最多 255 个字符的文件夹名称，包括空格。不能使用下面的任何字符，它们对操作系统有特殊的意义：\/、:、*、?、”、<、>、|。如果在文件夹名称中输入了这些字符，Windows 系统通常会发出警告，说明不能使用这些字符。

（3）按 Enter 键，新建的文件夹出现在窗口中，名字就是刚输入的名字。

2. 打开文件和文件夹

（1）使用“资源管理器”或“我的电脑”双击选中的文件或文件夹，即可打开文件或文件夹。

（2）执行“开始”→“文档”命令，即可显示用户最近打开过的文档文件列表，单击即可打开。

（3）在“我的文档”中双击选中的文档文件，即可打开它。

2.6.2　复制或移动文件和文件夹

Windows 系统允许把文件和文件夹移到不同的文件夹或驱动器内。可以复制并粘贴文件或文件夹，或使用鼠标把文件或文件夹拖放到新的位置。

1. 复制文件和文件夹

使用复制和粘贴方法复制文件和文件夹的步骤如下。

（1）打开源文件或文件夹存放的驱动器或文件夹窗口。

（2）选定想复制的文件或文件夹。

（3）从菜单选择“编辑”→“复制”选项，或单击工具栏上的“复制”按钮，就会把选定的文件或文件夹的副本存放在 Windows 剪贴板上。

（4）打开目标驱动器或文件夹窗口。

（5）从菜单选择“编辑”→“粘贴”选项，或单击工具栏上的“粘贴”按钮。

技巧：在其他 Windows 程序中可以使用的技巧，键盘快捷键是 Ctrl+X（剪切）、Ctrl+C（复制）和 Ctrl+V（粘贴）。

2. 移动文件和文件夹

移动文件和复制文件所不同是：将上述步骤（3）中的“复制”改为“剪切”，其他操作同复制一样。

2.6.3 删除与恢复文件和文件夹

要从硬盘或网络驱动器删除文件或文件夹时，要从当前窗口删除，并放到回收站中。如果必要的话，可以从回收站恢复这些文件或文件夹。

注意：如果删除了一个文件夹，也就删除了该文件夹中所有的文件。在删除文件夹之前，文件夹不必像在 MS-DOS 中那样是空的。在删除文件夹之前，一定要把有用的文件或文件夹移至其他地方。

1. 要删除文件或文件夹

（1）选定想删除的文件或文件夹。

（2）按 Del 键或单击工具栏上的“删除”按钮，或从菜单选择“文件”→“删除”选项，出现系统提示信息，询问是否想把选定的文件或文件夹发送到回收站。如果肯定的话，选定“是”；否则选定“否”，停止操作。

提示：删除文件或文件夹的快速方法是：把文件或文件夹图标从“我的电脑”拖到“回收站”当 Windows 系统加亮回收站时，松开鼠标按钮。

（3）永久删除文件。选中的文件，按住 Shift + Del 组合键，此时被删除的文件或文件夹直接从硬盘中清除，并不放在回收站里，也不能在回收站恢复此文件或文件夹。使用时要慎重。

2. 删除回收站中的指定文件

（1）双击桌面上的“回收站”图标，选定想删除的文件。

（2）按 Del 键或单击工具栏上的“删除”按钮，或从菜单选择“文件”→“删除”选项。

注意：从硬盘驱动器永久删除一个文件之前，可能要先检查它的内容。即从回收站选中文件图标，然后把图标拖到桌面上，双击图标，查看内容。

3. 选定要删除的全部文件

要从回收站删除全部文件，从菜单选择“文件”→“清空回收站”选项，或者单击“回收站”窗口左边的“清空回收站”按钮。如果没有打开“回收站”窗口，可以使用鼠标右键单击“回收站”图标，并从弹出菜单选择“清空回收站”命令清空回收站。

4. 从“回收站”恢复文件

（1）选定想还原的文件和文件夹，文件的还原位置列在“回收站”窗口的左窗格中。

（2）从菜单选择“文件”→“还原”选项，或者右击图标，并选择“还原”选项，或单击“回收站”窗口左窗格中的“还原”按钮。文件或文件夹回到它被删除之前所在的位置。

2.6.4 重命名文件和文件夹

重命名文件或文件夹是已有的文件或文件夹重新改一个新名字。重命名文件或文件夹步骤如下。

（1）选定想重命名的文件或文件夹。

（2）从菜单选择“文件”→“重命名”选项，或者右击文件或文件夹图标，并从弹出菜单选择“重命名”选项。出现一个框在文件名周围，且文件名被选中。

（3）输入新文件名，按 Enter 键即可。

2.6.5　查找文件

如果不知道一个文件或文件夹存放在哪里，该怎么办呢？Windows 具有查找功能，帮助搜索文件或文件夹。

（1）打开“我的电脑”或“资源管理器”窗口。

（2）选定想搜索的驱动器，如 C:。

（3）单击工具栏的“搜索”按钮，出现如图 2-26 所示。

图 2-26　“搜索结果”窗口

（4）在“要搜索的文件或文件夹名为”文本框中，输入想查找的文件名称。如果不知道完整的名称，可使用文件通配符（*或？）代替文件名的开头或结尾。

（5）用户可以在“包含文字”框中输入所要查找的文件中包含的文件内容，以便可以缩小搜索范围，提高搜索速度。

（6）搜索范围中可以有“我的文档”、“桌面”、“我的电脑”及其他包含的文件夹。

（7）单击“立即搜索”系统开始逐条查找文件和文件夹。

（8）当搜索完成时，满足搜索条件的文件或文件夹列表出现在窗口的右侧。单击想打开的文件，即可打开查找到文件。

（9）单击“新搜索”清除搜索条件，这样可以搜索另一个文件。

2.6.6　文件属性

1. 文件的4个属性

（1）只读。此属性的文件可以打开，并阅读或打印，但不能更改或删除。这就可以防止原始的文件被更改。

（2）存档。是文件最常用的属性。在大多数情况下，如果文件不是只读的，它就有“存档”属性。

（3）隐藏。此属性的文件在文件列表中是不可见的，用户也不能使用，除非知道这个文件的名字。将程序文件隐藏起来，是防止用户不小心移动或删除它们。

（4）系统。有此属性的文件是系统文件。系统属性文件一般是安装时设置的。

2. 查看属性

要看到一个文件的属性，不管是在“我的电脑”，“Windows 资源管理器”，还是在“网上邻居”中，必须先选中文件，可任选下列一种执行方式。

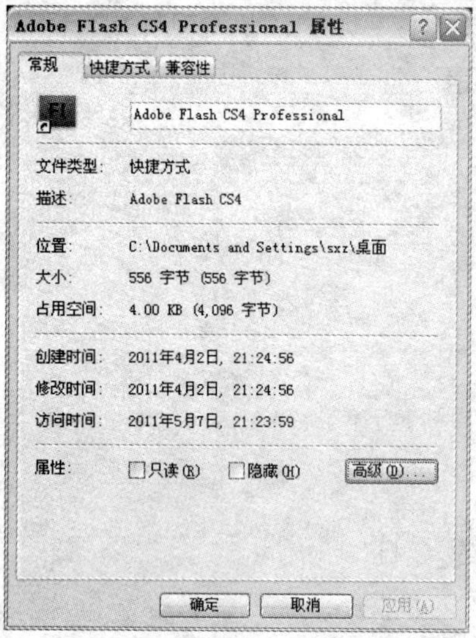

图 2-27　文件属性

（1）选择“文件”→“属性”选项。

（2）单击鼠标右键，并从弹出菜单选择“属性”选项。

（3）单击工具栏上的“属性”按钮。

（4）单击“Windows 资源管理器”窗口或“我的电脑”窗口左边的“属性”，打开文件的“属性”对话框，如图 2-27 所示。“常规”选项卡中提供文件的以下信息：

① 文件名；

② 文件文类型；

③ 描述；

④ 位置（文件所在的驱动器和文件夹）；

⑤ 大小（KB 和实际的字节数）；

⑥ 占用空间；

⑦ 创建时间（文件被创建的日期和时间）；

⑧ 修改时间（文件上次被修改的日期和时间）；

⑨ 访问时间（文件上次打开的日期）；

⑩ 属性（只读、隐藏）。

2.6.7　设置文件关联

文件关联就是针对某种类型的文档文件或数据文件和某种可以对该文件进行编辑的程序建立一种关系，当对这种类型的文件执行“打开”操作时，用关联的程序对其进行编辑。当一个文件在 Windows 系统中被注册，其对应打开这个文件的应用程序也就被注册了，两者总建立关联。

设置文件关联的步骤如下。

（1）打开“文件夹选项”对话框。单击“我的电脑”或“资源管理器”→“工具”→“文件夹选项”，即可显示“文件夹选项”对话框，单击“文件类型”选项卡，如图 2-28 所示。

（2）建立新关联。在图 2-28 所示的对话框中单击“新建”按钮，在“新建扩展名”对话框中输入需要建立关联的文件扩展名和关联的文件类型。

（3）建立打开方式。用户可以在图 2-28 所示对话框中单击“更改”按钮，即可显示如图 2-29 所示的“打开方式”对话框。然后从系统提供的打开当前关联的文件的程序列表中选择需要的程序，如果没有合适的，还可以单击“浏览”按钮选择其他的程序。

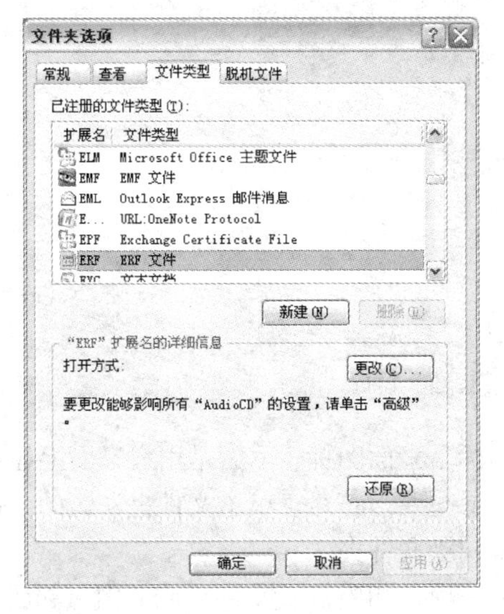

图 2-28 “文件夹选项”对话框

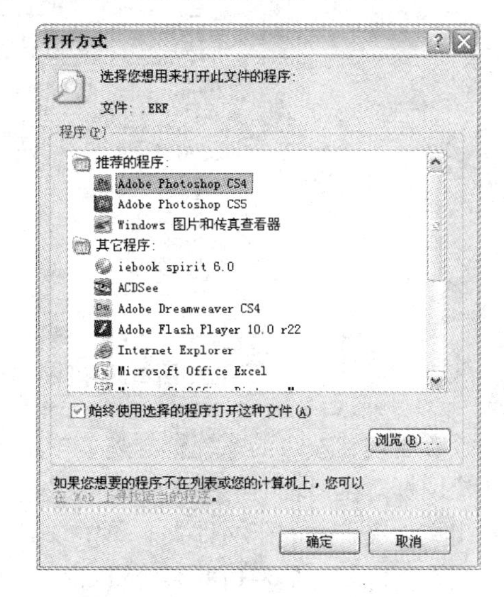

图 2-29 “打开方式”对话框

（4）编辑文件类型。在图 2-28 对话框中单击“高级”按钮，即可显示“编辑文件类型”对话框，并可以进行以下设置。

① 下载后确认打开。

② 始终显示扩展名。

③ 在同一窗口浏览。

（5）设置图标。在图 2-28 中单击“更改”按钮，即可选择需要的图标。如果系统提供的图标中没有合适的，可以单击“浏览”按钮从其他位置选择。

2.7 Windows 资源管理器

资源管理器不是一次仅显示一个文件夹的内容，而是在一个窗口中显示所有内容，与“我的电脑”不同。系统或网络上的所有驱动器和文件夹的列表在左边，选定文件夹或驱动器的内容在右边。在需要查看不同驱动器和文件夹时，这种安排使用户更为方便。

2.7.1 使用资源管理器

在“开始”按钮上单击右键，弹出一个快捷菜单，在菜单上双击“资源管理器”，出现如图 2-30 所示的“Windows 资源管理器”窗口。

资源管理器分为 3 个部分，左边是系统资源列表，右边是当前磁盘、文件和文件夹。上部是菜单和 Web 工具栏及地址。

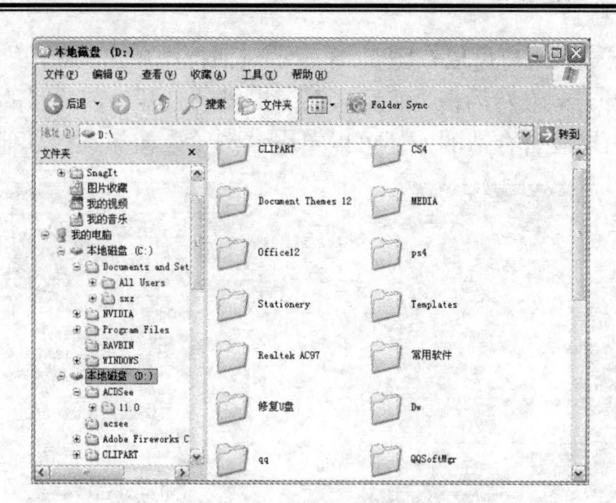

图 2-30 “Windows 资源管理器”窗口

资源管理器左边的系统资源列表中最顶部的图标是桌面图标，下面是用户桌面上显示的各个图标。在列表中某些文件夹左边显示有“+”或“—”符号，单击文件夹左边的“+”显示出文件夹下面的子文件夹。单击“—”只显示同级文件夹。

当在资源管理器左边的系统资源列表中选择某一项，如磁盘、文件夹或“网上邻居”时，在资源管理器右边立即显示该资源项目的具体内容。

2. 7. 2　资源管理器的 Web 页面

“资源管理器”窗口的菜单下面是具有 Web 浏览器风格的工具栏，其中各工具含义如下。

（1）后退。退到当前浏览位置的上一个位置。

（2）前进。到当前浏览的下一个位置。

（3）上一级。使当前浏览位置跳到上一级地址，一般是从子文件夹跳到高一级文件夹。

（4）搜索。单击该按钮将导出“搜索”对话框，如图 2-31（a）所示，可在用户计算机所有可能的地址范围内搜索文件或文件夹。

（5）文件夹。单击该按钮将显示一个“文件夹”列表框，如图 2-31（b）所示，从中可以选择需要浏览的文件夹。

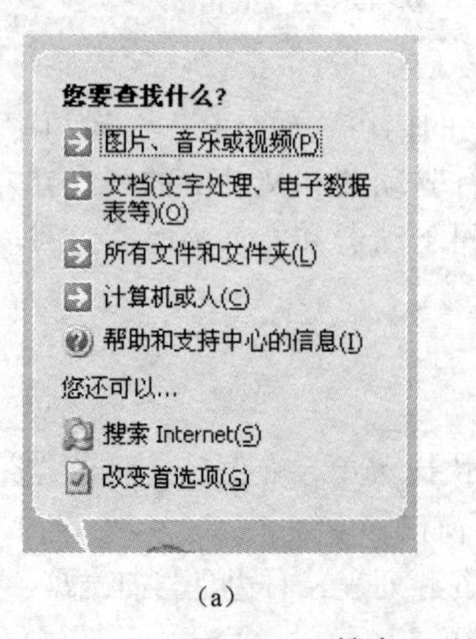

（a）

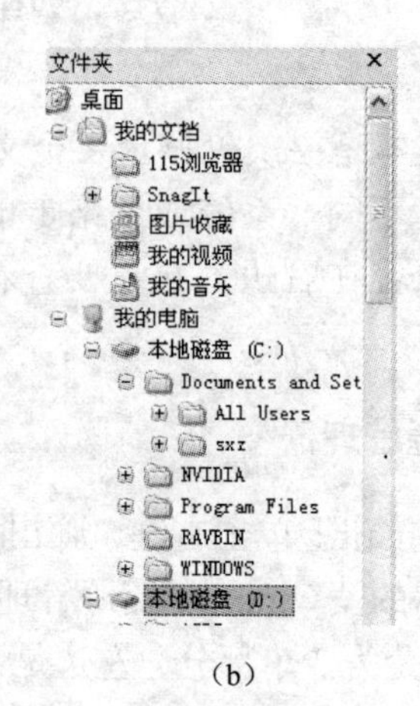

（b）

图 2-31 “搜索”对话框、“文件夹”对话框

2. 7. 3　使用文件查看选项

在打开文件时，并不是所有文件夹都显示出来，有些文件被隐藏了。与 DOS 不同的是在 Windows 系统中文件扩展名不显示出来。

执行以下步骤改变“资源管理器”如何显示文件，显示哪些类型文件。

（1）选择“工具”→“查看”→“文件夹选项”选项，打开如图 2-32 所示的“文件夹选项”对话框。

（2）在“高级设置”列表框中的“隐藏文件”下，选定“显示所有文件”，在打开文件夹时，可以看到隐藏文件和系统文件。如果不想看到隐藏文件和系统文件，单击 “不显示隐藏文件或系统文件”单选按钮，使这些文件对用户不可见。

注意：如果想删除含有隐藏文件夹 ，Windows 将提示用户确认是否想删除该文件夹及其内容。不管文件夹是空的、有文件、还是有隐藏文件，都会看到相同的消息。如果怀疑文件夹含有隐藏文件，在选择显示隐藏文件之前，不要删除它们。

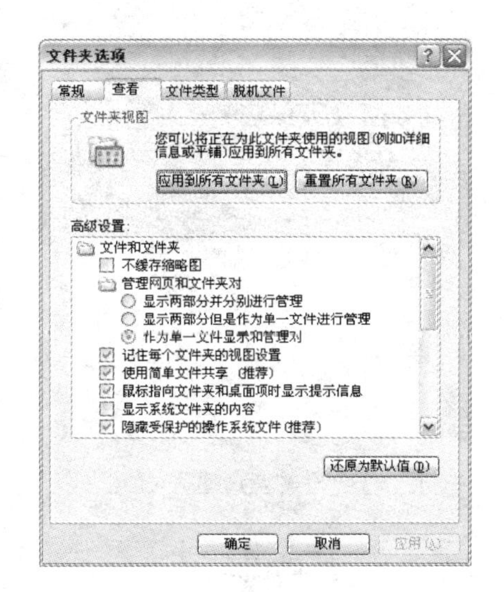

图 2-32 “文件夹选项”对话框

（3）如果希望“资源管理器”标题栏显示 C:\Data\Student 而不是只显示 Student，选择“在标题栏中显示完整路径”复选框。

（4）如果不看每个文件名的文件扩展名（文件扩展名是文件类型的三字母描述），选择“隐藏已知文件类型的扩展名”复选框。

（5）要在“详细资料”视图中打开文件时标识文件属性（如只读或系统），选择“按详细资料查看时显示文件属性”复选框。在“详细资料”视图中的右端出现另一栏，显示文件属性类型的首字母。

（6）单击“确定”按钮。

2. 8　系统维护与应用

系统执行程序的情况与硬盘驱动器性能有很大的关系，用户的所有文件，包括运行程序的文件和数据文件，都存放在硬盘上。磁盘写入和删除文件过多，使得硬盘读写速度就会明显下降，硬盘中堆积着大量的碎片、无用的临时文件、忘记卸载的软件，占用系统资源。如果经常进行磁盘维护就会防止这种令人心烦的事情发生。

2. 8. 1　清理磁盘

要将磁盘中的无用文件删除，当然不能乱删一气，否则不单不能提高系统效率，还会造成系统故障，如何在难以数计的文件中，找到无用的文件，并安全删除呢？Windows 系统提供了一个磁盘清理的工具，解决了这个问题。

执行以下步骤使用磁盘清理程序。

（1）执行“开始”→“程序”→“附件”→“系统工具”→“磁盘清理”命令。

（2）选择盘符，单击“确定”按钮，系统即开始磁盘清理程序，计算硬盘上能够释放的空间。

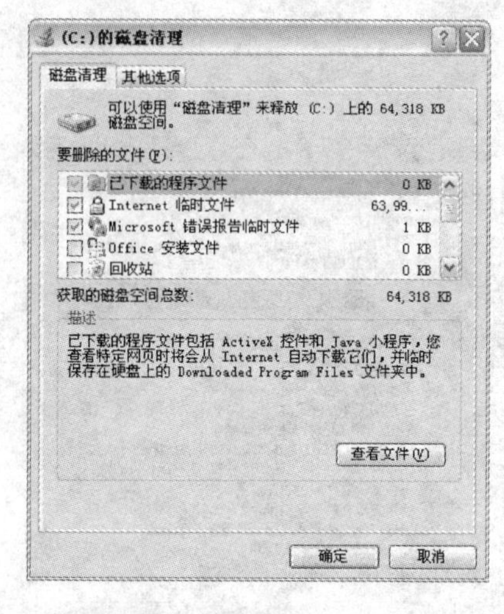

图 2-33 “磁盘清理”对话框

（3）然后出现如图 2-33 所示对话框。系统计算出可以释放的空间。在“要删除的文件”列表框中，出现需要删除的文件类型列表。磁盘清理后可以获得磁盘空间总数。

（4）单击“其他选项”选项卡，可执行如下清理。

① 清理 Windows 组件。可以删除不用的可选 Windows 组件，释放磁盘空间，单击“Windows 组件”框中的“清理”按钮，即可调用“Windows 组件向导”删除用户不需要的“Windows 组件”。

② 清理不同的程序，可以删除不用的程序以释放空间，单击“安装的程序”框中的“清理”按钮，即可调用“添加/删除应用程序向导”，删除不需要的应用程序。

（5）单击“确定”按钮，即可开始磁盘清理工作。

2.8.2 磁盘碎片整理

当文件存放在磁盘上时，它们一个接一个地写。随着时间的推移，一个文件被删除，留下一个“空”，然后又删除一个文件，留下另一个“空”等。这些“空”分散在整个硬盘上，当磁盘满时，新文件存放在硬盘上，使用被删除文件留下的那些“空”。但是，一个“空”有可能放不下一个文件，所以文件的一个部分存放在这里，另一个部分存放在磁盘的另一个地方。随着时间的推移，文件分成许多段，分散在磁盘上。当程序读取一个文件时，如果这个文件在磁盘上分成碎片，它要花很多的时间把这些文件块放在一起。用户才能看到完整的文件。取文件的时间很长，系统就可能报警，影响使用文件。

磁盘碎片整理程序重新组织磁盘上的文件，把碎片文件放在一起。这加快了文件读取速度，可以更快获取文件。还释放更大的磁盘空间，留作以后存放文件用。

在运行磁盘碎片整理程序时，应关闭打开的所有程序。尽管磁盘碎片整理程序可以在后台运行（意味着在整理磁盘碎片时，能够同时运行其他应用程序），就会有某个应用程序可能在写磁盘的风险，这引起碎片整理中断，要重新开始。最好在不需要使用计算机时运行磁盘碎片整理程序，进行碎片整理。

执行以下步骤可以整理磁盘碎片。

（1）执行“开始”→“程序”→“附件”→“系统工具”→“磁盘碎片整理程序”命令，即可显示“磁盘碎片整理程序”窗口。

（2）在“磁盘碎片整理程序”窗口的用户磁盘驱动器列表中，用户可以选择要整理的磁盘驱动器。

（3）选择好磁盘驱动器之后，单击“分析”按钮，即可显示图2-34所示，在其中的“分析显示”栏中，可以显示当前硬盘驱动器的磁盘碎片情况。

（4）在图2-34中单击“查看报告”按钮，即可显示“分析报告”。其中可以显示“卷信息”和“最零碎的文件”列表。

（5）单击图2-34的“碎片整理”按钮，即可在“碎片整理显示”框中显示目前正在进行的碎片整理过程。

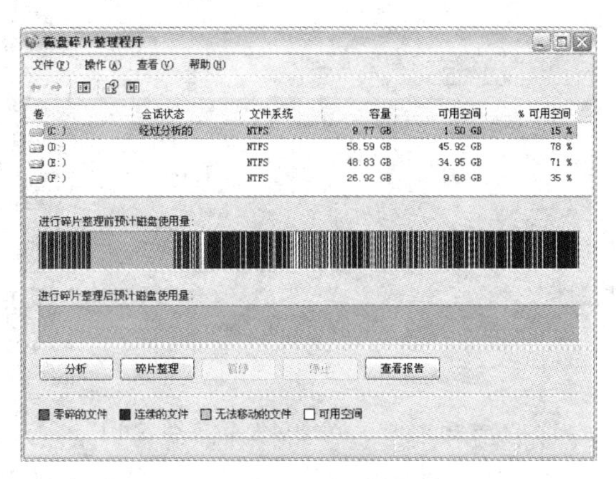

图2-34　“磁盘碎片整理程序”窗口

2.8.3　内存优化

内存是决定用户系统性能的一个关键因素，有时系统中内存的多少对计算机系统运行速度的影响，甚至超过了CPU。系统对内存的要求是无止境的，用户的钱是有止境的。使用虚拟内存不失为一个折中的办法，Windows系统提供了用户内存的管理工具，让用户少花钱多办事。

执行以下步骤可以优化系统内存。

（1）执行“开始”→“控制面板”命令，打开“控制面板”窗口，双击“系统”图标，即可显示“系统属性”对话框，如图2-35所示。

（2）在“系统属性”对话框中，单击“高级”选项卡即可显示“高级”选项卡。

（3）在图2-35中单击“性能”框中“设置”按钮，即可显示“性能选项”对话框。

（4）在“性能选项”中“应用程序响应”框中可以选择优化对象是“应用程序”还是“后台服务”，一般都选择“应用程序”，这样对提高系统效率更明显。

（5）在“性能选项”中单击“更改”按钮，即可显示如图2-36所示的“虚拟内存”对话框，可以看到当前系统的虚拟内存大小。

（6）用户可在其中更改有关虚拟内存的设置。

① 选择虚拟内存大小。在“所选择驱动器的页面文件大小”框中可以设置虚拟内存的“初始大小”和“最大值”。

② 选择注册表大小。在注册表中包括用户系统所有软件和硬件的注册信息，注册表的大小的设置会影响系统运行速度。

（7）单击“确定”按钮即可完成。

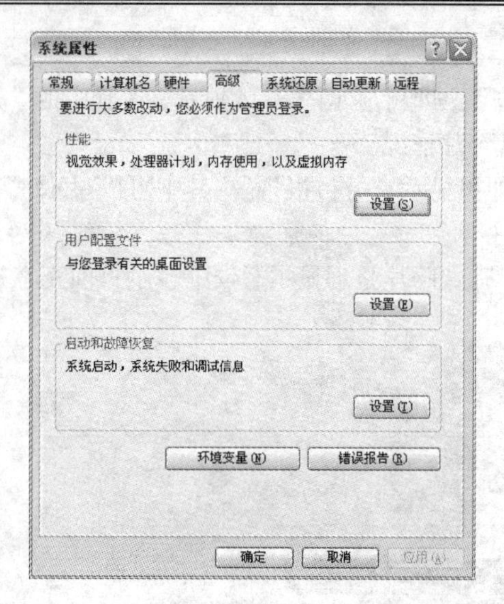

图 2-35 “系统属性”对话框

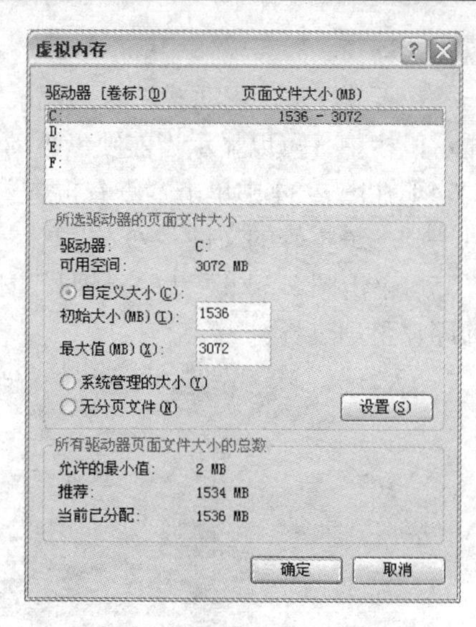

图 2-36 “虚拟内存”对话框

2.8.4　格式化磁盘

格式化是把磁盘划分成磁道和扇区，使得操作系统可以发现和标识磁盘上存放的文件。对磁盘格式化将会删除磁盘上的所有文件，所以在格式化磁盘之前一定要检查磁盘的内容是否有用。

执行以下步骤可以对磁盘进行格式化。

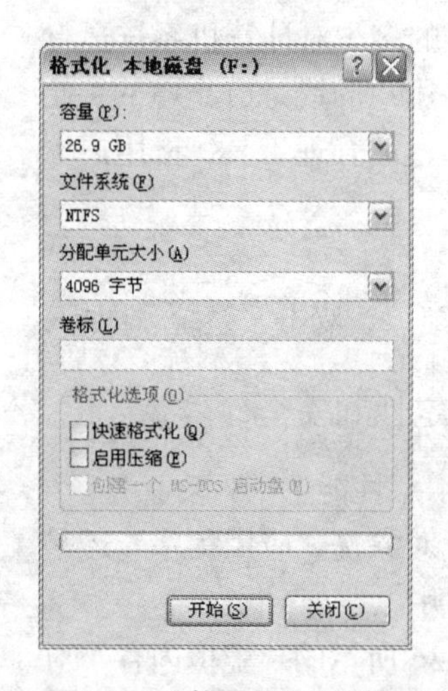

图 2-37 “格式化”对话框

（1）单击“我的电脑”或“Windows 资源管理器”。关闭显示或使用要格式化的驱动器的信息的所有窗口。

（2）选定磁盘盘符。

（3）右击磁盘驱动器图标，并从弹出菜单选择“格式化”选项。出现如图 2-37 所示的对话框。

（4）在“格式化”对话框中的“容量”下拉列表选择磁盘容量。

（5）在“文件系统”中可以为所格式化的磁盘设置文件系统。

（6）在“分配单元大小”框中一般都设置为“默认配置大小”。

（7）在“卷标”框中输入名字。在这个名字中最多可使用 11 个字符。

（8）系统根据用户的不同需要设置了两个格式化选项。

● 快速格式化。选择该项只将磁盘的文件分配表重新写一遍，不对磁盘的表面进行扫描，故而不能发现磁盘的坏扇区，也正是因为如此，该项类似删除磁盘中的所有文件，格式化速度很快。

● 压缩。当选择 NTFS 文件系统时，可以选择压缩选项，节约磁盘空间。

（9）单击“开始”按钮。

（10）在格式化完成时，出现格式化结果。单击“关闭”按钮。

2.8.5 “附件”的使用

Windows 系统提供了多个使用工具称为“附件”。在“附件”中 Windows 为用户准备了小巧灵活、功能超强、启动迅速、操作简便的办公工具，基本上可以满足用户的一般办公需要。主要有以下几种。

（1）写字板：是一个类似 Word 风格的文字处理软件，可以在其中编辑和格式化多种格式的文档。

（2）记事本：是一种比写字板更小的文本编辑器，而且只能编辑纯文本格式，适应编辑一些不需要格式化的文本，例如程序代码等。

（3）画图：支持多种图形格式，提供多种图像处理手段，足以应付一般性的图像处理需要。

（4）图像处理：主要提供对图形文件的管理工作，可以浏览图形文件或通过扫描仪、数字照相机输入的图像，以及为图形添加标注管理。

（5）计算器：除了能完成标准型计算器中的计算功能外，还可以进行其他一些复杂运算，主要有数据制式转换、统计分析、基本函数计算等。

（6）造字程序：是满足用户在进行文本编辑时，有时会需要使用一些比较少用或专业的字和符号，可以用“专业字符编辑器”造出适合需要的新字。

（7）字符映射表：在编辑文本过程中，用户可以通过用“字符映射表”选择特殊的字符，并将其复制到文件中。

2.9 控制面板与应用程序的使用

控制面板是 Windows 的一个重要系统文件夹，其中包含许多独立的工具或程序项，可以用来调整系统的环境参数默认值和各种属性，添加新的软、硬件等。

应用程序是计算机软件重要组成部分，计算机系统实现的各种功能、完成的各项任务，都需要运行应用程序。而计算机操作的一个主要任务就是管理应用程序，为应用程序的运行提供一个可靠的平台，Windows 系统在系统稳定性和安全性的基础上，保证应用程序的最大兼容性。应用程序功能繁多、千差万别，但是和 DOS 应用程序相比，Windows 系统应用程序一般具有同样的操作方式，更易于掌握。这节主要学习控制面板内的设置和使用，重点学习添加/删除程序和添加新硬件的使用，以及任务器的使用。

2.9.1 控制面板的使用

执行“开始”→“设置”→“控制面板”命令，或在“我的电脑”中双击“控制面板”，打开“控制面板”窗口，如图 2-38 所示。单击选中图标，用户可以修改定义的计算机配置。控制面板最常用的功能如下。

（1）设置辅助选项。“辅助选项”提供调整计算机硬件的方法，对键盘、声音、显示、鼠标、常规等提供方便的设置。使得非计算机操作人员更容易使用计算机。

图 2-38 “控制面板”窗口

（2）添加/删除新硬件。Windows 系统自动检测大多数的新硬件，这个功能称为 Windows 系统的即插即用功能。当 Windows 系统不能识别新的硬件时，使用“添加/删除新硬件”功能启动一个向导。该向导搜索和标识新硬件，重新安装新硬件的驱动程序，使之能正确使用它。

（3）设置系统日期和时间。尽管计算机的内部时钟保持当前日期和时间，但有时候需要为新的时区调整日期和时间。

（4）更改桌面颜色和背景。给桌面的背景添加颜色或图案或更改窗口的外观，并选取新的窗口方案。使系统具有独特的风格。

（5）添加或切换屏幕保护程序。在显示属性中，选择屏幕保护程序和等待时间及屏幕保护密码等。可以节能及用户离开时，不被别人使用。

（6）添加或删除字体。使用这个选项添加新字体、删除旧字体和查看字体。使得编辑文档的字体更加丰富。

（7）更改键盘的设置。可以更改键盘的字符重复速度，这是在按住键盘时，该字符重复的速度。也可以设置一个键重复之前，延时的时间间隔，提供在得到同一个字符的重复之前，把手指移开键的时间。

（8）配置电话和调制解调器。 调整调制解调器的设置，为连接 Internet 网络提供使用的设备。

（9）调整鼠标的设置。设置鼠标指针和双击的速度，以及为左撇子用户交换鼠标键。

（10）更改多媒体设备的设置：使用音频或视频设备，选择声音和多媒体，调整音量，可听到优美的音乐和看到感人的画面。

（11）设备和更改密码。通过指定密码，防止未授权的人使用计算机。可以从控制面板设置或更改密码。选择用户和密码，可增加用户和网络组，设置使用计算机的权限。

（12）更改区域设置。如果在美国之外的地区使用计算机，可以更改货币、数字、日期和时间出现的标准设置。对于大多数的普通用户，在这里设置国别就足够了，没有必要更改或设置其他的区域设置。

（13）修改 Internet 设置。指定 Internet 临时文件的存放位置，设置历史文件夹的参数，选定主页，选定安全选项，指定链接类型和设置首选参数。

（14）设置邮件和传真。设置邮件配置文件发送和接收电子邮件和传真。传真功能只有在从 Windows 95 升级时才可用，Windows 98/2000 没有自己的传真服务。

（15）配置系统。提供系统信息并更改环境设置及网络标识、硬件设备的配置及设备的管理等工作。

（16）管理工具。管理磁盘以及使用其他系统工具，管理本地或远程计算机及其他程序的监视与排错消息。添加、删除及配置 ODBC 数据源和驱动程序。

（17）管理电源资源的使用。设置和建立便携机电池的备用方案。

（18）查找系统信息和进行高级设置。可以管理计算机系统中的设备，并查看它们的当前设置。

（19）USB 接口设备支持。Windows 系统提供对 USB（Universal Serial Bus）设备的支持，允许用户简单地插入即插即用设备而不用重新启动用户的计算机，常见的 USB 设备有 USB 鼠标、USB 游戏杆、USB 扫描仪、USB 音箱、USB 调制解调器等。

2. 9. 2　添加启动应用程序

在启动系统时，在 Windows 系统打开后，选定的程序自动启动。在一些程序的安装过程中，要求用户从“启动”文件夹删除程序。从“开始”→“所有程序”→“启动”，然后把所有程序项拖离菜单，放到桌面上，然后在安装程序前重新启动计算机。在完成安装后，把快捷方式拖回到“开始”菜单上。

2. 9. 3　使用任务计划器

理想情况下，至少一周备份计算机文件一次。但是，并不是所有人都记住这样做，或者要求任何其他日常维护任务保持系统良好的运行秩序。Windows 系统包括一个任务计划器，自动运行这些任务。执行以下步骤计划一个新任务。

（1）执行“开始”→“所有程序”→“附件”→“系统工具”→“任务计划”命令，打开“任务计划”窗口，如图 2-39 所示。

（2）单击“添加任务计划”图标，打开“任务计划向导”对话框，如图 2-40 所示。

（3）从图 2-40 中选定想运行的任务。如果运行的任务没有列出来，单击“浏览”按钮找到应用程序的可执行文件（运行应用程序的程序文件），选定该文件，并单击“确定”按钮回到向导。

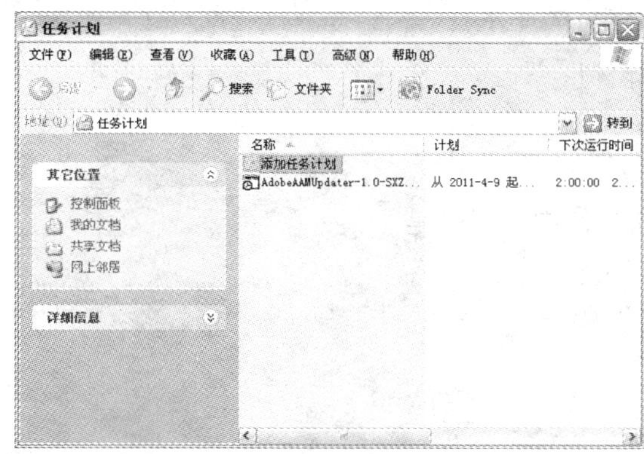

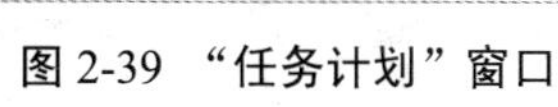
图 2-39 “任务计划”窗口

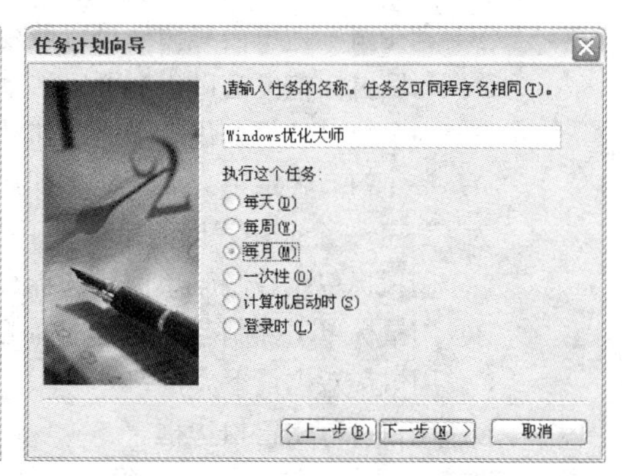

图 2-40 “任务计划向导”对话框

（4）在“任务计划向导”列表中选定任务运行的频率（每天或每周或每月或只运行一次，当启动计算机时，或者登录时）。记住，计算机必须在运行，才能让计划的任务执行，所以选取计划时要记住这一点。

（5）单击“下一步”按钮。如果选择每天、每周或每月运行任务，需要设置计划的时间和日期，否则转第（6）步。

（6）单击“下一步”按钮，确认选择。如果需要设置其他的选项，选择“当单击完成打开该任务的高级属性”复选框。

（7）单击“完成”按钮，把任务添加到计划。如果选择“打开高级属性”复选框，则将打开该任务的属性框。每个计划的任务都有属性，通过使用鼠标右键单击图标，并从弹出菜单选择“属性”选项，或者选定图标，从菜单选择“文件”—“属性”选项来查看属性。使用“属性”框查看或更改计划任务的设置。

习　题

一、选择题

在下列各题 A、B、C、D 四个选项中选择一个正确的答案。

1．在 Windows 系统中，下列叙述正确的是（　）。

A．只能打开一个窗口

B．应用程序窗口最小化成图标后，该应用程序将终止运行

C．关闭应用程序窗口意味着终止该应用程序的运行

D．代表应用程序的窗口大小不能改变

2．在 Windows 系统中，为了启动一个应用程序，下列操作正确的是（　）。

A．从键盘输入该应用程序图标下的标识

B．用鼠标双击该应用程序图标

C．用鼠标将应用程序图标拖曳到窗口的最上方

D．将该应用程序图标最大化成窗口

3．在 Windows 系统中，下列叙述正确的是（　）。

A．利用鼠标拖曳窗口边框可以改变窗口的大小

B．利用鼠标拖曳窗口边框可以移动窗口

C．一个窗口经最大化后不能再移动

D．一个窗口经最下化后不能立即还原

4．为了终止一个应用程序的运行，下列操作中正确的是（　）。

A．用鼠标单击控制菜单框后选择最小化命令

B．用鼠标单击控制菜单框后选择关闭命令

C．用鼠标双击最下方按钮

D．用鼠标双击窗口边框

5．要在下拉菜单中选择某命令，下列操作中错误的是（　）。

A．用鼠标单击该命令选择

B．用键盘上下四个方向键将高亮度条移至该命令选择后按Enter键
C．直接按该命令选项后括号中带有下划线的字母键
D．同时按下键与该命令选项后括号中带有下划线的字母键
6．关于关闭窗口的说法错误的是（　）。
A．双击窗口左上角的控制按钮
B．单击窗口右上角的“*”按钮
C．单击窗口右上角的“-”按钮
D．单击窗口右上角的“☑”按钮
7．关于Windows系统的特点，下述说法不正确的是（　）。
A．具有即插即用功能
B．具有网络和多媒体功能
C．可以使用长文件名
D．可以脱离DOS操作系统
8．下面关于Windows 系统，中文输入法的说法中，错误的是（　）。
A．通过“任务栏”上的“语言指示器”可以删除输入法
B．关闭中文输入法的命令是Ctrl +Space组合键
C．英文及各种中文输入法间进行切换的命令是Ctrl + Shift（或Alt + Shift）组合键
D．在Windows中，可以使用Windows 3.X输入法
9．按照操作方式，Windows系统相当于（　）。
A．实时系统　　B．批处理系统
C．分布式系统　　D．分时系统
10．在Windows中，用户可以同时打开多个窗口，这些窗口可以层叠式或平铺式排列，要想改变窗口的排列方式，应进行的操作是（　）。
A．用鼠标右键单击“任务栏”空白处，然后在弹出的快捷菜单中选取要排列的方式
B．用鼠标右键单击桌面空白处，然后在弹出的快捷菜单中选取要排列的方式
C．先打开“资源管理器”窗口，选择其中的“查看”菜单下的“排列图标”项
D．先打开“我的电脑”窗口，选择其中的“查看”菜单下的“排列图标”项
11．Windows 系统的整个显示屏幕称为（　）。
A．窗　　B．操作台　　C．工作台　　D．桌面
12．在Windows的资源管理器中，执行以下（　）操作会改变磁盘内容。
A．以列表方式查看磁盘中的文件
B．格式化
C．关闭资源管理器窗口
D．为盘中某个文件在桌面上创建快捷方式
13．Windows中的“剪贴板”是（　）。
A．硬盘中的一块区域　　B．U盘中的一块区域
C．内存中的一块区域　　D．高速缓存中的一块区域

14．删除 Windows 桌面上某个应用程序的图标，意味着（　）。
　　A．该应用程序连同其图标一起被删除
　　B．只删除了该应用程序，对应的图标被隐藏
　　C．只删除了图标，对应的应用程序被保留
　　D．该应用程序连同其图标一起被隐藏
15．在 Windows 系统中，不能在“任务栏”内进行的操作是（　）。
　　A．设置系统日期和时间　　B．排列桌面图标
　　C．排列和切换窗口　　D．启动“开始”菜单
16．MS-DOS 方式中 COPY 命令的（　）功能是 Windows 中的复制操作不能实现的。
　　A．将几个文件链接为一个文件　　B．复制多个文件
　　C．复制文件夹中全部文件　　D．复制指定类型的文件
17．关于文件属性的以下说法中，正确的是（　）。
　　A．具有隐藏属性的文件在资源管理器中一定不能显示
　　B．任何文件都一定有归档属性
　　C．一个文件可以没有任何属性（A、H、R、S）
　　D．具有只读属性的文件不能直接删除，必须先送到回收站
18．想选定多个文件名，如这多个文件名连续成一个区域的，则先选定第一个文件名，然后按住（　）键，再在最后一个文件名上单击一下即可。
　　A．Ctrl　　B．Shift　　C．Alt　　D．Del

二、简答题

1．什么是计算机操作系统？有何作用？
2．计算机操作系统有几部分组成？作用如何？
3．计算机操作系统分几类？功能如何？
4．DOS 的中文全称是什么？
5．DOS 的基本组成是什么？
6．计算机是如何引导系统？启动计算机的顺序是什么？
7．计算机引导系统的文件是几个？是什么？有何作用？
8．DOS 系统的设备文件名有哪些？
9．在 DOS 中，当前目录的子目录可以用什么符号来表示。
10．DOS 文件名和 Windows 文件名有什么不同？
11．Windows 系统特点是什么？
12．Windows 系统，运行的最小硬件配置是什么？
13．Windows 系统支持哪些操作系统为双引导系统？
14．Windows 系统操作系统，最基本的操作特性是什么？
15．Windows 系统操作系统，程序窗口由哪些元素组成？
16．Windows 系统最常用的鼠标操作有几种？
17．Windows 系统中什么叫活动桌面？有何用处？
18．Windows 系统有几种常用的图标？各代表何用？

19．Windows 系统中“我的电脑”与“资源管理器”有哪些异同点？
20．Windows 系统的“附件”功能是什么？
21．在 Windows 系统中，如何设置屏幕保护程序？
22．Windows 系统中，如何改变计算机的分辨率和刷新频率？
23．如何在 Windows 系统启动菜单，添加/删除启动程序？
24．在 Windows 系统“添加计划任务”有何用？应如何添加？

第 3 章　计算机网络应用基础

3.1　计算机网络

随着计算机技术的迅猛发展，计算机的应用逐渐渗透到各个技术领域和整个社会生活的方方面面。社会的信息化趋势、进行数据的分布处理以及各种计算机资源的共享等方面的要求，推动了计算机技术向着群体化的方向发展，促使当代的计算机技术和通信技术实现紧密的结合。计算机网络由此而生，代表了当前高新技术发展的一个重要方向。尤其是 20 世纪 90 年代以来世界的信息化和网络化，使得“计算机就是网络”的概念已经渐渐深入人心。

在未来信息化的社会里，人们必须学会在网络环境下使用计算机，通过网络进行交流、获取信息。

3.1.1　计算机网络的概念

计算机网络是现代通信技术与计算机技术相结合的产物。所谓计算机网络，就是把分布在不同地理区域的具有独立功能的多台计算机系统相互连接在一起，在网络操作软件的支持下进行数据通信，互联成一个规模大、功能强的网络系统，从而使众多的用户通过计算机网络可以方便地互相传递信息，共享硬件、软件、数据信息等资源。

计算机网络包含 3 部分：多台计算机（以及终端）实体；通信线路和通信设备；网络软件如图 3-1 所示。

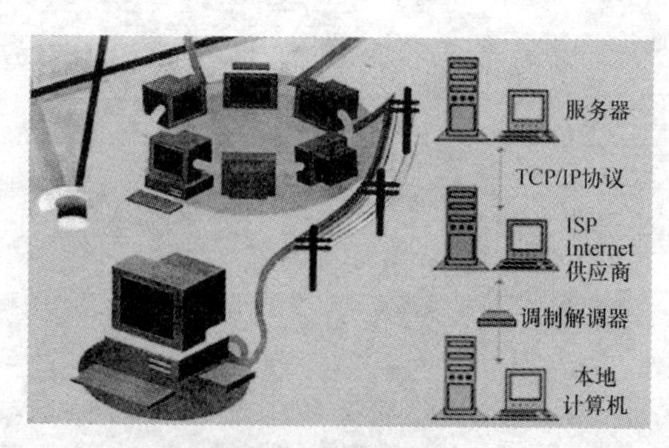

图 3-1　计算机网络

网络中所有计算机都可以访问网络中的文件、程序、打印机和其他各种服务（统称资源），以功能完善的网络软件（即网络通信协议、信息交换方式及网络操作系统等）实现网络中的资源共享和信息传递。

3.1.2　计算机网络的主要功能

计算机网络最主要的功能之一资源共享。

1. 硬件资源共享

大型机的资源，特别是一些昂贵的硬件资源，如大容量磁盘、打印机、绘图仪等，可以为多个用户所共享。

2. 软件资源共享

网络用户可以通过网络登录到远程计算机或服务器上，以使用各种功能完善的软件资源，或从网络上下载某些程序在本地计算机上使用。

3. 数据与信息共享

通过计算机网络，计算机上的数据库和各种信息资源，如图书资料、经济快讯、股票行情、科技动态等，可以被上网的用户查询和利用。

3.1.3　计算机网络的组成

计算机网络是一个非常复杂的系统，它通常由计算机软件、硬件及通信设备所组成。下面分别介绍一下构成网络的主要成分。

1. 各类计算机

一台大型机或巨型机可以作为网络中心主机，为网络用户提供超级计算机环境。

高档计算机、工作站或专门设计的计算机（即专用服务器）可充当网络的服务器，主要提供各种网络上的服务，实施网络的各种管理。

一台普通计算机则既可以作为处理用户本地事务的本地机，又能够作为网络工作站，通过网络彼此互相通信，使用网络服务器提供的各种共享资源，如文件、打印机等。

2. 共享的外部设备

一些专门设计的外部设备和连接在服务器上的硬盘、打印机、绘图仪等都可以作为共享的外部设备。

3. 网卡

网卡即网络接口卡，又称网络适配器。一台计算机，无论是服务器还是工作站，都必须配备一块网卡，插在扩展槽中，通过它与通信线路相连接。

4. 通信线路

通信线路连接网络中的各种主机与设备，为数据传输提供信道。局域网常用的传输介质有双绞线、同轴电缆和光缆，无线传输介质（如微波、红外线和激光等）。

5. 局部网络通信设备

这些设备主要用来延伸传输距离和便于网络布线，通常有中继器（Repeater）、集线器（Hub）、交换器（Swith）等。

6. 网络互联设备

局域网与局域网、局域网与主机系统，以及局域网与广域网的连接都称为网络互联。

网络互联的接口设备称为网络互联设备。常用的互联设备有网桥（Bridge）、路由器（Router）和网关（Gateway）等。

7. 网络软件

网络软件包括网络通信协议软件、网络操作系统以及网络应用软件。

3.1.4 计算机网络协议与体系结构

1. 网络协议

计算机网络是由多种计算机和各类终端通过通信线路连接起来的复杂系统，要进行通信，必须按照双方事先约定的规则进行。这些通信双方事先约定的、必须共同遵守的控制数据通信的规则、标准和约定称为网络协议。

协议对网络是十分重要的，它是网络赖以工作的保证。如果通信双方无任何协议，就根本谈不上双方的信息传输和正确执行。针对网络中不同的问题可以制定出不同的协议。

2. 计算机网络的体系结构

计算机网络各组成部分之间的关系以及所要实现的功能是十分复杂的。网络的体系结构对系统功能进行了分解，然后定义出了各个组成部分的功能，从而达到用户需要的总体目标。体系结构具有分层的特征。

国际标准化组织提出的开放系统互联参考模型（OSI）已成为网络体系结构的标准。它将所有互联的开放系统划分为功能上相对独立的七层，从最基本的物理连接到最高层次的网络应用。虽然完全遵循OSI的网络产品还没有成为网络市场的标准，但OSI向人们提供了一个概念上和功能上的框架。

3.2 计算机网络发展史

3.2.1 计算机网络的发展

计算机网络的发展过程大致分四个阶段。按时间先后顺序分别是面向终端的计算机网络、两级结构的计算机网络、计算机互联网络（Internet）、宽带综合业务数字网（信息高速公路）。

1. 第一代计算机网络

第一代计算机网络是面向终端的计算机网络。20世纪60年代初，随着集成电路的发展，为了实现资源共享和提高计算机的工作效率，出现了面向终端的计算机通信网，有人称它是第一代计算机网络。在这种方式中，主机是网络的中心和控制者，终端（键盘和显示器）分布在各处并与主机相连，用户通过本地的终端使用远程的主机。

2. 第二代计算机网络

第二代计算机网络是计算机通信网络。面向终端的计算机网络只能在终端和主机之间进行通信，子网之间无法通信。因此，从20世纪60年代中期开始，出现了多个主机互联的系统，可以实现计算机和计算机之间的通信。它由通信子网和用户资源子网（第一代网络）构成，用户通过终端不仅可以共享本主机上的软、硬件资源，还可共享通信子网中其他主机上的软、硬件资源。但是，由于没有成熟的网络操作系统软件来管理网上的资源，它只能称为网络的初级阶段，因此，称其为计算机通信网，也叫两级结构的计算机网络。

20 世纪 70 年代初，仅有 4 个结点的分组交换网——美国国防部高级研究计划局网络（Advanced Research Project Agency Network，ARPANET）的研制成功标志着计算机通信网的诞生。到 1983 年，此网络发展到 200 个结点，连接数百台计算机，由于网络覆盖面较广，因此是广域网阶段。

3. 第三代计算机网络

第三代计算机网络是 Internet。这是网络互联阶段。20 世纪 70 年代，局域网诞生并推广使用，以以太网为主。1974 年，IBM 公司研制了它的系统网络体系结构，其他公司也相继推出本公司的网络体系结构。这些不同公司开发的系统网络体系结构只能连接本公司生产的设备。为了使不同体系结构的网络也能相互交换信息，国际标准化组织（ISO）于 1977 年成立专门机构并制定了世界范围内网络互联的标准，称为开放系统互联基本参考模型（Open System Sinter Connection/Reference Model，OSI/RM），简称 OSI，标志着第三代计算机网络的诞生。

20 世纪 80 年代到 90 年代初，是互联网飞速发展的阶段。今天的 Internet 就是从 ARPANET 逐步演变过来的。ARPANET 使用的是 TCP/IP 协议，一直到现在，Internet 上运行的仍然是 TCP/IP 协议。Internet 的飞速发展和广泛应用使计算机网络进入了一个崭新的阶段，它已深入到政府部门、金融、商业、企业、公司、教育部门和家庭等领域。

4. 第四代计算机网络

第四代计算机网络是千兆位网络。千兆位网络也叫宽带综合业务数字网，也就是人们常说的“信息高速公路”。千兆位网络的发展，将使人类真正步入多媒体通信的信息时代。20 世纪 90 年代，美国政府将建设“信息高速公路”作为振兴美国经济的新举措，各公司开始研制高速网络产品。例如，ATM 技术、千兆以太网和 ISDN（Integrated Service Digital Network）技术的诞生和发展以及逐步推广，使得计算机网络逐步向信息高速公路的方向发展。千兆位网络的传输速率可达 1 Gbps（bps 是网络传输速率的单位，即每秒传输的比特数），它是多媒体计算机互联的重要技术。

3.2.2　Internet

自从 WWW 诞生后，Internet 的应用迅速扩展到商界。由于目前 Internet 体系结构已不能满足网络应用程序对带宽的需求，从而导致了网络拥塞的发生。为解决现有 Internet 在传输能力上的限制，1996 年美国政府提出了下一代 Internet（Next Generation Internet，NGI）的规划。该规划的目的是将彩色视频、声音和文字等多媒体信息集成在大型计算机上，以便能在网络上展示、建立一个工作、学习、购物、金融服务以及休闲的环境，使用户经过选择能得到不同水平的服务。其优点是在网上的各种活动更加方便、灵活、安全。它的开发主要面向远程医疗、远程教育、科学研究、环境保护、危机管理、生产工程等方面。参加此规划的政府协作单位是美国国防部、能源部、联邦宇航局、国家科学基金会、联邦标准技术局、国立医学图书馆、国家卫生研究所等。

3.3　计算机网络分类

计算机网络可按地理范围、网络结构、速率和带宽、传输介质、通信方式等进行分类。

3.3.1　按地理范围分类

通常根据网络范围和计算机之间的距离将计算机网络分为局域网（Local Area Network，LAN）、城域网（Metropolitan Area Network，MAN）、广域网（Wide Area Network，WAN）和因特网（Inter Network，Internet）等。它们所具有的特征如表 3-1 所示。

表 3-1　各类计算机网络的特征参数

<table>
<tr><th>网络分类</th><th>缩　写</th><th>分布距离数</th><th>机位范围</th><th>传输速率范围</th></tr>
<tr><td rowspan="3">局域网</td><td rowspan="3">LAN</td><td>10 m</td><td>房间</td><td rowspan="3">4 Mbps～2 Gbps</td></tr>
<tr><td>100 m</td><td>建筑物</td></tr>
<tr><td>1 km</td><td>校园</td></tr>
<tr><td>城域网</td><td>MAN</td><td>10 km</td><td>城市</td><td>50 kbps～100 Mbps</td></tr>
<tr><td>广域网</td><td>WAN</td><td>100 km</td><td>国家</td><td rowspan="2">9.6 kbps～45 Mbps</td></tr>
<tr><td>因特网</td><td>Internet</td><td>1000 km</td><td>世界</td></tr>
</table>

1. 局域网

局域网指在有限的地理区域内构成的计算机网络，通常以一个单位或一个部门为限。这种网只能容纳有限数量（几台或几十台）的计算机，它的覆盖范围一般不超过几公里。

在局域网中计算机的相对位置分为对等式和客户机/服务器两种基本形式。

（1）对等网式。在整个网络中没有专门为客户机访问文件服务器，联在网上的计算机既是客户机又是服务器，网上的每台计算机都是以相同的地位访问其他计算机和处理数据，彼此之间没有主次之分。

（2）客户机/服务器网络模式。大多数局域网采取客户机/服务器模式，它是由一台或多台单独的、高性能和大容量的计算机作为服务器，另外与多台客户机相连如图 3-2 所示。

2. 城域网

城域网是介于局域网和广域网之间的一种大范围的高速网络，随着局域网的广泛使用，将一个个局域网连接起来，形成一个规模较大的都市范围内的网络，是一种新型的计算机网络。城域网的设计思路是要满足几十公里范围内的大量企业、机关、公司与社会服务部门计算机的连接，并实现大量用户、多种信息传输为目标的综合信息网络。但实际上城域网技术并没能在世界各国迅速地推广，而在实际中被广域网技术所代替，如图 3-3 所示。

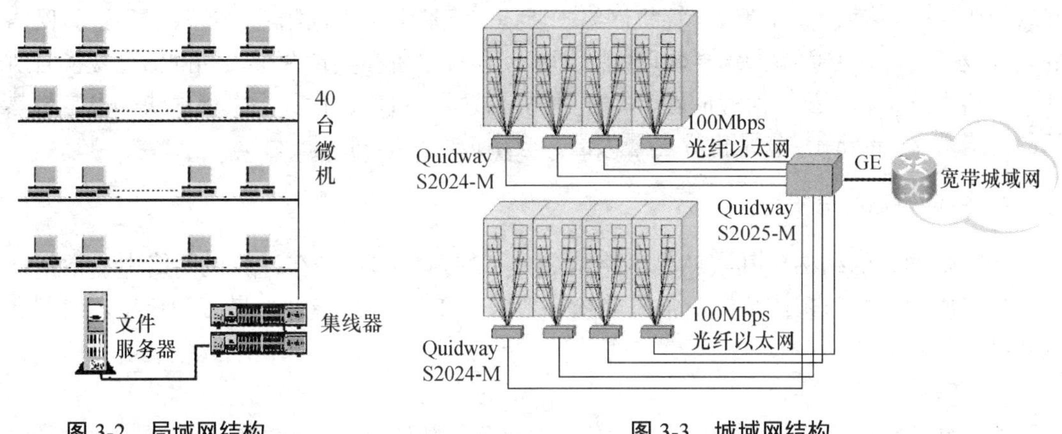

图 3-2　局域网结构　　　　图 3-3　城域网结构

3. 广域网

广域网也称为远程网，由相距较远的局域网或城域网互联而成。例如，中国教育科研网就是广域网，它将分布在全国各地教育部门的局域网和城域网用邮电部门的数字专线互联在一起。广域网通常除了计算机设备以外还要涉及一些电信通信方式，如图 3-4 所示。广域网的通信方式种类如下所述。

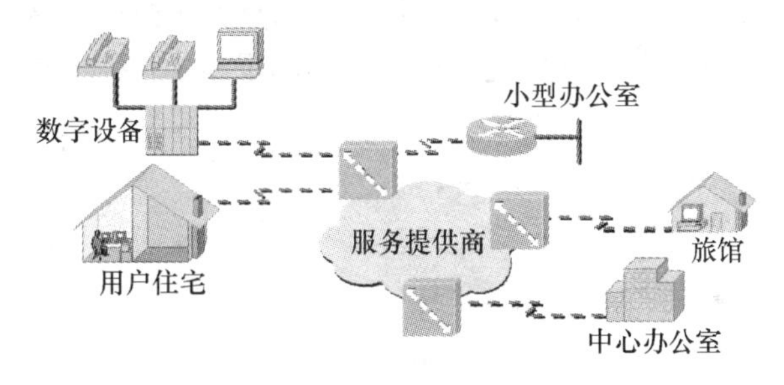

图 3-4　广域网结构

（1）公用电话网（public switched telephone network，PSTN）。公用电话网用户端的接入速度是 2.4 kbps，通过编码压缩，一般可达 9.6～56 kbps，它需要异步调制解调器和电话线。使用调制解调器和电话上网投资少，安装调试容易，常常用作拨号访问方式。通常家庭访问 Internet 多采用此种方式。

（2）综合服务数字网（Integrated Service Digital Network，ISDN）。ISDN 的用户使用普通电话线加上一个专用设备接 Internet，但需要电信提供 ISDN 业务。它的特点是数字传输、拨通时间短，费用约为普通电话的 4 倍，并与电话共用同一条电话线。ISDN 的入网费、通信费较高，用户还要购买一个接入设备，因此适合于单位接入 Internet 时使用。

（3）DDN（Digital Data Network）专线。DDN 专线速度为 64 kbps～2.048 Mbps，它需要配同步调制解调器。例如，中国教育科研网的主干网就租用了信息产业部的 DDN 专线。

（4）帧中继（Frame Relay）。帧中继的速度为 64 kbps～2.048 Mbps，它采用一点对多点的连接方式、分组交换，其前提是大多数连接都要使用光缆。

4. 因特网

因特网也称为国际互联网，网络分布在世界各地。它是将成千上万个局域网和广域网互联形成一个规模空前的超级计算机网络。所谓“互联”一方面指物理连接。即连接网络的硬件设备，另一方面指网络逻辑联结，即中间连接设备在实现两个之间的信息交换时所涉及的路由选择和协议转换等问题，是一种高层技术。目前，世界上发展最快、也是最热门的网络就是 Internet。它是世界上最大的、应用最广泛的网络。

3.3.2　按网络结构分类

计算机网络的结构，其实就是网络信道分布的拓扑结构。在计算机网络中，常常把网络的组成形式称为拓扑结构。常见的拓扑结构有 5 种：总线型、星型、环型、树型和网状型。

1. 总线型

总线型的拓扑结构，是用一条公共线即总线作为传输介质，所有的结点都连接在总线上，如图 3-5 所示。总线网络具有布线简单、维护方便、建设成本低等优点，但有网络竞争、易出错和检测困难等缺点。局域网中的以太网就是一种总线拓扑结构的网络。

2. 星型

星型拓扑结构的网络是以一个中心结点和若干个外围结点相连接的计算机网络，如图 3-6 所示。星型结构网络的优点是，使用网络协议简单，错误容易检测、隔离。缺点中心结点的负荷较重，容易出现网络的瓶颈，一旦中心结点发生故障，将导致整个网络瘫痪。客户机和主机的联机系统采用的就是星型拓扑结构属于集中控制式网络。

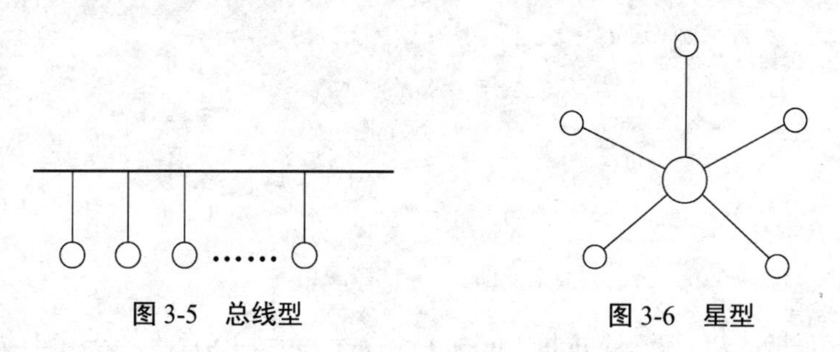

图 3-5　总线型　　图 3-6　星型

3. 环型

环型拓扑结构式网络上的所有结点都在一个闭合的环路上，网络上的数据按照相同的方向在环路上传输，如图 3-7 所示。由于信号单向传递，适宜使用光纤。可以构成高速网络。虽然环型结构简单，传输延迟固定，网络较好地解决了网络竞争，但是如果网络上的一个结点出现故障，将会影响到整个网络。环型结点的添加和撤销的过程都很复杂，网络扩展和维护都不方便。IBM 令牌环网就是一种环型结构网络。

4. 树型

树型拓扑结构网络又称为分级的集中式网络。是星型结构的扩展，它采用分层结构，具有一个结点和多层分支结点。其特点是网络成本低，结构简单，如图 3-8 所示。在网络中，任意两个结点之间不产生回路，每个链路都支持双向传输，网络中的结点扩充方便灵活，寻查链路路径比较方便。但在这种结构的网络系统中，除叶结点及相连的链路外，任何一个工作站及其链路产生故障都可能会影响网络系统的正常运行。适用于分级管理的场合，或者是控制型网络的使用。TCP/IP 网间网、著名的 Internet 采用的就是树型结构。

5. 网状型

网状型拓扑结构是一种无规定的连接方式，其中的每个结点均可能与任何结点相连，如图 3-9 所示。这种网络结构的主要优点是，结点间路径多，可减少碰撞和阻塞；可靠性高，局部的故障不会影响整个网络的正常工作；网络扩充和主机入网比较灵活、简单。缺点网络机制复杂，建网不易。目前大型广域网都采用这种网络结构，目的在于，通过邮电部门提供的线路和服务，将若干个不同位置的局域网连接在一起。

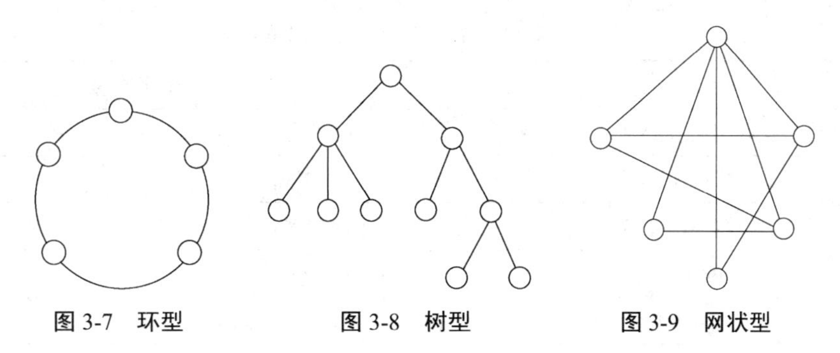

图 3-7　环型　　图 3-8　树型　　图 3-9　网状型

以上介绍的网络拓扑结构是基本结构。在实际组网络时，网络拓扑结构不是单一类型的，而是几种基本类型混合而成的。如局域网常采用总线型、星型、环型和树型结构，广域网常采用树型和网状型结构。

3.4　Internet

3.4.1　Internet 定义

简单地说，Internet 就是全世界最大的国际性计算机互联网络，是一个建立在各种各样的计算机网络之上的网络，众多网络用户的参与使 Internet 成为宝贵的信息资源。

Internet（因特网）是 20 世纪末期发展最快、规模最大、涉及面最广的科技成果之一。ARPA 网在 1983 年分裂成两个网际互联的网络，标志着 Internet 的诞生。20 世纪 80 年代后期，美国国家科学基金会（NSF）开始将全美各地的科研人员及分属各大学和科研机构的计算机中心连接到分布在不同地区的五大超级计算机中心，并且逐渐为越来越多的人所使用，其规模不断扩大。在 1990 年 7 月，ARPA 网完全被 NSF 网所取代。正是 NSF 网将 Internet 迅速推广到全球范围。

3.4.2　Internet 在我国的现状

中国正式接入互联网是在 1994 年。显然，中国互联网的起步晚了许多。但正应了“后来者居上”的话，中国这个后起之秀经过了十几年的发展，已经走过了导入期，走上了快速发展的道路。可以说，中国互联网的发展创造了一个互联网神话，其发展速度在全球同等 GDP 国家中应该是首屈一指的。中国互联网在快速经历了跟随、参与之后，即将迎来主导阶段。

（1）根据 CNNIC（中国互联网络信息中心）调查结果表明，全国上网用户总数在 2010 年 6 月时，中国网民规模达到 4.2 亿。其中手机网民用户达 2.77 亿。作为互联网上的“门牌号码”，全球 IPv4 地址资源最快将在 2011 年 8 月耗尽，向 IPv6 地址过渡是大势所趋。截至 2010 年，中国 IPv4 地址数量为 2.5 亿，落后于 4.2 亿网民的需求。

（2）报告同时显示，中国域名总数下降为 1121 万，.CN 在域名总数中的所占比例从 80%降至 64.7%。与此同时，.COM 域名增加 53.5 万，所占比例从 16.6%提升至 29.6%。实际上，上半年，全球互联网站点数都在下降，中国网站数也在同步下滑。分布情况如表 3-2 和图 3-10 所示。

表 3-2 我国各个主干网网络出口总带宽

网站名称	使用带宽
中国公用计算机互联网（CHINANET，也称为 163 网）	416 778.9 Mbps
中国教育与科研计算机网（CERNET）	9 932 Mbps
中国科学技术计算机网（CSTNET）	10 477 Mbps
中国金桥信息网（CHINAGBN）	69 Mbps
中国联通互联网（UNINET）	295 136.5 Mbps
中国网通公用互联网（CNCNET）	377 Mbps
中国国际经济贸易互联网（CIETNET）	2 Mbps
中国移动互联网（CMNET）	15 215 Mbps
中国长城互联网（CGWNET）	军队专用
中国网络国际出口带宽达到 747 987.4 Mbps	

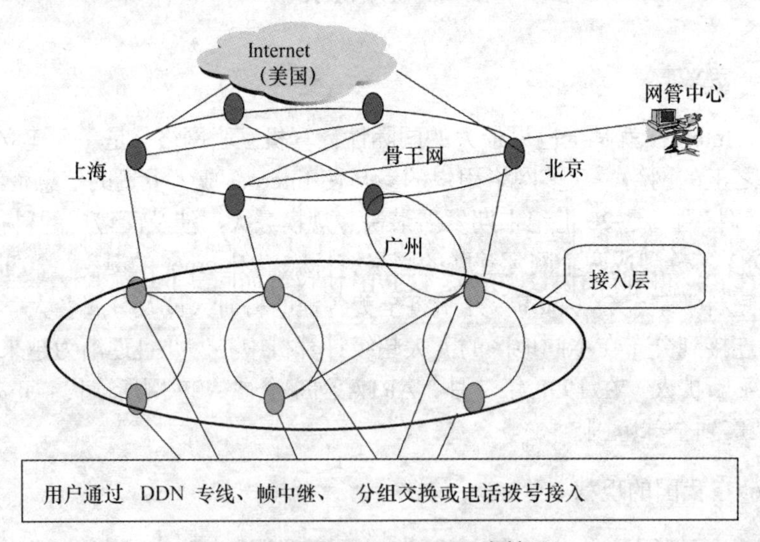

图 3-10 我国 Internet 分布情况

上述各个大网络出口连接的国家：美国、加拿大、澳大利亚、英国、德国、法国、日本和韩国等。

3. 4. 3 Internet 的组成结构

在 Internet 中，任何两个网络都是通过一台支持多种协议的，称为路由器的中间计算机来实现连接的。

随着 Internet 的迅速发展壮大，互联网络的拓扑结构日益复杂，为了便于管理和维护，Internet 上各个网络间的互联采用了一种分级自治的系统，即树状互联结构，如图 3-11 所示。它将 Internet 体系分为主干部分和外围部分。

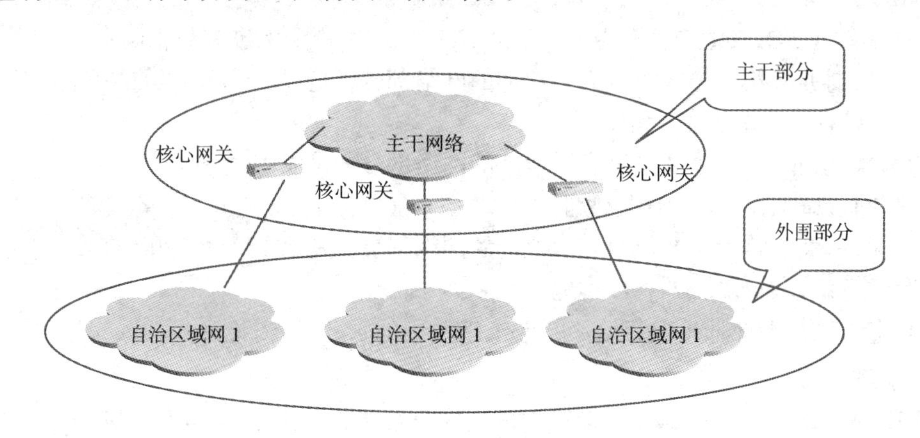

图 3-11　Internet 的分级结构

主干部分由主干网和核心路由器组成，外围部分由若干区域网组成。每个区域网由若干个网络通过其内部路由器互联组成，内部实行独立的管理，每个区域网络都有一个区域网络号作为它的标识。外围部分的每个区域网络再通过一个核心路由器联入主干网络。

Internet 设计成这样的系统结构，使得 Internet 的扩展变得简单易行，而且可以扩展到任意规模。我国目前已有 CHINANET、CERNET、NCFC 等几个自治的区域网络就是这样联通的网络系统。

3.4.4　TCP/IP 协议

Internet 在通信时所遵循的一系列协议统称为 TCP/IP 协议。这组协议中最主要的是传输控制协议（TCP）和网际间协议（IP）。TCP/IP 协议就如同是 Internet 中的“世界语”，它使不同类型的计算机之间可以进行通信。任何遵守 TCP/IP 协议的计算机都能“读懂”另一台遵守同一组协议的计算机发来的信息。TCP/IP 协议已经成为目前连接局域网、广域网的通用标准协议。

1. IP 地址的分配

在同一个网络中，使用 TCP/IP 协议通信的每一台计算机必须具有唯一的 IP 地址。IP 地址可以通过两种方法获得：第一种方法是通过配备有 DHCP 服务功能的服务器自动分配；第二种方法是由人工指定一个 IP 地址。

（1）IPv4。合法的 IP 地址是由 32 位二进制数组成，每 8 位分为一组，转化成十进制数，并用小数点分隔，就是常见的 IP 地址，例如 202.63.110.10 就是一个 IP 地址。

（2）IPv6。IPv6（Internet Protocol Version 6）是 IETF 设计的用于替代现行版本 IP 协议 IPv4 的下一代 IP 协议。IPv6 中可能的地址有 3.4×10^{38} 个。

IPv6 地址的表达形式一般采用 32 位十六进制，但通常写作 8 组，每组为 4 个十六进制数的形式。例如，2001:0db8:85a3:08d3:1319:8a2e:0370:7344 是一个合法的 IPv6 地址。

如果 4 个数字都是零，可以被省略。例如，2001:0db8:85a3:0000:1319:8a2e:0370:7344 数。

2. IP 地址分类

IP 地址有 A、B、C、D、E 共 5 类，由 IP 地址的第一个十进制数来确定。

（1）A 类地址：第一个 8 位组表示地址的网络部分，是以 1～126 内的某个十进制数开始。世界上只有 126 个 A 类地址。

（2）B 类地址：第一个 8 位组表示地址的网络部分，是以 128～191 内的某个十进制数开始。世界上只有 16 384 个 B 类地址。

（3）C 类地址：第一个 8 位组表示地址的网络部分，是以 192～223 内的某个十进制数开始。世界上只有 2 097 152 个 C 类地址。

D 类地址和 E 类地址（保留给诊断或未来使用的），不再讨论。

3. 子网掩码

子网掩码又称为子网屏蔽码，通过它可以区分 IP 地址中的网络号和主机号，具体的做法是在二进制表示形式把 IP 地址和子网掩码进行逻辑与操作，就可以获得 IP 地址的网络号。例如 IP 地址为 161.101.1.1，子网掩码为 255.255.0.0，则此 IP 地址的网络号为 161.101。

- A 类地址默认的子网掩码是 255.0.0.0；
- B 类地址默认的子网掩码是 255.255.0.0；
- C 类地址默认的子网掩码是 255.255.255.0。

4. 配置 IP 地址

每台计算机的网卡上都要有一个 IP 地址，IP 地址在 Windows 系统中有两种方式，一种为静态 IP 地址，一种为动态 IP 地址。

服务器要直接为 Internet 用户提供服务，必须为该服务器分配一个静态 IP 地址。如果网络配置有 DHCP（动态主机配置协议）服务器，则其他主机可以向 DHCP 服务器申请一个临时的 IP 地址，此时可以选择“TCP/IP 协议属性”对话框中“IP 地址”选项卡中的“自动获得 IP 地址”。这时使用的是静态 IP 地址，如 211.63.110.100。

利用 Modem 上网，通过 IP 服务商，使用就是动态 IP 地址。

注意：当使用静态 IP 地址时，整个网络中的 IP 地址不能重复使用，避免网络 IP 地址发生冲突。

5. 域名服务系统（DNS）

在大多数场合，用户并不知道主机的 IP 地址，这时所使用的都是更易于记忆的主机的名字。这个名字系统叫做域名服务系统（DNS）。

域名服务系统采用层次结构，每个域都可以再分成一系列子域并将这些子域命名给一批属于这个域的机器，只要保证本域内的子域名是唯一的。在结构上，域名由被小数点分割开的从左到右，层次越来越高的两个以上的子域名组成。

即：计算机主机名.子域名.子域名.最高层域名

例如：WWW.TSINGHUA.EDU.CN 表示清华大学的一台 WWW 服务器，其中 WWW 为服务器名，TSINGHUA 为清华大学域名，EDU 为教育科研部门域名，CN 为中国国家域名。

通常，最高层域名既可以是表明不同国家或地区的地理性域名，也可以是表明不同组织类型的组织性域名。

组织性域名表明对该 Internet 主机负有责任的组织类型，组织性域名有 com（商业组织）、edu（教育组织）、net（网络组织）、org（非盈利组织）、gov（政府机构）、mil（军事部门）、int（国际性组织）。

地理性域名为两个字母的缩写形式，表达某个国家或地区，如 ca（加拿大）、no（挪威）、au（澳大利亚）、cn（中国）等。由于 Internet 起源于美国，所以顶级域名的默认值就是美国，美国没有地理性顶级域名。当一个 Internet 标准地址的顶级域名不是地理性顶级域名时，该地址所标识的主机很可能位于美国。

当然，Internet 最终能识别和处理的只能是 IP 地址，因此，就需要一个从域名到 IP 地址的转换，这种转换由“域名服务器”来完成。称为“域名服务器”的计算机存有一个很大的主机 IP 地址和域名的对照表，当它收到一个域名时，马上查找对照表中是否有对应的项，如果有，那么它将把与该域名对应的 IP 地址传回给负责管理的计算机，使其利用这个 IP 地址与主机进行联系；如果域名服务器在它的对照表中没有找到与该域名相对应的 IP 地址，它就通知负责管理的计算机，告诉它没有找到，这时便无法使用域名与主机相连，而必须使用 IP 地址了。

3.4.5　Internet 相关的基本概念

1. 本地计算机与远程计算机

在 Internet 的术语中，用户所用的计算机被称为本地计算机或本地主机，用户所连接的计算机则被称为远程计算机或远程主机。远程主机的地理位置既可以在同一建筑物内，也可能在千里之外的另一个国家中。

2. 统一资源地址标识 URL

统一资源地址标识 URL（Uniform Resource Locator）是 Internet 上某一信息或目标地址的说明。当在地址框中输入 URL 并按 Enter 键后，浏览器将根据地址访问指定的服务器。URL 形式是：协议：//计算机[：端口]/路径/文件名

其中，协议是用于文件传输的 Internet 协议。浏览器支持超文本传送协议 http、文件传送协议 ftp、文件查找 gopher 等协议。

3. 主机（Host）与终端（Terminal）

在 Internet 上，任何一个拥有自己的 Internet 域名或 IP 地址的计算机，无论是最大型机还是最小型机，都被称为主机，都是 Internet 上平等独立的一个组成部分。而在使用远程登录（Telnet）服务时，被连接的计算机是主机，用户的本地机就相当于终端。终端不是 Internet 的一个独立组成部分，而必须与主机相连，由主机为其提供运算和其他操作能力。

4. 客户机（Client）与服务器（Server）系统

Internet 中的资源共享是通过两个互相分离、安装在不同计算机上的软件实现的。其中用于为网络提供某种资源服务的程序称为服务器程序，另一个用于使用这些网络所提供的资源服务的程序则称为客户机程序。客户机程序的任务就是与相应的服务器程序建立联系并执行用户发出的正确命令。客户机和服务器可以运行在不同的 Internet 上的主机，运

行服务器程序的主机被称为服务器，运行客户机程序的主机被称为客户机。一般用户所学习的是如何使用客户机程序。

5. 浏览器

浏览器是 WWW 服务的一种允许计算机网络用户阅读超文本文件的客户端浏览程序。它提供了阅读文档内容和在计算机之间传输超文本文件的手段。它可以向 WWW 服务器发出种种请求，并对服务器发来的超文本信息进行显示和播放。现在比较流行的浏览器有 Navigator 和 Internet Explorer。

3. 5　Internet 的接入

3. 5. 1　进入 Internet 前的准备

用户要接入 Internet，非常重要的一点是要选择一个 Internet 服务提供者（ISP）。需要向 ISP 提出申请，办理一定的手续，然后按照与 ISP 约定的方式入网。

通常与 ISP 实现连接的方式有两种：拨号方式和专线方式。通过电话线拨号上网的连接方法简单方便，费用不高，适合一般个人用户和使用 Internet 业务量不大的用户。通过 Internet 进行多种业务工作的单位，对于数据的传输速度、传输质量等都有较高的要求，这时往往需要向电信部门租用数据专线。我国目前可以提供数据专线的网络有：数字数据网（DDN）、公用数字数据网（ChinaPAC）以及帧中继网（FR）。

3. 5. 2　接入 Internet 方式比较

1. 用 Modem 方式上网

虽然现在宽带很流行，但对于很多没有开通宽带的城市郊区或小乡镇读者而言，56 kbps Modem 依然是其上网时的首选。56 kbps Modem 目前最高速率为 56 kbps，已经达到香农定理确定的信道容量极限，虽然速率远远不能够满足宽带多媒体信息的传输需求，但最大的好处是方便、普及、便宜。有根电话线，再加个几十元的小“猫”（Modem，调制解调器）就行。用户在上网的同时，不能再接收电话。费用收取也按照网费＋通话费收取。

2. 用 ADSL 方式上网

ADSL 宽带上网是目前各城市城镇上网接入主推的主流上网方式，在 ADSL 接入中，每个用户都有单独的一条线路与 ADSL 端相连，数据传输带宽是由每一个用户独享的。ADSL 无须拨号，始终在线，实际速度可以达到 400～512 kbps，快速了许多。

它的前期投入费用较高，需要一张网卡。一般初装费用在 200 元左右，但上网费用较少，现在一般采用限时包月，根据限时长短从 49 元到 138 元不等。用户可以到各营业厅开户，专业技术人员会上门安装调试。

3. 用局域网方式上网

局域网方式接入是利用以太网技术，采用光缆＋双绞线的方式对社区进行综合布线。所以称为小区宽带，是因为目前在各接入宽带的小区中，采用此种方式的最多。用户家里的计算机通过五类跳线接入墙上的五类模块就可以实现上网。

局域网可提供 10 Mbps 以上的共享带宽，并可根据用户的需求升级到 100 Mbps 以上。目前市场上从事这种方式的运营商主要有长城宽带和蓝波万维，中国电信和各地广电。

其缺点是专线速率往往很低，制约了局域网方式的发展，而用户在同一交换机内的安全问题也值得考虑。用户开户费为 500 元左右，每月的上网费（包月）则在 100～150 元。

以上介绍了各种上网方式的特点，各种上网方式的比较如表 3-3 所示。

表 3-3　各种上网方式比较

比较项目	56 kbps Modem	ADSL	局域网
传输介质	普通电话线	普通电话线	五类网线
最大上传速度	56 kbps	1 Mbps	10 Mbps
最大下载速度	56 kbps	8 Mbps	100 Mbps 以上
用户终端设备	56 kbps MODEM	ADSL MODEM 和滤波分离器	网络设备
电话拨号	有	无	无
驱动支持软件	56 kbps Modem 专用驱动程序	使用 PPPoE 协议的通信程序	使用 TCP/IP 协议
与计算机接口	RS232 串行接口	标准局域网（USB 类型的除外）	网卡接口
占线遇忙	会	不会	不会
提供静态 IP	极难	可以	可以
网络使用费	有	有	有
电话通信费	有	无	无
打电话的同时上网	无	有	有

3.5.3　电子邮件

电子邮件（E-mail）是 Internet 上最重要的应用之一。通过电子邮件，用户可以收发信件、传送各种类型的文件、订阅网上的报刊，得到来自世界各地的信息。

根据接入 Internet 的方式和所用的操作系统，用户可选用不同的提供 E-mail 服务的软件。

1. Outlook Express 邮件服务器

Outlook Express 是 Windows 操作系统自带的邮件软件，主要包括：邮件服务器的设置、阅读、发送以及回复电子邮件的方法等。第一次使用 Outlook Express 时，必须首先设置好邮件服务器。这样才能正常使用并确保发送和接收的电子邮件能够准确顺利地到达目的地。

2. 免费电子信箱的使用

在众多的 Web 站点上，有很多站点能提供免费电子信箱服务，普通用户通过填写一个个人资料表格就可以得到免费信箱。这些站点大多数是基于 Web 页式的电子邮件，即用户要使用建立在这些站点上的电子信箱时，必须首先使用浏览器进入主页，登录后，在 Web 页上收发电子邮件。也即所谓的在线电子邮件收发。下面以在网易网站上申请免费电子邮件为例来说明其过程。

（1）打开浏览器，在地址栏中输入 http://www.163.com.，链接到网易网上，如图 3-12 所示。

图 3-12　链接到网易网站

（2）单击“免费邮箱”按钮，进入注册过程，首先是输入邮箱名，如图 3-13 所示。确定后，需要填写个人信息，准确填写后单击“创建账号”，如果各项无误，系统会确认注册成功，出现如图 3-14 所示界面。

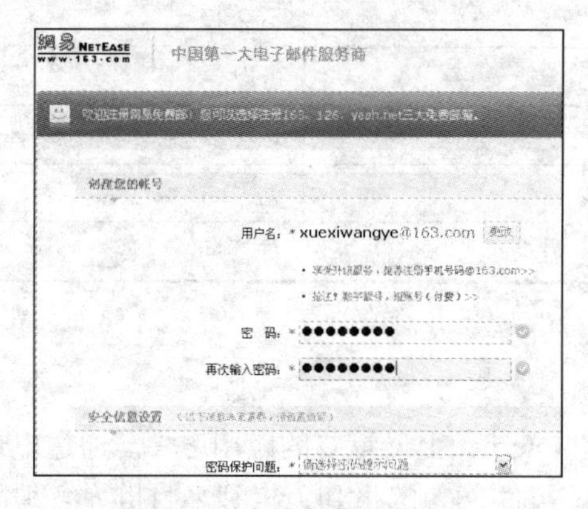

图 3-13　申请免费电子邮箱

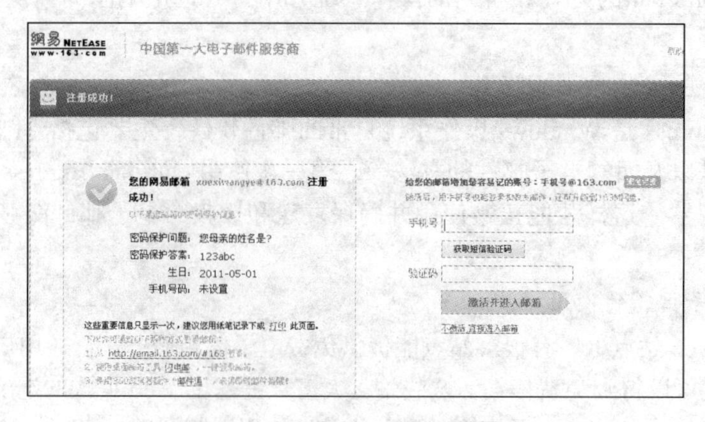

图 3-14　免费电子邮箱注册成功

（3）单击“激活并进入邮箱”按钮，进入免费邮箱，如图 3-15 所示。这样就在 163.com 上拥有了自己的免费电子信箱。其他网站的免费电子信箱的申请过程与此大同小异。

图 3-15　进入免费邮箱

3.5.4　文件传输协议（FTP）

文件传输协议 FTP 是 Internet 上使用最广泛的服务之一，Internet 之所以具有如此强大的吸引力在很大程度上正是由于众多 FTP 服务器所提供的免费服务。FTP 服务使用户可以将其他主机，特别是 FTP 服务器上的文件传输到自己的主机上，实现软件共享。

1. 与 FTP 有关的基本知识

（1）匿名登录。用户在访问远程 FTP 服务器时，通常远程主机要对访问者进行身份和访问权限的验证。因此在登录时用户应输入用户名和口令。不过大多数 FTP 服务器同时又提供“匿名”服务方式，向所有的用户提供免费服务。所谓“匿名 FTP”服务是指用户输入 anonymous（匿名）作为用户名，输入电子邮件地址或者服务器提示的密码作为口令进行登录。匿名服务使所有的上网者都可以进入 FTP 服务器。通常匿名 FTP 服务只允许用户从 FTP 服务器中获取系统所限定范围内的公用文件（下载），而不允许匿名用户在 FTP 服务器上存储文件（上载）。

（2）文件格式。FTP 在传送文件时有两种方式：文本方式和二进制方式。文本方式适合于传送字符形式的文件（如文本文件），二进制方式适合传送所有类型的文件。

为了节省空间，FTP 服务器上存放的很多都是压缩文件。在 DOS 和 Windows 下常见的压缩文件格式有*.arj、*.zip 和*.ace 等。这些文件在下载到用户主机上运行时需要先进行解压缩。

2. 用 IE 实现文件下载

用 IE 下载文件有两种方式：一种是 WWW 下载方式；一种是使用 FTP 服务下载文件方式。

（1）WWW 下载方式。使用浏览器从 WWW 站点下载文件称为 WWW 下载。

下面以从“新浪网”上进行 WWW 下载为例来说明整个过程，具体步骤如下。

① 进入下载网址：在地址栏输入“新浪网”的下载网址 http://download.sina.com.cn，如图 3-16 所示。

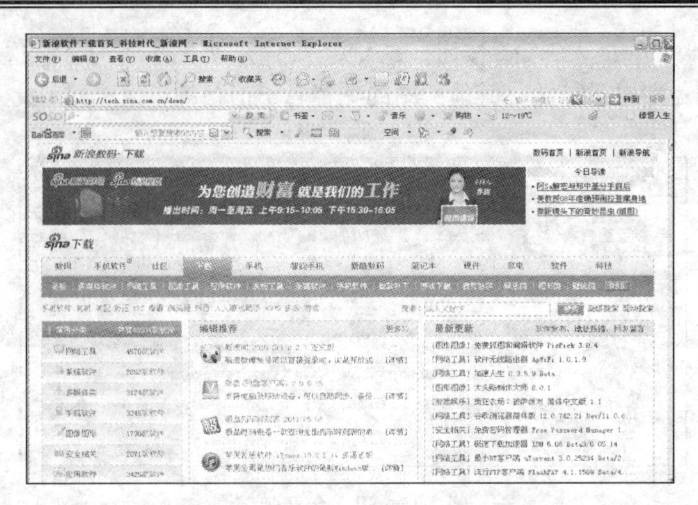

图 3-16 通过 WWW 方式下载文件

② 查找和选择要下载的文件：在下载网址中沿相应路径选择所需要的文件，可以看到有关文件的简单介绍。

③ 下载所要的文件：单击要下载的文件，选择下载点，如图 3-17 所示。选定“将该程序保存到磁盘”，单击“确定”按钮，出现文件保存窗口。选择好文件保存的位置，单击“保存”按钮，出现文件下载进度窗口。文件下载完后，用户就可在指定文件夹中找到已经下载的文件。

图 3-17 选择下载点

（2）使用 FTP 服务方式。在这种方式下，使用浏览器进入 FTP 服务器时，要在地址前加上 ftp://，而不是 http://。ftp://表示该地址或服务器为 FTP 服务器或服务类型为 FTP。使用浏览器进入 FTP 服务器时，不必输入用户名和密码，因为这两个步骤浏览器已经自动完成了。

例如，要下载的文件位于 FTP 服务器 ftp.pku.edu.cn 中。在浏览器的地址栏中输入 ftp://ftp.pku.edu.cn，链接后出现如图 3-18 所示的进行 FTP 服务后的情况，从一级级的文件夹中便可找到自己所需要的文件。然后单击所选文件，也出现保存窗口，进行保存。

但这种方式下，用户所看到的只是文件名，如果事先并不知道要找的文件是什么名字，要找到该文件几乎是不可能的。

图 3-18　采用 FTP 方式下载文件

3.5.5　远程登录（Telnet）

所谓远程登录就是把自己的计算机和网络上的另一台计算机连接起来，通过网络登录在远程主机上，让自己的计算机变成远程主机的一个终端，用户使用远程主机就如同使用自己的计算机一样。远程登录的根本目的在于访问远程系统的资源。在进行远程登录之前，必须在远程主机上建立一个可以使用的账号，而用户的账号则规定了用户对远程系统资源的使用权限。有些主机也可能提供了一些公共 Telnet 访问，这样的系统任何人都可以使用，并且不需要账号。

使用 Telnet 一般分为三步：在本地主机登录、运行本地的 Telnet 程序、与远程主机建立连接。

Telnet 是基于 TCP/IP 的远程登录命令，只要用户的计算机上安装了 TCP/IP 环境，就要以执行该命令来进行远程登录，而将自己的主机变成另一个主机的终端。

根据用户与 Internet 连接的方式，使用 Telnet 也有两种方法。如果用户是以终端仿真方式上网的，只能用命令方式使用 Telnet；如果用户以 SLIP/PPP 或专线方式上网，那么就可以用 Windows 下的 Telnet 菜单方式。无论以何种方式登录，在 Telnet 下都只能在远程计算机上以字符命令的方式工作，而不能运行远程主机上的有图形界面的软件。这里只介绍以 SLIP/PPP 或专线方式上网时在 Windows XP 下使用 Telnet 的方法。

1. *启动远程登录程序*

在 Windows XP 的文件夹 Win NT 下的 System32 子文件夹中，有一个名为 Telnet.exe 的可执行文件。作为 Windows XP 自带的 Telnet 客户端程序，它可以进行 Telnet 远程登录。双击该文件图标或执行“开始”→“运行”命令，在“运行”对话框中输入“Telnet”都可以打开此文件，显示如图 3-19 所示窗口。

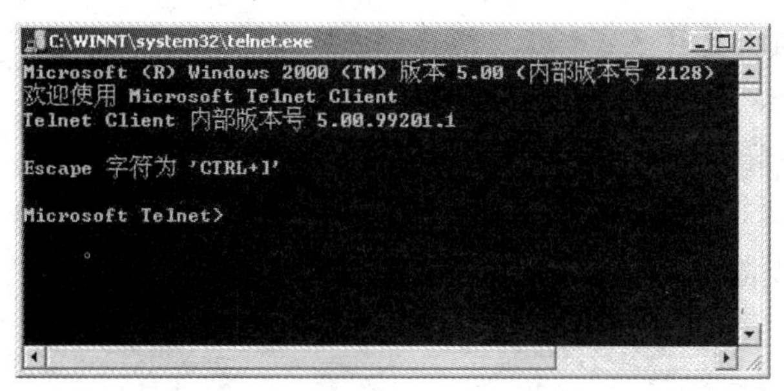

图 3-19　Telnet 窗口

2. 远程登录

此时在“Microsoft Telnet>”后就可输入远程主机名，进行远程登录。另外还可输入“? ”或“?/help”来查看 Telnet 的一些常用相关指令。它所支持的常用相关指令有：

- close：关闭当前连接；
- display：显示操作参数；
- open：连接到一个站点；
- quit：退出 Telnet；
- set：设置选项（要列表，请输入 'set ?'）；
- status：打印状态信息；
- unset：解除设置选项（要列表，请输入 'unset ?'）；
- ?/help：打印帮助信息。

例如：要链接到北方交通大学的“红果园”bbs 主机，可以输入“open bbs.njtu.edu.cn”，这时会出现链接进程，如图 3-20 所示。链接成功后会显示如图 3-21 所示界面，表示已与主机成功地链接了。

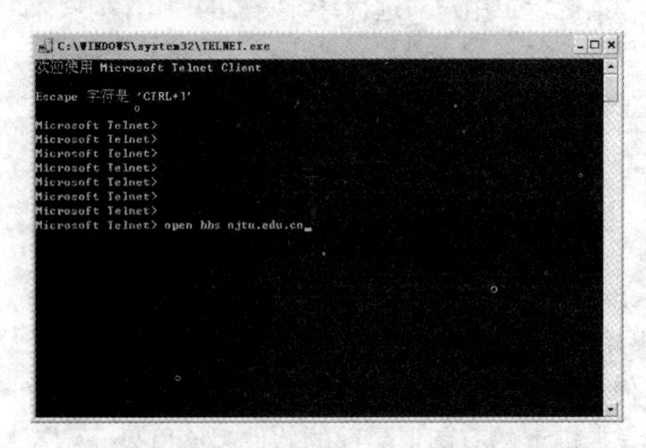

图 3-20　正在进行与远程主机的链接

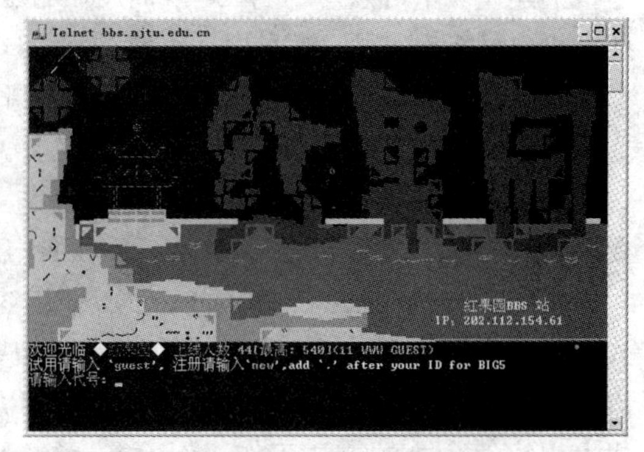

图 3-21　与远程主机成功连接后的界面

单击标题栏上的 Telnet 图标，会打开如图 3-22 所示的菜单，里面除了包含常用的窗口操作项之外，还包括“编辑”和“属性”项。通过“编辑”项中的命令，可以对窗口所显示的方案进行编辑操作。单击“属性”或“默认值”，就会打开如图 3-23 所示的“控制台窗口属性”对话框，在其中可以对窗口的显示字体的大小、文字和背景颜色、窗口布局以及文字所用编码及光标等情况进行设置。

在与远程主机建立连接的过程中，链路接通后，用户需要输入用户名和口令，远程主机进行用户身份验证，经远程主机确认无误后方可实现远程登录。

3. 退出远程登录，回到用户系统环境

用户结束在远程主机的工作后，选择 Telnet 窗口菜单中的“关闭”，或输入“close”或“quit”命令，即可切断与远程主机的链接，回到本地主机。

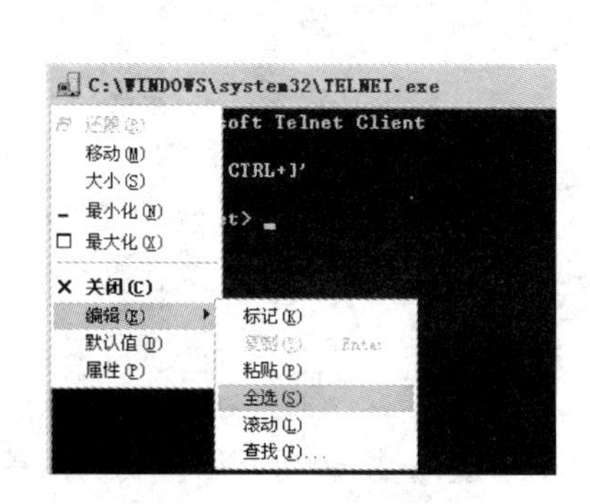

图 3-22　Telnet 的菜单项

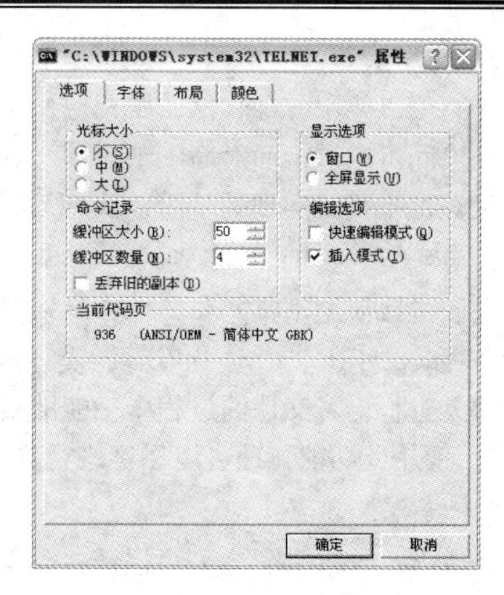

图 3-23　“控制台窗口属性”对话框

3.5.6　其他网络服务

1. 广域信息服务（WAIS）

WAIS 是一种能够在几百个数据库中搜索任何一个信息的 Internet 服务。用户指定一个或几个关键词，并把 WAIS 定位到一个数据库。WAIS 系统则搜索用户指定数据库中的每个项目或整个正文内容，按照用户所给出的关键字对文件夹的内容进行全文检索，找出符合用户指定标准的项目。WAIS 也是一种客户机/服务器结构的系统。

2. 菜单式信息查询服务（Gopher）

Gopher 系统也采用客户机/服务器结构。Gopher 的客户软件提供一个菜单界面，包括目录和文件。每一项菜单可能是放在同一个服务器上，也可能是放在完全不同的服务器，而用户所要做的只是在主菜单上任何一项上单击鼠标，客户程序将自动与新地址上的服务器建立新的联系。

3. 网络传真

人们通过 Fax Wave（www.callwave.com）、eFAX（www.efax.com）和 faxaway（www.Faxaway.com）等具有传真转换服务的站点，使用 Internet 网络，将发送方的普通传真机上的传真转换并发送到对方的电子邮件信箱中，或者将用户的普通电子邮件经过 Internet 转换并发送到对方的普通传真机上，当然网络用户还可以使用局域网上的传真服务器收发普通的网络传真。

4. IP 电话

通过 Internet，人们可以使用各种软件，如 MSN、IPhone、Net2Phone、CoolTalk、Netmeeting 等进行网上通话。人们可以在网络上打电话，甚至可以直拨对方的电话号码。IP 电话的最大优点就是可以节省大量的长途电话费。这是因为使用 Internet 打电话时，是通过 ISP（Internet 服务商）提供的 Internet 与世界各地的亲友进行联络的。因此，所付出的只是 ISP 服务费和市内电话费，而这个费用与国际长途或国内长途电话费相比是微不足道的。

5. 电视会议

人们可以使用各种软件，如 SEE YOU SEE ME 等，实现实时网络电视会议。例如，亲朋好友之间可以进行面对面的节日聚会和实时交流等。这是使用传统手段，付出任何昂贵的代价，也不可能实现的梦想。

6. 网上聊天

人们可以使用浏览器和各种专用软件，如 MSN、ICQ（中/英文）、VoxChat、Gooey、MS-CHAT、MIRC、Cool Talk 等，实现网络上的实时语音和文字交流。这些功能使得用户在与对方进行语音交谈的过程中，能够实时共享并编辑文件（普通文件、图像文件或其他文件）；使用此功能，还可以用笔进行文字或图画的交谈。

7. 网络游戏

通过 Internet 网络，人们可以链接到世界上任何一个游戏网站，使得网络上的游戏迷（游民）可以在线享用各种 2D、3D 游戏；也可以使得那些孤独的游民与同是孤独的对方在一起，大过游戏之瘾。同时，最新的 MUD（多用户在线游戏，例如，有时高达 200 人同时在线游戏）也使得众多的用户流连忘返。

习　题

简答题

1. 什么是计算机网络？
2. 计算机网络的主要功能是什么？计算机网络分几类？
3. 计算机网络以什么样的模型成为网络结构的标准？在功能上分几层？
4. 计算机网络的发展分几个阶段？各是什么？
5. 计算机网络可按地理范围分为几类？各是什么？
6. 计算机网络按结构分类分为几类？各是什么？
7. 什么是 Internet？中国有几个骨干网？
8. 什么是 TCP/IP 协议？有何作用？
9. 什么是 IP 地址？IP 分为几类？作用如何？
10. 什么叫域名服务系统？举例说明一两个域名地址。
11. 市场供应的 ADSL 传输速率有几种？各是什么？
12. 如何在 Windows XP 系统上安装 ADSL？软件如何设置？
13. 什么是电子邮件？电子邮件地址由什么组成？
14. 如何在搜狐网站点上申请一个免费电子邮箱地址？
15. 什么是 FTP 的匿名服务？
16. FTP 传送文件有几种方式？
17. 举例说明 Internet 的其他网络服务内容。

第 4 章　Word 2007

Word 2007 是美国微软公司推出的功能强大的文字处理软件。利用它可以制作报表、信函、传真、公文、报纸以及书刊等文档，并且可以在文档中插入图形、图片和表格等各种对象，从而编排出图文表并茂的文档。与以前的版本相比，Word 2007 增加了许多新的功能，特别是网络功能更强了。本章主要介绍 Word 2007 的特点和使用方法。

4.1　Word 2007 概述

4.1.1　Word 2007 的功能

1. 所见即所得

用户用 Word 软件编排文档，使得打印效果在屏幕上一目了然 Microsoft Office Word 2007。

直观的操作界面 Word 软件界面友好，提供了丰富多彩的工具，利用鼠标就可以完成选择，排版等操作。

2. 多媒体混排

用 Word 软件可以编辑文字图形、图像、声音、动画，还可以插入其他软件制作的信息，也可以用 Word 软件提供的绘图工具进行图形制作，编辑艺术字，数学公式，能够满足用户的各种文档处理要求。

3. 强大的制表功能

Word 软件提供了强大的制表功能，不仅可以自动制表，也可以手动制表。Word 的表格线自动保护，表格中的数据可以自动计算，表格还可以进行各种修饰。在 Word 软件中，还可以直接插入电子表格。用 Word 软件制作表格，既轻松又美观，既快捷又方便。

4. 自动功能

Word 软件提供了拼写和语法检查功能，提高了英文文章编辑的正确性，如果发现语法错误或拼写错误，Word 软件还提供修正的建议。当用 Word 软件编辑好文档后，Word 可以帮助用户自动编写摘要，为用户节省了大量的时间。自动更正功能为用户输入同样的字符，提供了很好的帮助，用户可以自己定义字符的输入，当用户要输入同样的若干字符时，可以定义一个字母来代替，尤其在汉字输入时，该功能使用户的输入速度大大提高。

5. 模板与向导功能

Word 软件提供了大量且丰富的模板，使用户在编辑某一类文档时，能很快建立相应的格式，而且 Word 软件允许用户自己定义模板，为用户建立特殊需要的文档提供了高效而快捷的方法。

6. Web 工具支持

Word 软件提供了 Web 的支持，用户根据 Web 页向导，可以快捷而方便地制作出 Web 页（通常称为网页），还可以用 Word 软件的 Web 选项卡，迅速地打开、查找或浏览包括 Web 页和 Web 文档在内的各种文档。

7. 超强兼容性

Word 软件可以支持许多种格式的文档，也可以将 Word 编辑的文档以其他格式的文件存盘，这为 Word 软件和其他软件的信息交换提供了极大的方便。用 Word 可以编辑邮件、信封、备忘录、报告、网页等。

8. 强大的打印功能

Word 软件提供了打印预览功能，具有对打印机参数的强大的支持性和配置性。

4.1.2 启动 Word 2007

1. 利用“开始”菜单

（1）单击“开始”按钮，出现“开始”菜单。

（2）执行“程序”→“Microsoft Word 2007”选项，即可启动 Word 2007。

2. 利用快捷方式

在 Windows 的桌面上，双击“Microsoft Word”图标，即可启动 Word 2007。

4.1.3 Word 2007 窗口的组成

Word 2007 窗口主要由标题栏、菜单栏、功能选项卡、标尺、滚动条、文本编辑区、状态栏及视图方式按钮等组成。Word 2007 工作界面如图 4-1 所示。

1. 标题栏

标题栏位于窗口的最上方，用来显示当前所使用的软件名称及所编辑的文档名称。

2. 菜单栏

Word 2007 功能选项卡中包含了 8 个菜单，有“开始”、“插入”、“页面布局”、“引用”、“邮件”、“审阅”、“视图”和“加载项”。单击菜单按钮，对应功能组显示出菜单下方。

3. 标尺

用标尺可以确定文本在屏幕和纸上的位置，同时也可以查看正文、图片、表格和文本框的尺寸大小，还可以对正文进行排版。标尺分为水平标尺和垂直标尺。

4. 文本编辑区

文本编辑区是用来输入与编辑文本内容、制作表格、插入图形或图片及加工文档的区域。在此区域内有一个闪烁的竖线称为插入光标或插入点，也就是输入字符、插入图形和表格的位置。此区域内另一个横线是文件结束符，代表文档结束的位置。

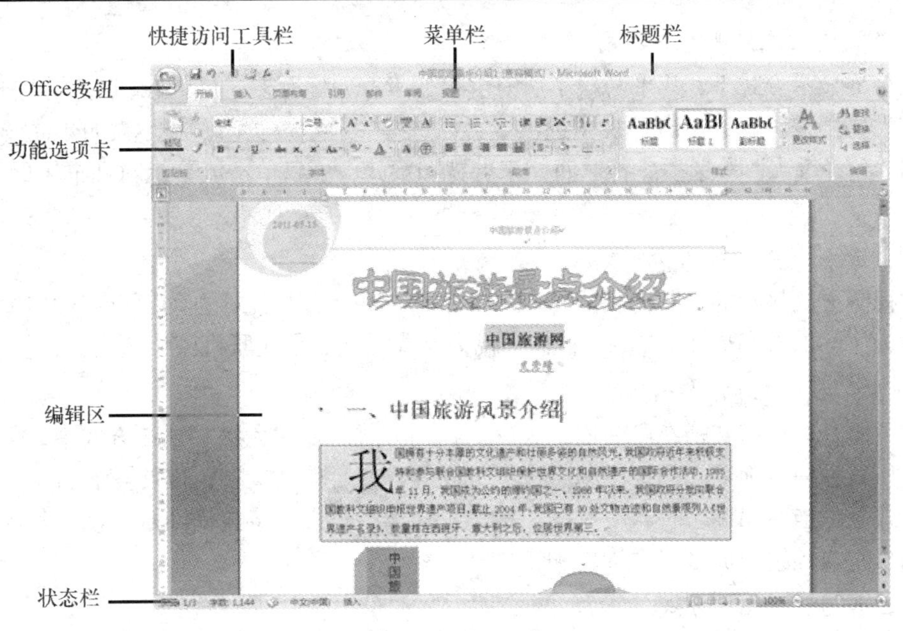

图 4-1　Word 2007 工作界面

5. 滚动条

使用滚动条可以快速移动文档。Word 2007 提供了垂直滚动条和水平滚动条。

6. 状态栏

状态栏位于窗口的最下方，此栏显示插入光标在文档内的当前位置，处于第几节、第几页及第几行、第几列，处于插入方式还是改写方式和 5 个视图模式。

4.1.4　视图方式

在 Word 2007 中，用户可以使用最适合自己的工作方式来显示文档。例如，可以使用普通视图来输入、编辑和排版文本；使用大纲视图来查看文档结构；使用页面视图来预览打印效果等。Word 2007 提供了 5 种查看文档的方式，用户可根据需要进行选择，如图 4-2 所示。

利用“水平滚动条”左边的视图方式按钮或“视图”菜单中的相应命令可在不同视图方式之间切换。

图 4-2　视图方式选择

1. “页面”视图方式

在“页面”视图方式下，可以看到页边距、图文框、分栏、页眉和页脚的正确位置，也可以像在“普通”视图方式下那样对文档进行编辑和排版。但是，在“页面”视图方式下运行速度较慢。通常先在“普通”视图方式下完成输入和编辑工作，而在“页面”视图方式下进行最后的调整以及查看文档打印的外观等。“页面”视图方式的优点是“页面”视图可以取得所见即所得的效果。

2. “阅读版式”视图方式

在全屏显示方式下，几乎隐藏了所有屏幕元素，如标题栏、菜单栏、选项卡、标尺等，以便扩大文档编辑区。单击“视图选项”可以选择“显示一页”、“显示两页”、“显示打印页”和“允许键入”等选项。若返回原来的视图模式，可以单击屏幕上对话框中的“关闭”按钮。

3. “Web 版式”视图方式

此视图方式显示的文字比实际打印的文字大一些，并且能够自动换行以适应窗口，而不显示为实际的打印形式。“Web 版式”视图方式的优点是使联机阅读更为方便。

4. “大纲”视图方式

为了更好地组织文档，可使用“大纲”视图方式。在“大纲”视图方式中，可以折叠文档以便只看一级标题、二级标题、三级标题等，或者展开文档，以便查看整个文档。在折叠方式下，当移动标题时，所有的子标题及从属的正文也将自动随着移动，其优点是有助于用户将文档组织成多层次标题和正文文本。

5. “普通”视图方式

“普通”视图方式可以用来输入文本、编辑文本并对文本进行格式编排工作。但是“普通视图看不到页眉和页脚、首字下沉、脚注及分栏的结果，绘图以及图文混排的效果也不能完全显示出来。“普通”视图为 Word 2007 默认设置。“普通”视图方式的优点是工作速度较快。

6. 显示比例 130%

“显示比例”可以控制文档在屏幕上的大小。用户可以放大显示比例，以便仔细地查看某部分文本。也可缩小显示比例，以便查看文档的整个布局。

4.1.5 在线帮助

图 4-3　在线帮助

Word 2007 提供了强大的帮助功能。通过帮助菜单，用户可以方便地解决使用中所遇到的各种困难如图 4-3 所示。

1. 利用“帮助”菜单获得在线帮助

利用“帮助”菜单获得在线帮助的具体操作步骤如下。

（1）单击“帮助”菜单按钮。

（2）将带问号的箭头指向有疑问的位置，然后单击鼠标，屏幕上出现一个帮助提示窗口，其中显示有相关的帮助信息。例如，要查看“格式刷”按钮的用途，可用带问号的箭头单击它，即可显示的帮助信息。

（3）单击“关闭” 按钮，即可关闭帮助信息窗口。

2. 利用“Office 助手”获得帮助

利用“Office 助手”获得帮助的具体操作步骤如下。

（1）Word 2007 中，随时可按 F1 键，调出“Office 助手”。

（2）在“Office 助手”文本框中输入要了解内容的关键字。例如，需要了解“复制”的方法，就可在文本窗口中输入“复制”关键字，屏幕将显示相应的帮助主题。

（3）选择帮助主题，单击“搜索”按钮，即可获得相关的帮助信息。

（4）单击“关闭”按钮，关闭帮助窗口。

4.2　文档的创建与存盘

在 Word 2007 中，创建、打开、编辑和保存文档是最基本的操作。下面将以“中国旅游景点介绍”实际例子，介绍 Word 2007 基本操作和注意的问题。

4.2.1　创建 Word 文档

要想在 Word 中新建一篇文档，用户可以使用两种不同的模板类型即标准模板、Word 自带模板向导。所谓模板就是将各种类型的文档预先编排好的一种文档框架，包括一些固定的文字内容和固定的字符、段落格式等。在 Word 2007 中，每一个文档都是在模板的基础上建立的。

1. 使用标准模板建立新文档

在启动 Word 2007 时，将自动打开一个名为“文档 1”的空白文档，用户可以在此窗口输入文本，并对其进行编辑和排版，然后保存到磁盘中。该文档是按照默认模板生成的空白文档。

2. 使用 Word 2007自带的模板向导建立新文档

Word 2007 自带的模板有已安装的模板和“Microsoft Office Online”自带的“特色”、“小册子”、“名片”等。用户可选择不同类型的文档，用户只需根据对话框回答一些简单的问题，即可创建美观大方的专业文档。

（1）在 Word 中建立博客的相关帮助。Word 2007 提供的信息可帮助获取一个博客账户，并为使用 Microsoft Office Word 2007 注册现有的博客账户提供指导。还针对在注册账户、发布或公开张贴内容或上载图片时最可能遇到的问题提供故障排除信息。

如果已经从博客服务提供商那里申请了一个账户，则可以立即在 Word 中开始建立博客。具体操作步骤如下。

① 单击“Microsoft Office Word 2007”按钮，然后单击“新建”按钮，打开“新建文档”对话框，如图 4-4 所示。

② 双击“新建博客文章”图标。

③ 在“注册博客账户”对话框中，单击“立即注册”按钮以使用 Word 注册博客账户。

④ 单击“下载”按钮，进入 Word 2007 窗口。

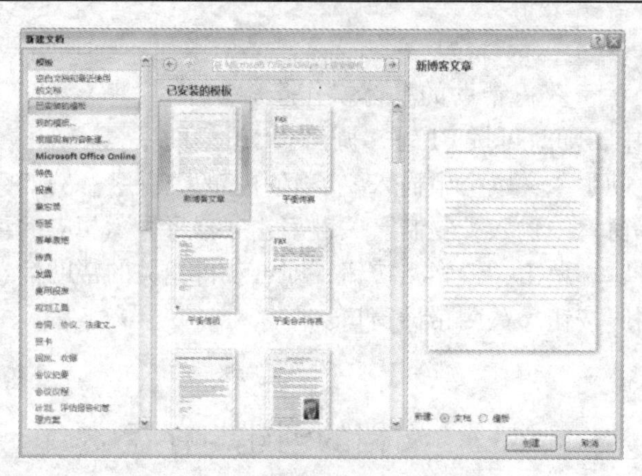

图 4-4　创建“博客”文档

（2）巧用“书法字帖”提高书法造诣。目前各种风格类型的字帖非常多，怎么知道哪个是最符合自己使用的呢？使用 Microsoft Office Word 2007 提供的“书法字帖”功能，可以灵活地创建字帖文档，自定义字帖中的字体颜色、网格样式、文字方向等，然后将它们打印出来，这样就可以获得符合自己的书法字帖，从而提高自己的书法造诣。

① 单击“Office 按钮”按钮，执行“新建”命令，如图 4-5 所示。

② 在“新建文档”对话框中选择“书法字帖”选项。

③ 在“增减字符”窗口中选择一种字体。

④ 单击“下载”按钮，进入 Word 2007 窗口。

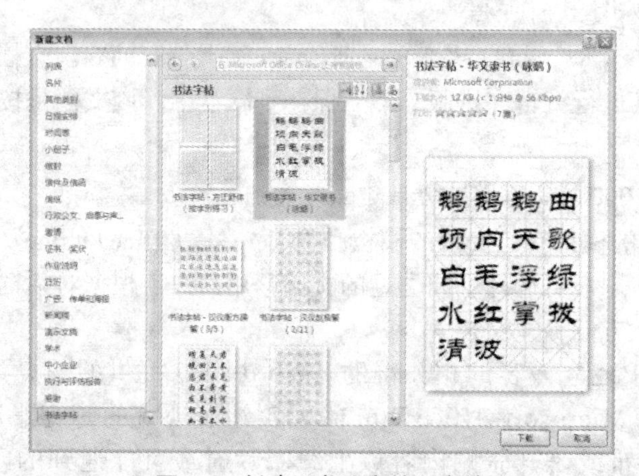

图 4-5　创建“书法字帖”文档

3. 快速输入文本的方法

启动 Word 2007 后，屏幕上会建立一个空白文档等待用户输入文档内容。在 Word 2007 窗口中，有一个不断闪烁的竖线，被称为当前“光标”，它所在的位置被称为“插入点”，即输入文本的位置。输入文本时，插入点向右移动，这样用户可以连续不断地输入文本。

Word 2007 具有自动换行功能，当输入到行尾时，不要按 Enter 键，系统会自动转到下一行的开始位置。

在 Word 2007 中具有“即点即输”功能，它可以使用户在文档的空白区域方便地插入文本、图形或表格等内容。

4.2.2　打开文档

对于已经保存在磁盘上的文档，经常对其进行编辑、排版和打印等操作时，就需要先打开文档。所谓打开文档，就是在屏幕上开辟一个文档窗口，将文档从磁盘读到内存，并显示在文档窗口中。

Word 2007 可以打开任何位置上的文档，包括本地磁盘、网络驱动器甚至 Internet 上的文档。

1. 打开本地磁盘或网络磁盘上的文档

如要打开“中国旅游景点介绍.doc”文档其具体操作步骤如下。

（1）打开 Word 2007 窗口。

（2）单击“Office 按钮”按钮，在弹出的菜单中选择“打开”命令出现“打开”对话框。

（3）在“打开”对话框中，选择要打开文档的盘符、路径和文件名。

（4）单击“打开”按钮即可。

2. 打开最近编辑过的文档

要打开最近编辑过的文档，Word 2007 提供了两种简便的操作方法。

（1）在 Word 2007 窗口，单击“Office 按钮”按钮，在弹出下拉菜单右侧，列出的最近使用过的文档名，然后单击它即可打开此文档，如图 4-6 所示。

（2）单击“Office 按钮”按钮，在弹出的菜单中选择“打开”选项，出现“打开”对话框，然后选择“文档”级联菜单中的文档名即可打开此文档。

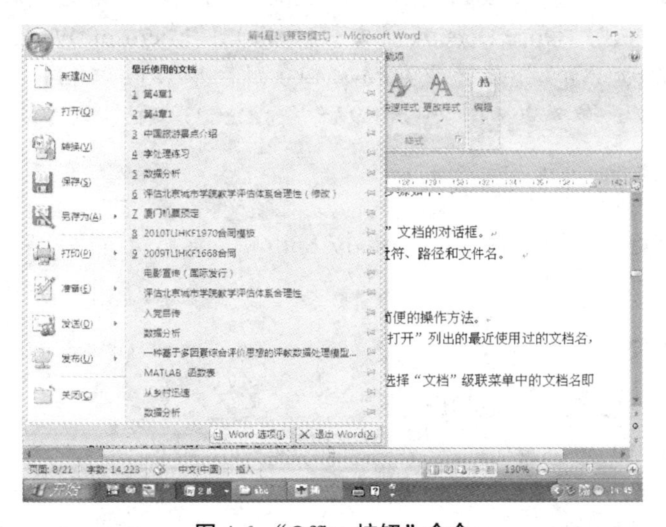

图 4-6 “Office 按钮”命令

3. 同时打开多个文档

同时打开多个文档，具体操作步骤如下。

（1）打开 Word 2007 窗口。

（2）单击“Office 按钮”按钮，在弹出的菜单中选择“打开”选项，出现“打开”对话框。

（3）在“打开”对话框中的“文件与文件夹”列表框中，单击第一个要打开的文档名，然后按住 Ctrl 键，再单击其他文档名。

（4）单击“打开”按钮，就可以一次打开多个文档。

4.2.3 文档窗口的切换

在 Word 2007 中可以打开多个文档窗口，但只有一个文档窗口为活动窗口。即当前可操作的窗口。实现文档窗口之间的切换可采用以下方法。

（1）直接单击显示在任务栏中的文档名切换。

（2）单击“窗口”菜单中列出的文档名切换。

（3）使用 Alt+Esc 组合键切换。

4.2.4 保存文档

1. “保存”与“另存为”命令项

在 Word 文档中输入的文字，必须保存在磁盘上。如输入的文档名为“中国旅游景点介绍”，在“Office 按钮”命令中有“保存”命令和“另存为”命令。“保存”命令是将原来磁盘内已存在的文件内容更新。“另存为”命令，则需要在“另存为”对话框中选择文件的存放位置并输入文件的名字。

注意：对于新建立的文档，“保存”与“另存为”命令都按“另存为”方式处理。可以将文档设置为可读但不可编辑，也可以将其设置为可读且可编辑。如果要将文档设置为可读但不可编辑，可将文档另存为 PDF 或 XPS 文件，或将其另存为网页。如果要将文档设置为可读且可编辑，但希望使用 .docx 或 .doc 之外的文件格式，则可以使用纯文本（.txt）、RTF 格式（.rtf）、Open Document 文本（.odt）和 Microsoft Works（.wps）等格式。

（1）在“另存为”命令中选择“Word 文档”则存储 Word 文档的扩展名为.DOCX。

（2）在“另存为”命令中选择“Word 97～Word 2003 文档”则存储 Word 文档的扩展名为.DOC。

2. 保存所有打开的文档

如果要一次保存所有打开的文档，可以按 Shift 键，然后执行“文件” →“全部保存”命令即可。

4.2.5 退出 Word 2007

退出 Word 2007 的方法有以下几种。

（1）双击 Word 2007 窗口左上角的 “控制菜单”按钮。

（2）单击 Word 2007 中的“Office 按钮”菜单中的“关闭”命令。

（3）按 Alt+F4 组合键。

（4）单击窗口右上角的“关闭”按钮 ×。

退出 Word 2007 时，将关闭所有文档。如果有的文档在打开后进行了编辑、修改且尚未存盘，Word 2007 会在退出前给出提示信息。这时用户可根据需要进行选择存盘。

4.3 普通文档的编辑

当对“中国旅游景点介绍.doc”文档中出现不满意甚至错误的地方时，需要通过删除、复制、移动等一系列操作来编辑和修改文档。Word 2007 提供了强大的编辑功能，可以随时编辑和修改文档，这节主要使用“开始”选项卡的功能，有 5 组，分别是“剪贴板”、“字体”、“段落”、“样式”和“编辑”，如图 4-7 所示。

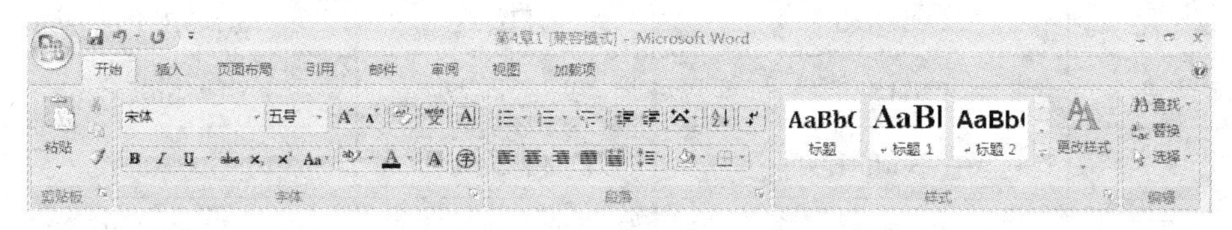

图 4-7 “开始”选项卡

4.3.1 编辑文档

编辑文档的基本操作包括光标的移动、选定文字和图形、移动文本、复制文本及删除文本等。

1. 移动光标

移动光标的方法如下：使用滚动条移动到需要的位置；单击要设置插入点的位置。

2. 选定文字和图形

在对文档进行编制前，首先要通过“选定”操作来标记需要修改的部分，然后再完成操作。简单地说，就是“先选后做”。

（1）使用鼠标选定文字和图形如表 4-1 所示。

表 4-1 用鼠标选定文字和图形

选定内容	操作方式
任意项目或是任意数量的文本	拖动要选定的文本
单词	双击这一单词
图形	单击这一图形
一行	单击行左边的选定栏
多行文本	在行左边的选定栏中拖动
句子	按住 Ctrl 键单击该句中的任何位置
一个段落	双击段落旁边的选定栏或者在段落中的任何位置单击三次
多个段落	在选定栏中双击并拖动
整个文档	在选定栏中单击三次
页眉与页脚	在页面视图中，双击页眉或页脚，然后在页眉或页脚选定栏中单击三次
批注、脚注和尾注	将插入点设置在窗口中，然后在选定栏中单击三次
一竖列文本（除表单元格之外）	按住 Alt 键，然后拖动

（2）使用键盘选定文字和图形如表 4-2 所示。

表 4-2 用键盘选定文字和图形

选定范围	操作方式	选定范围	操作方式
右侧一个字符	Shift+→	下一屏	Shift+PageDown
左侧一个字符	Shift+←	上一屏	Shift+PageUP
单词结尾	Ctrl+Shift+→	窗口结尾	Alt+Ctrl+PageDown
单词开头	Ctrl+Shift+←	文档开始处	Ctrl+Shift+Home
行尾	Shift+End	包含整篇文档	Ctrl+A
行首	Shift+Home	段首	Ctrl+Shift+↑
下一行	Shift+↓	段尾	Ctrl+Shift+↓
上一行	Shift+↑	文档中的某个具体位置	F8+箭头键，按 Esc 键取消选定方式
纵向文本块	Ctrl+Shift+F8，然后使用箭头键，按 Esc 键取消选定方式		

（3）取消选定。

① 使用鼠标，在选定内容的外围单击。

② 使用键盘，按任意箭头键。

③ 如果已使用 F8 键或 Ctrl+Shift+F8 组合键选择选定方式，则按 Esc 键。

3. 移动及复制文本

在编辑文档时，经常需要将一段文本从一个位置移动或复制到另外一个位置，Word 提供了多种移动及复制文本的方法。

（1）通过拖放移动或复制文字和图形，具体操作步骤如下。

① 选中要复制的文字和图形。

② 然后按住鼠标左键，当“拖放指针”出现时，拖动选中的内容插入到新位置，便可实现文本的移动，如图 4-8 所示。

在上面操作的过程中，若同时按住 Ctrl 键，便可实现文本的复制。

（2）使用选项卡按钮移动或复制文字和图形，具体操作步骤如下。

① 选定要复制或移动的文字和图形。

② 单击“开始”选项卡的“剪贴板”组中，单击“复制”按钮；或移动选定内容；“开始”按钮调出选项栏选中的“剪切”按钮。

③ 将鼠标移到新的位置后。（如果新位置在另一文档或应用程序中，则打开或切换到文档和应用程序。）

④ 在“开始”按钮，调出选项栏选中“粘贴”按钮。

（3）使用快捷键移动或复制文字和图形。

操作步骤同（2），不同之处是使用了快捷键。

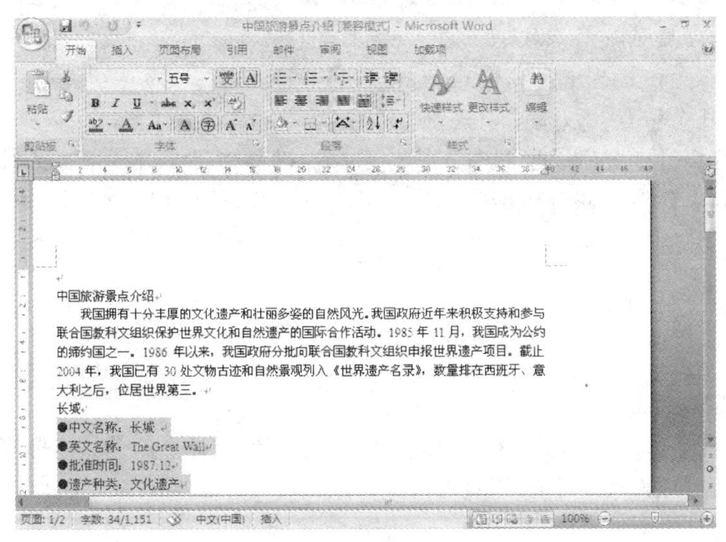

图 4-8　使用鼠标移动文字

① “复制”：按 Ctrl+C 组合键。

② “剪切”：按 Ctrl+X 组合键。

③ “粘贴”：按 Ctrl+V 组合键。

4. 修改及删除文本

在编辑文本时，经常需要删除毫无用处的文字，或是恢复误删除的内容。

（1）删除文字和图形如表 4-3 所示。

（2）恢复删除的文字和图形，具体操作步骤如下。

表 4-3　删除文字和图形

删除内容	操作方式
已选定的项目	单击“剪切”按钮
插入点前面的字符	按 Backspace 键
插入点后面的字符	按 Delete 键
插入点前面的单词	Ctrl+Backspace
插入点后面的单词	Ctrl+Delete

① 要在删除之后，立即恢复删除的文字和图形，按 Ctrl+Z 组合键。

② 要撤销多项操作，多次按 Ctrl+Z 组合键。

（3）用新文本替换选定内容

① 选定要替换的文本。

② 输入替代文本，输入的文本将替换掉全部选定的内容。

5. 复制字符格式（格式刷）

对一个选定范围内的文本应用了多种格式（如设置了字体、字号、字体颜色等）之后，也可以把同样的格式快速应用于其他文本，如果要复制字符格式，则可单击“开始”选项卡中“剪贴板”组的 “格式刷”按钮来实现，具体操作步骤如下。

（1）选择所需复制的格式文字。

① 复制到一个位置　单击“格式刷”按钮。

② 复制到几个位置　双击“格式刷”按钮。

（2）当鼠标指针变成刷子形状时，按住鼠标左键并拖过要进行格式编排的文字。若要把格式复制到几个位置，松开鼠标按钮，然后在文档中选择另外的文字。

（3）当完成复制字符格式后，按 Esc 键。

4.3.2　设置格式

字符是指字母、空格、标点符号、数字和符号。通过对字符格式的设置，使其具有一种或多种属性或格式。

Word 对每种字体都提供了 4 种字形来修饰它，即常规体、斜体、粗体和下划线。为了强调某些文字，可以选取文字的下划线格式，默认设置字形为常规型。所谓字号，就是指字的大小。中文字体中最大字号为 72 号，最小字号为 8 号，默认字号为 5 号。英文字体以磅为单位，1 磅=1/72 英寸。

1. 设置字符格式

在 Word 中，默认的中文字体是“宋体”，英文字体为“Times New Roman”。下面将“中国旅游景点介绍”文档中的格式进行设置，具体操作步骤如下。

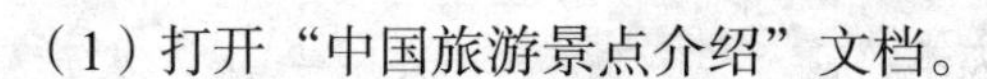

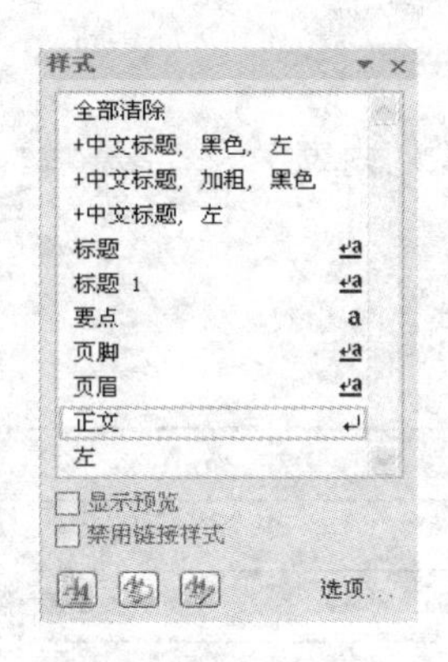

图 4-9 “样式”选项

（1）打开“中国旅游景点介绍”文档。

（2）单击 “开始”选项卡中的“编辑”→“选择”→“全选”或按 Ctrl+A 组合键，选中“中国旅游景点介绍”文档中的全部文字。

（3）单击“开始”选项卡中的“样式”组中“样式”按钮，如图 4-9 所示，选择“全部清除”样式。

（3）在“开始”选项卡中的“段落”组中，选择宋体，5 号字体。

（4）单击“开始”选项卡中的“段落”组中“左对齐”按钮，使文档内容左对齐，如图 4-10 所示。

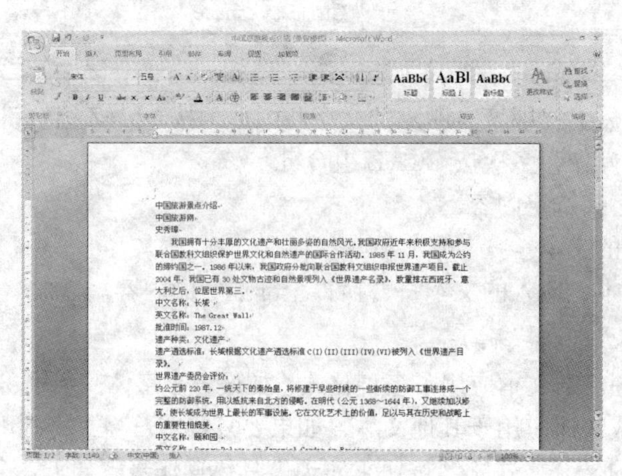

图 4-10　设置字体后的效果

2. 通过“字体”对话框设置字符格式

通过“字体”选项卡虽然能够快速编排字符格式，但某些较为复杂的格式（如上标、下标、间距等）只能使用“字体”对话框实现，如将“中国旅游景点介绍”文档中的作者单位用双下划线表示、标题的特殊效果为“赤水情深”、作者名用红色，文档的第一段为着重号。其操作步骤如下。

（1）分别选中“中国旅游景点介绍”文档中的作者单位、第 1 段、标题的文字。

（2）分别单击“开始”选项卡中的“字体”组向下箭头按钮。

（3）出现“字体”对话框，选中作者单位后，在“下划线”下拉列表中选择“双下划线”，如图 4-11 所示。选中第 1 段后，在“着重号”列表中选择“.”，如图 4-12 所示。选“单位”后，单击“文体”组中“与不同颜色突出显示文本”按钮右边的向下箭头，选择“灰度 20%”。

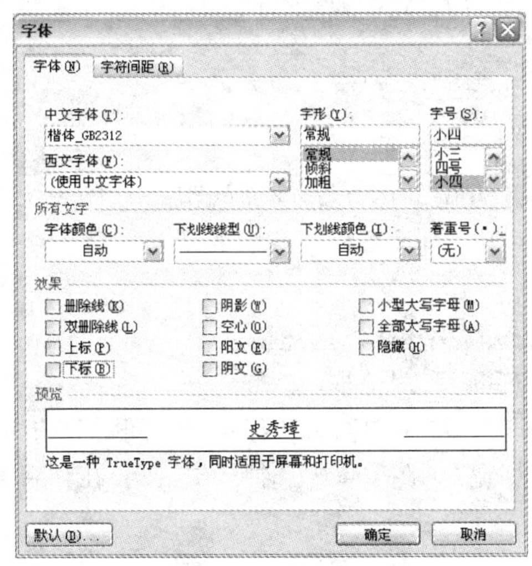

图 4-11　设置下划线　　　图 4-12　设置着重号

（4）最后分别单击“确定”按钮完成设置。

（5）作者名为红色，可以在“文字”选项卡中“字体颜色”按钮右边的向下箭头，出现“字体颜色”下拉列表框，选择红色，设置完后的效果，如图 4-13 所示。

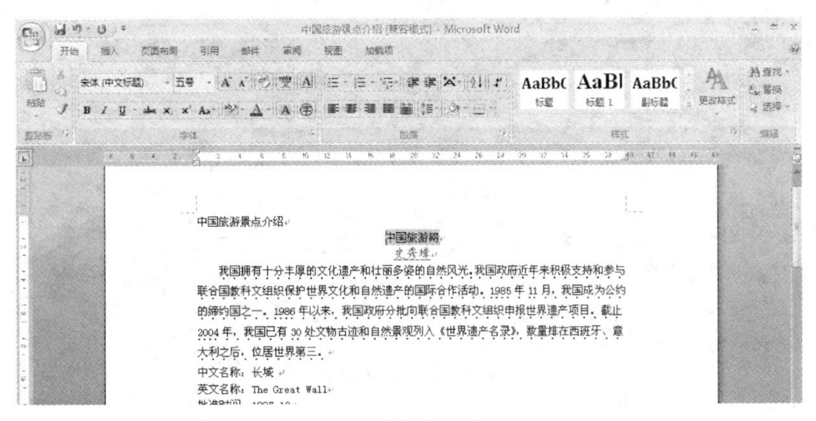

图 4-13　字符格式的设置

执行“开始”→“字体”命令，在打开“字体”对话框中的“效果”区域中包含了许多特殊效果。

① 删除线：在所选文本的中间画一条线。

② 双删除线：在所选文本的中间划两条线。

③ 上标：使所选文本为上标形式。

④ 下标：使所选文本为下标形式。

⑤ 阴影：为所选文本添加阴影，阴影位于文字的偏右下方。

⑥ 空心：将所选文本设为空心字，即显示出字符的笔画边线。

⑦ 阳文：将所选文本显示出高于纸面的浮雕效果

⑧ 阴文：使所选文本显示出刻入纸面的效果。

⑨ 小型大写字母：将所选的英文字母以大写形式显示。

⑩ 全部大写字母：将所选的英文字母全部改为大写。

⑪ 隐藏文字：将所选文本设为隐藏属性。

⑫ 学生可以自愿设置。

3. 设置字符间距

字符间距就是指相邻文字之间的距离，Word 2007 有默认的字符间距。选中“中国旅游景点介绍”文档中的“中文名称”设置字符间距，具体操作步骤如下。

（1）选定要设置字符间距的文本。

（2）选择“字体”组中的“字体”命令，打开“字体”对话框。

（3）单击“字符间距”选项卡，出现“字符间距”对话框。

在“字符间距”选项卡中，单击“间距”框右边的下向箭头，显示出“间距”的 3 个选项，即“标准”、“加宽”和“紧缩”，选择“加宽”；在位置中选择“提升”，在“磅值”框选择“3”，如图 4-14 所示。

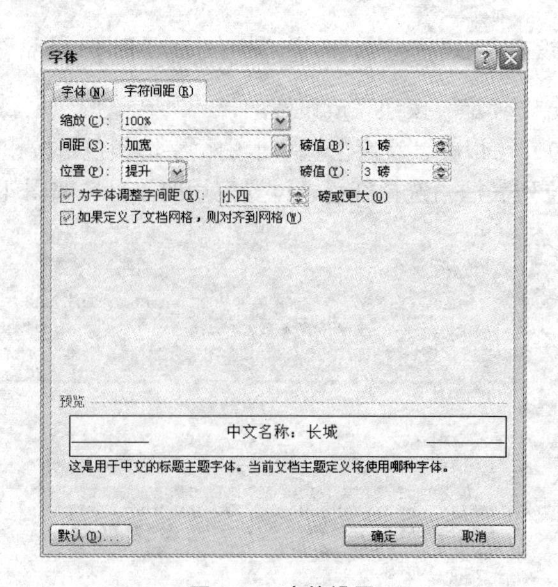

图 4-14　字体设置

（4）如果选择的是“加宽”或“紧缩”选项，在“间距”框的右边有一个磅值。用户可以选择或输入“加宽”或“紧缩”的磅值。

（5）最后单击“确定”按钮，完成设置。

（6）选中设置后的内容，双击“剪贴板”组中“格式刷”按钮，将本文中的中文名称，全部设置好。

4.3.3　设置段落格式

段落就是指文字、图形、对象，或其他项目等的集合，在 Word 2007 中，用 Enter 键代表段落的结束标志。段落标记不仅标识一个段落的结束，还保存段落的格式信息。段落格式设置包括设置段落外观：文字对齐方式、缩进、行距、段落间距、制表位、底纹、项目符号和编号方式等操作。

1. 设置段落对齐方式

在 Word 中，可以将段落设置为左对齐、居中对齐、右对齐、两端对齐或者分散对齐等。

在“开始”选项卡上的“段落”组中“缩放和行距”对话框，设置对齐方式，如图 4-15 所示。

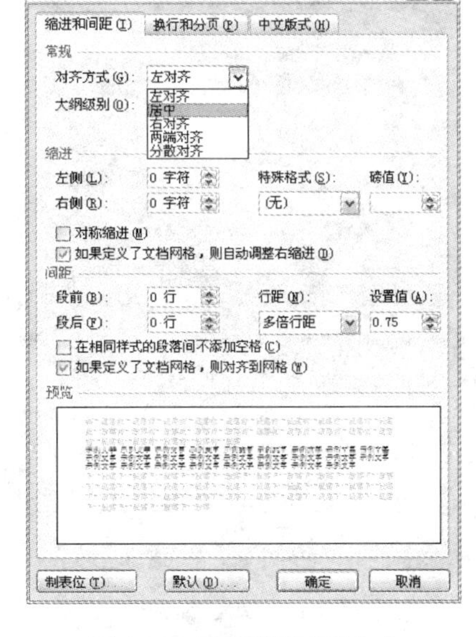

图 4-15　设置段落对齐方式

（1）使用“段落”组中，可以快速设置段落的对齐方式，具体操作步骤如下。

① 选定要设置对齐方式的段落。

② 在“段落”组中，单击所需对齐方式对应的按钮如表 4-4 所示。

表 4-4　设置段落对齐方式

对齐方式	操　　作
使文字居中对齐	单击“居中”按钮
使文字右对齐	单击“右对齐”按钮
使文字两端对齐	单击“两端对齐”按钮
使文字分散对齐	单击“分散对齐”按钮

在对段落进行对齐操作前，先要确认该段落尚未进行过缩进。

（2）使用“段落”对话框设置段落对齐方式，将“中国旅游景点介绍”文档的每段设置成“两端对齐”并将每段首字缩进两个汉字，具体操作步骤如下。

① 打开“中国旅游景点介绍”文档后，按 Ctrl+A 组合键，选中全部文档。

② 在“开始”选项卡上的“段落”组中“缩放和行距”对话框，设置对齐方式。

③ 单击“对齐方式”列表框右边的向下箭头，从下拉列表中选择“两端对齐”方式

④ 单击“确定”按钮。

2. 设置段落缩进

段落缩进是指正文与页边距之间的距离。Word 可以实现左缩进、右缩进、首行缩

进和悬挂缩进等。左缩进控制段落与左页边距的距离，右缩进控制段落与右页边距的距离，首行缩进控制段落第一行第一个字符的位置，悬挂缩进控制除第一行之外的其他行的位置。

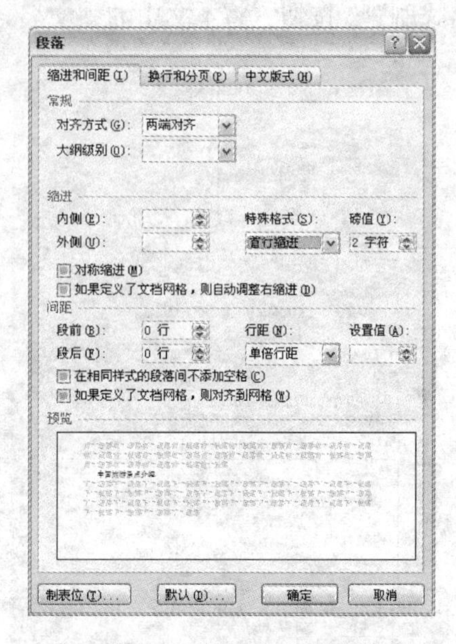

图 4-16　设置段落缩进

（1）使用“段落”对话框设置段落缩进，操作步骤如下。

① 选定要进行缩进的段落。

② 单击“开始”选项卡上的“段落”组右箭头。

③ 出现“段落”对话框，选中“间距”选项卡。设置段落与左页边距的距离，在“段前”框中输入“0 行”。设置段落与右页边距的距离，在“段后”框中输入“0 行”。设置首行缩进，在“特殊格式”列表框中选择“首行缩进”项，然后在右边的“磅值”框中输入“2 字符”，如图 4-16 所示。

④ 单击“确定”按钮。

（2）使用标尺设置段落缩进。

在水平标尺上有 4 个缩进标记：首行缩进、悬挂缩进、左缩进、右缩进，拖动这些标记就可以快速灵活地对选定段落设置缩进。拖动缩进标记然后松开鼠标，选定段落的文本将在该标记处对齐。

3. 设置行距

当编排一份较短的文档时，除了可以适当增大正文的字体外，还可以调整段落中文本的行距，以增强文档的美观和可读性。其操作步骤如下。

（1）选定要设置行距的段落。

（2）单击“开始”选项卡上的“段落”组右箭头。

（3）出现“段落”对话框，选中“缩进和间距”选项卡。

（4）从“行距”列表框中选择下列某一选项。

① 单倍行距：行与行之间的间距等于各行最大字体的高度。

② 1.5 倍行距：行与行之间的距离等于各行中最大字体高度的一倍半。

③ 2 倍行距：行与行之间的间隔等于各行中最大字体高度的两倍。

④ 最小值：行与行之间的间隔取决于在“设置值”框中设置的距离。当该行中的字体大于所设的距离时，Word 会自动调整高度以容纳较大字体。

⑤ 固定值：行与行之间的间隔精确等于在“设置值”框中设置的距离。

⑥ 多倍行距：行与行之间的间隔等于各行中最大字体的高度的若干倍。

4. 设置段落间距

段落间距是指段落与它相邻的段落之间的距离。为了使文档层次清晰可以选择“格式”菜单中的“段落”设置段间的精确值。系统默认的段间距为单倍行距。如果将“中国旅游景点介绍”文档的标题设置间距为 6 磅并且居中，具体操作步骤如下。

（1）打开“中国旅游景点介绍”文档，选定标题段落。

（2）单击“开始”选项卡上的“段落”组右箭头。

（3）出现“段落”对话框，选中“缩进和间距”选项卡。

（4）在“间距”区域的“段前”和“段后”框内输入“1.5 行”间距值如图 4-17 所示。

（5）在对齐方式中选择“居中”方式。

（6）单击“确定”按钮。

5. 段落的换行和分页

在输入和排版文本时，Word 2007 会把文档划分成页。当满一页时，它自动增加一个分页符并且开始新的页面。有时，会使一个段落的第一行排在页面的底部或者使一个段落的最后一行排在下一页的顶部，给阅读带来了麻烦。利用“段落”对话框的“换行与分页”选项卡中的选项，可以控制自动插入分页符，具体操作步骤如下。

（1）将插入点置于要调整的段落中，或者选定要调整的多个段落。

（2）单击“开始”选项卡上的“段落”组右箭头。打开“段落”对话框。

（3）单击“换行与分页”选项卡，可以设置以下一些选项，如图 4-18 所示。

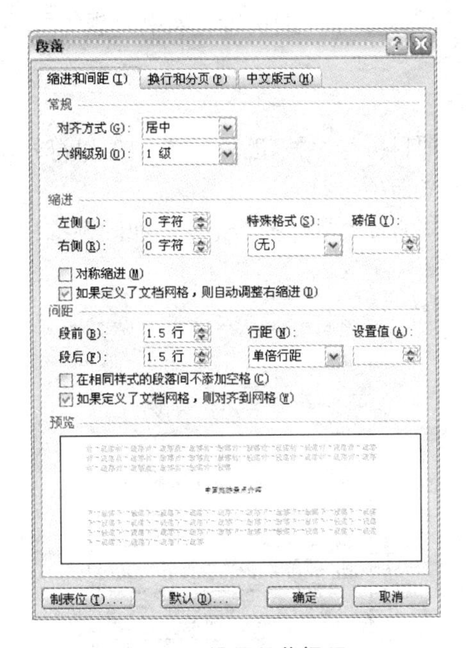

图 4-17　设置段落间距

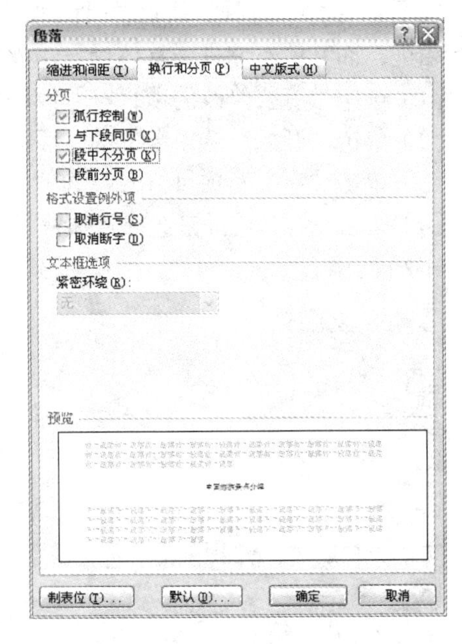

图 4-18　设置换行和分页

①“孤行控制”：可以防止段落的第一行出现在页面底部或者段落最后一行出现在页面顶部，Word 2007 将把上一页的最后一行移到下一页。

②“段中不分页”：可以避免在段中分页。这样，如果一个段落在一页上显示不下，会自动全部移到下一页。

③“段前分页”：可以使分页符出现在选定段落之前。

④“与下段同页”：可以避免所选段落与后一个段落之间出现分页符。当要求标题和其后续段落在同一页上时，该选项非常有用。

⑤“取消行号”：取消选定段落中的行编号。

⑥“取消断字”：取消段落中自动断字的功能。

4.3.4　项目符号与编号

给列表添加项目符号或编号，可使文档更易于阅读和理解。也可以创建多级列表（即具有多个缩进层次），既包含数字也包含项目符号的列表。多级列表对于提纲很有用。在已编号的列表中添加、删除或重排列表项目时，Word 2007 自动更新编号。

1. 添加项目符号或编号

将“中国旅游景点介绍”文档目录设置项目符号，具体操作步骤如下。

（1）打开“中国旅游景点介绍”文档，选中要添加项目符号的段落。

（2）单击“开始”选项卡上的“段落”组中“项目符号”按钮，可为其添加项目符号如图 4-19 所示。

（3）单击“确定”按钮，结束设置。

2. 使用自定义设置项目符号或编号

在图 4-19 中，选择的项目符号的段落是每段都是缩进一样的位置，如果只想每段的第一行缩进，而其他不缩进，具体操作步骤如下。

（1）选中带有要修改的项目符号或编号的项目。

（2）单击“开始”选项卡上的“段落”组中“项目符号”按钮，选中项目符号。

（3）单击“定义新项目符号”选项，出现“定义新项目符号”对话框。

（4）单击“符号”按钮选择特殊符号，在对齐方式为“左对齐”设置后如同预览样式，如图 4-20 所示。

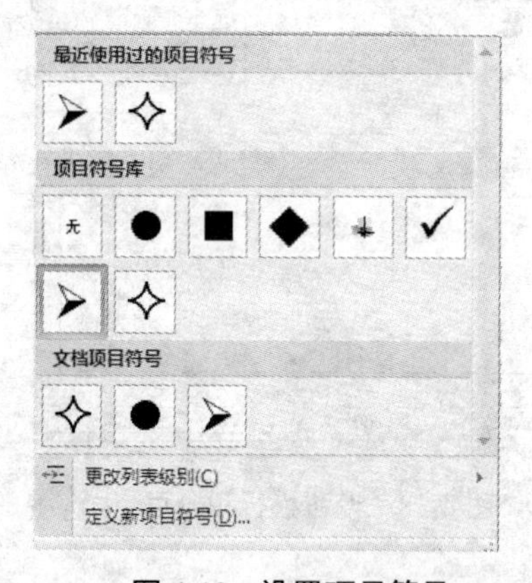

图 4-19　设置项目符号

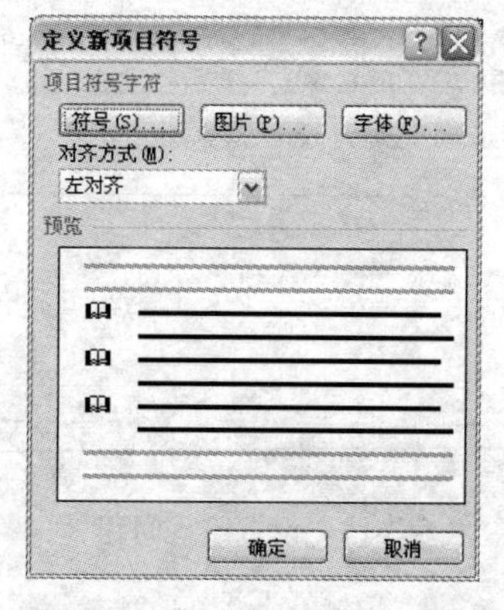

图 4-20　自定义设置项目符号

（5）单击“确定”按钮，结束设置。

3. 项目符号和编号的相互转换

项目符号和编号的相互转换的操作步骤如下。

（1）选中带有要修改的项目符号或编号的项目。

（2）若要把项目符号转换为编号，单击“开始”选项卡上的“段落”组中“编号”按钮。若要把编号转换为项目符号，单击“开始”选项卡上的“段落”组中“项目符号”按钮。

4. 创建多级列表

在 Word 中，可以根据文本的缩进插入多级列表。多级列表最多可以有 9 级，每一级的编号或项目符号都可以改变，具体操作步骤如下。

（1）单击“开始”选项卡上的“段落”组中“编号”按钮 。

（2）出现“编号”对话框，选中一种编号，如图 4-21 所示。

（3）单击所需的列表格式。

（4）设置完毕后，单击“确定”按钮。

（5）输入列表项，每输入一项后按 Enter 键。

图 4-21　设置编号

5. 为文字添加边框

排版中经常会使用边框和底纹，衬托文字，使文字更加醒目。如将“中国旅游景点介绍”文档的第 1 自然段，设置边框和浅蓝色底纹，具体操作步骤如下。

（1）用鼠标选中第 1 自然段，单击“开始”选项卡上的“段落”组中“下框线” 菜单，选择“边框和底纹”命令。

（2）出现“边框和底纹”对话框，选中“边框”选项卡。

（3）选择所需选项，在“设置”中选择“方框”，在“样式”中选择“单线”，在“颜色”中选择“黑色”，在“宽度”中选择“0.75 磅”，在“应用于”中选择“段落”，如图 4-22 所示。

（4）再选中“底纹”选项卡，设置填充为“浅蓝色”，如图 4-23 所示。

（5）单击“确定”按钮即可。

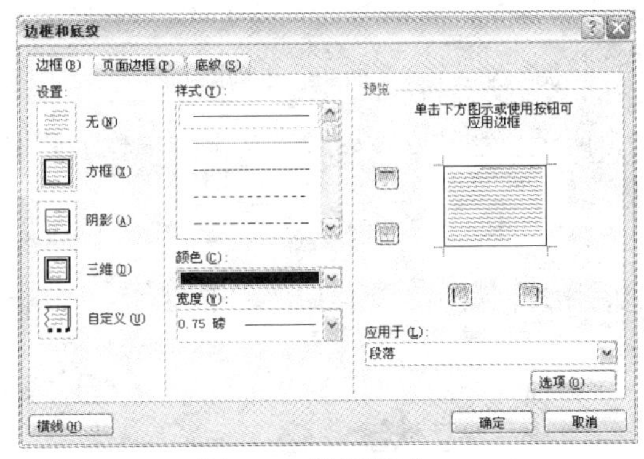

图 4-22　边框设置

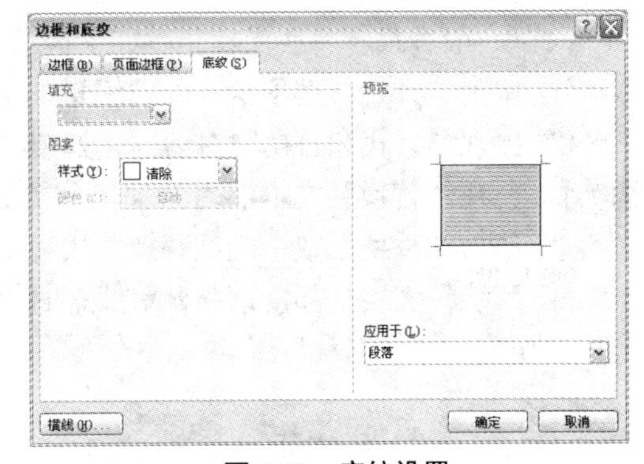

图 4-23　底纹设置

4.3.5　样式的应用

当开始输入新文档时，Word 将通过应用默认的“正文”样式设定文字格式。当创建例如页眉、脚注和目录等元素时，可以应用对所有 Word 文档均有效的内部标题样式（例如，标题 1 到标题 9）中的一种。

通过用样式名标记文本，可以一步应用整个一组格式，有助于格式编排的一致性，而且不需重新设定文本格式就可快速更新一个文档的设计。

（1）选中文档中所要应用样式的内容。

（2）单击“开始”选项卡上的“样式”组中“标题 2”按钮，应用样式，如果想选择更多的应用样式，可以在“样式”按钮的右边的箭头，如图 4-24 所示，选择所需的段落样式或字符样式。段落样式名称是粗体字，字符样式名称不是粗体字，效果如图 4-25 所示。

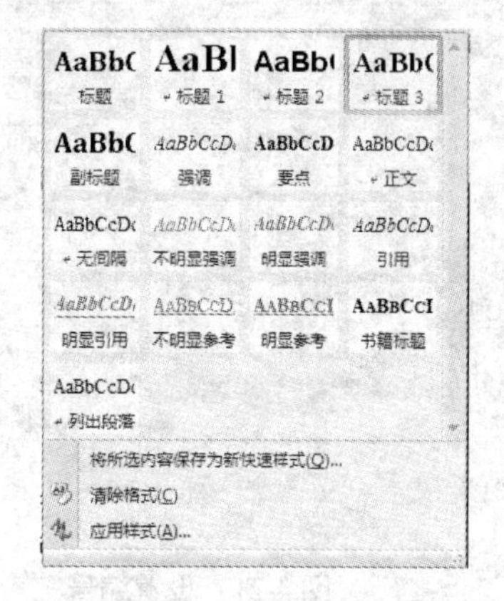

图 4-24　“样式”设置

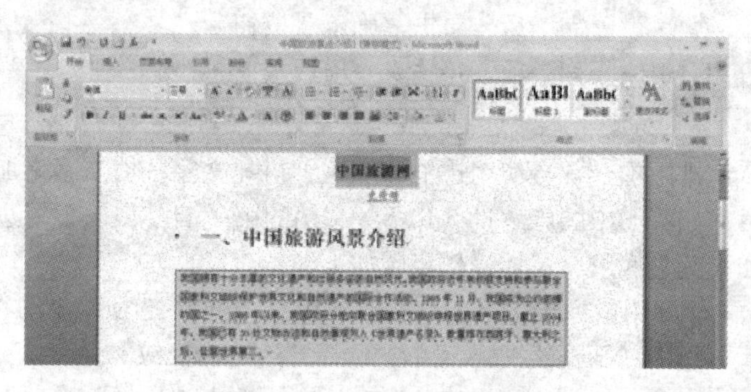

图 4-25　使用“样式”效果

4.3.6　查找与替换

如果在“中国旅游景点介绍”文档中需要将“中国名称”改为“中文名称”，这时使用“查找”和“替换”命令可以进行快速查找并且替换它们。

1. 查找与替换

（1）一般查找与替换操作步骤如下。

① 单击“开始”选项卡上的“编辑”组中的“替换”按钮。

② 出现“查找和替换”对话框，如图 4-26 所示。在“查找内容”文本框内输入“中国名称”，在“替换”文本框内输入“中文名称”。

③ 单击“替换”或“全部替换”按钮。

④ 系统将文档全部搜索并显示搜索的信息，用户回答后，文档中的“中国名称”字样全部替换成“中文名称”了。

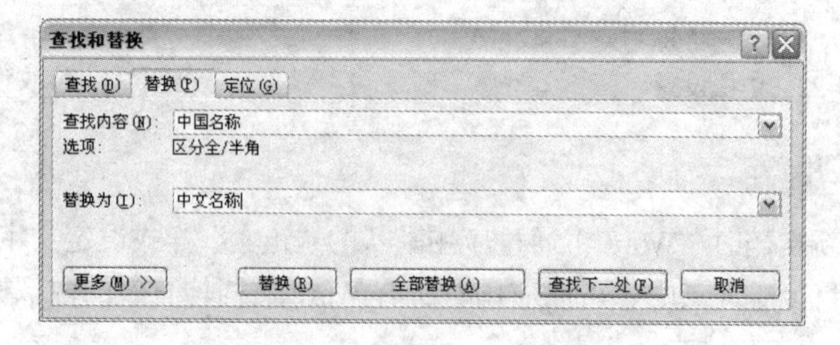

图 4-26　“查找与替换”对话框

（2）更多的查找与替换。如果要根据某些条件进行查找，例如，只将鼠标所在的位置以下的“中国名称”替换成“中文名称”，则单击“更多”按钮。在扩展对话框中，设置所需的选项。在“搜索”下拉列表框中选择“向下”选项，如图 4-27 所示。然后单击“替换”或“全部替换”即可。

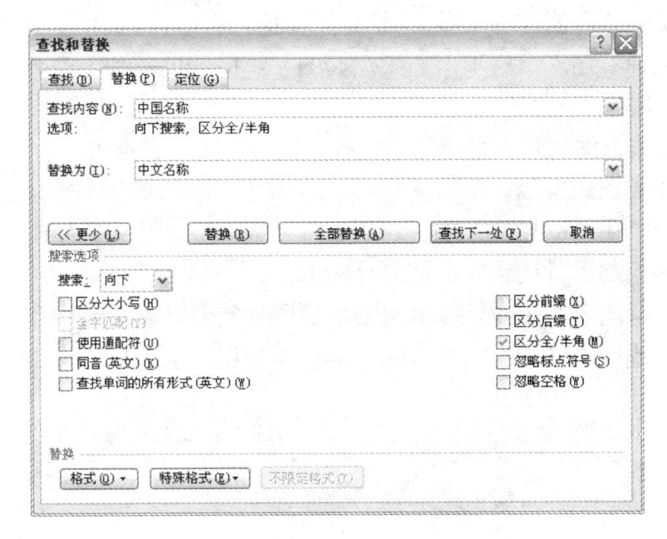

图 4-27　更多的查找与替换

2. 定位到特定位置

使用“定位”命令可以定位到特定位置，例如定位到页、脚注或书签。

（1）单击“开始”选项卡的“编辑”组中的“查找”按钮 查找 。

（2）出现“查找和替换”对话框，选择“定位”选项卡，在“定位目标”框中选定要移动到的项目类型。例如，指定的页、脚注或书签。

（3）在“请输入页号”框中输入项目名称或号码，如图 4-28 所示。

（4）单击“前一处”或“定位”按钮。

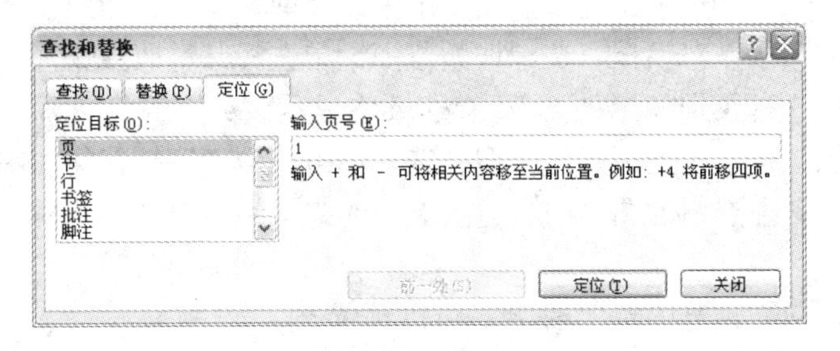

图 4-28　“定位”设置

4.4 图 文 混 排

Word 2007 具有强大的图文混排功能。用户可以直接将各种图形或图片插入到文档，并且将其任一放大、缩小、裁剪，控制色彩、修改图形或图片等，也可以在文档当中直接绘制。用户很容易制作出图文并茂的文档。获得图形或图片有如下几种途径。

（1）Office 提供了剪辑库。剪辑库中包含多种剪贴画、图片、声音和图像，用户可通过“插入”选项卡中“插图”组中选中“图片”命令将图片插入到文档中。

（2）由其他绘图软件创建的图形：用户可以使用 Windows 提供的“画图”工具绘制各种图形，然后再选择“插入”选项卡选中“插图”组中的“图片”命令将绘制的图片插入到文档中。

（3）从扫描仪输入的图片：用户可以选择“插入”选项卡选中“插图”组中的“图片”命令将扫描的图片插入到文档中。

（4）绘制图形：在 Word 2007 中，可以选择“插入”选项卡选中“插图”组中的“形状”命令选项卡的绘制工具按钮来绘制各种图形。

（5）从网上获得图形：用户可以将网络上的图形复制剪贴板或保存到本地磁盘上，然后再粘贴到文档中或以文件的形式插入到文档中，使用的命令如图 4-29 所示。

图 4-29　插图选项组

4.4.1　插入图片或图形

插入来自剪辑库或从其他程序和位置的图片或扫描照片。

1. 在文档中插入“剪贴画”

将“中国旅游景点介绍”文档插入剪贴板中 Web 框架的图形，具体操作步骤如下。

（1）打开“中国旅游景点介绍”文档，将鼠标定位于需插入剪贴画的位置。

（2）单击“插入”选项卡中的“插图”组中的“剪贴画”按钮。

（3）出现“剪贴画”对话框，在“搜索范围”中选择某种收藏集。

（4）单击其中一种类别如 Web 框架，Word 将显示该类别的剪贴画。

（5）在“结果类型”中选择媒体类型，然后单击“搜索”按钮，如图 4-30 所示。

（6）单击剪贴图上选中的图形的右边向下的箭头，弹出菜单的“插入”命令，将剪贴画插入到文档中。

单击弹出菜单的“预览/属性”命令，可以预览这个剪贴画。

在“剪贴库”对话框中还有“声音”和“动画剪贴”选项，分别用来插入声音和动画剪贴。插入声音功能用来插入声音文件，可以在后台播放；插入影片功能用来在文档中插入视频剪辑。

注意：插入剪贴画后，不能翻转、旋转和改变填充颜色，但可以对它编辑。

2. 从文件中获得图片或图形

如果将“中国旅游景点介绍”文档中插入一个图形文件，具体操作步骤如下。

（1）打开“中国旅游景点介绍”文档，将鼠标定位于需插入图片的位置。

（2）单击“插入”选项卡中的“插图”组中的“图片”按钮，弹出“插入图片”对话框，找到包含所需图片的文件，如图 4-31 所示。

（3）选择需要插入的图片，然后单击“插入”按钮。

（4）图片插入后需调整大小和位置。

图 4-30　插入剪贴画

图 4-31　“插入图片”窗口

3. 设置图片的环绕方式

当图片插入到文档中，必须设置图形在文档中方式，如将“中国旅游景点介绍”文档中“长城”图片，选择一个四周环绕的图形，具体操作步骤如下。

（1）打开“中国旅游景点介绍”文档，选中要设置环绕的图片。

（2）单击“图片”，弹出“图片工具格式”选项卡，或用鼠标右键单击图片，从快捷菜单选择“设置图片格式”选项。

（3）出现“设置图片格式”对话框，选中“版式”选项卡，如图 4-32 所示。

（4）在“环绕方式”下选择所需的环绕方式选择“四周型”环绕。

（5）如果需要其他的文字环绕方式，单击“高级”按钮。

（6）出现“高级版式”对话框，在“文字环绕”选项卡中的“自动换行”选框中选择“两边”单选项，如图 4-33 所示。

（7）如果选择了“四周型”、“紧密型”和“穿越型”环绕方式，则可以在“文字环绕”区域中选择更详细的环绕设置（如“两边”、“只在左侧”、“只在右侧”或“只在最宽一侧”）。

（8）在“距正文”区域中可以设置图片上、下、左、右各边与文字之间的距离。

（9）单击“确定”按钮，Word 将按照设置使正文环绕图片排列。

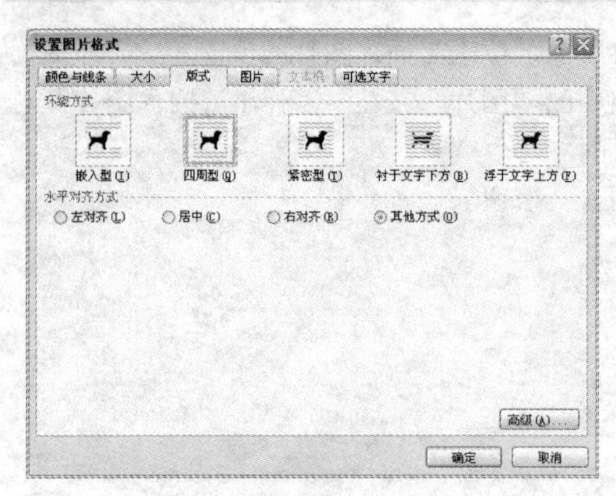

图 4-32 “设置图片格式图”对话框

图 4-33 设置高级版式

（10）也可以通过“图片”选项卡来设置图片的环绕方式如图 4-34 所示，单击要设置文字环绕的图片，然后单击“图片”选项卡中的“文字环绕”按钮，在出现的列表中选择所需的环绕方式。

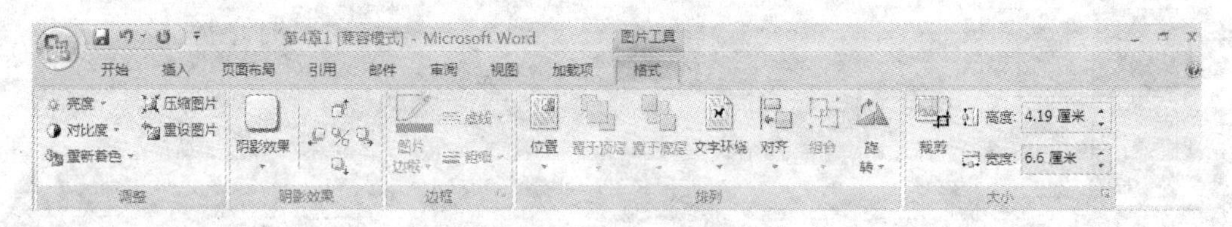

图 4-34 “图片”选项卡

4. 编辑图片

为了使图片更加清晰好看，还可以将图片设置成水印效果，可以通过图片选项卡来编辑图片，具体操作步骤如下。

（1）选中要编辑的图片。

（2）在图 4-34 所示的“图片工具格式”中“阴影效果”组，可以使图片增加阴影效果，如图 4-35 所示。

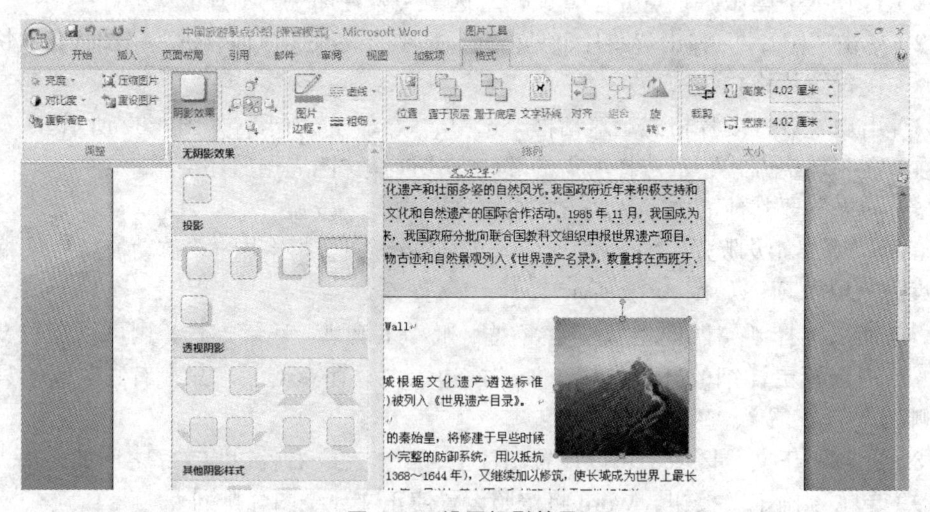

图 4-35 设置投影效果

（3）单击“图片工具格式”中的“调整”组可以调整图片的饱和度和明暗度。

（4）单击“图片工具格式”中的“调整”组单击“图片”选项卡中的“设置透明色”按钮，可将背景区域设为透明色，使文档显示穿过部分图片的效果。

5. 调整图片大小

（1）如果对插入的图形不满意可以调整图形对象的大小，具体操作步骤如下。

① 选定需要调整大小的图形。

② 拖动选中后出现的图形尺寸控点，调整图形大小直到满意为止。

（2）按指定比例调整图形对象的大小，具体操作步骤如下。

① 选定要调整大小的图形对象。

② 用鼠标右键单击图片，从快捷菜单选择“设置图片格式”命令。

③ 出现“设置图片格式”对话框，选中“大小”选项卡。

④ 在“缩放”区域中的“高度”和“宽度”框内输入所需比例，如图 4-36 所示。

⑤ 单击“确定”按钮。

（3）裁剪或整理部分图片，具体操作步骤如下。

① 选定需要裁剪的图片。

② 单击“图片工具格式”中“大小”组的“裁剪”按钮。

③ 在尺寸控点上定位裁剪工具，并且拖动。

（4）删除图形对象，具体操作步骤如下。选定要删除的对象，按 Delete 键。

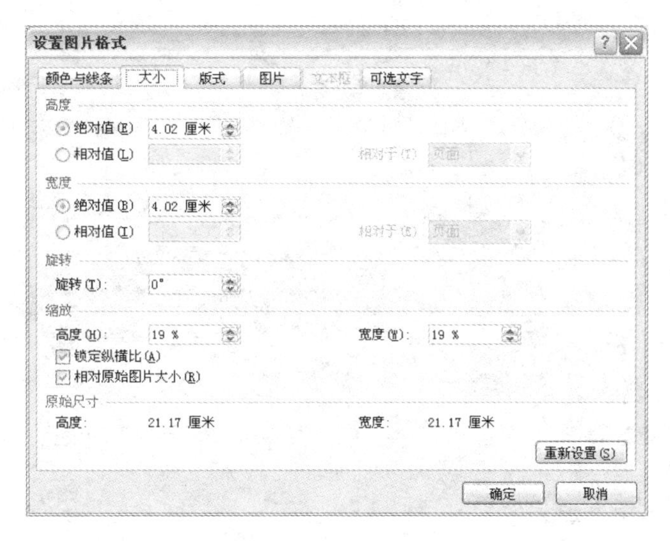

图 4-36　调整图形大小

4.4.2　绘图

Word 2007 提供了 100 多种现成的图形，包括直线、箭头、矩形、五边形、椭圆、正方体等常用图形，还包括任意多边形、流程图、星形、旗帜和标注等各种形状组成的自选图形。可以在文档中直接插入这些图形。可以重新调整图形的大小，也可对其进行旋转、翻转、添加颜色，并同其他图形组合为更复杂的图形。

1. 添加或更改自选图形

Office 包含一套现成的图形，可以在文档中使用这些图形并进行编辑；也可以向自选图形添加文字，如将“中国旅游景点介绍”文档中添加或更改自选图形。

（1）添加自选图形的具体操作步骤如下。

① 打开“中国旅游景点介绍”文档在景点前插入图形。

② 在“插入”选项卡中的“插图”组中单击“形状”按钮，如图 4-37 所示。在出现的子菜单中 选中“星与旗帜”类型，然后单击“横卷形”图形。

③ 在文档中按住鼠标的左键，画出图形，将图形拖动到合适的大小松开鼠标。要保持图形的宽与高的比例。

（2）为绘制的图形设置文本框格式，按下列步骤操作。

① 选中绘制的图形样式，拖动黄色的控制点◇，改变图形的弯度。

② 单击“文本框样式”组的填充颜色，如图 4-38 所示。

③ 然后复制 3 个，将颜色设置为蓝、红、黄色。

要关闭图形操作，在其他位置单击鼠标。

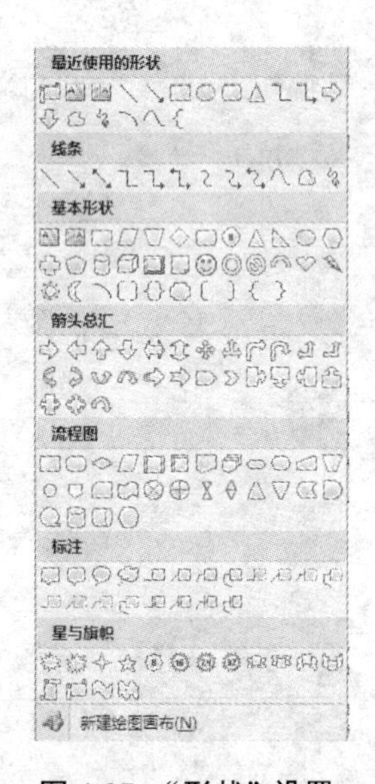

图 4-37 “形状”设置

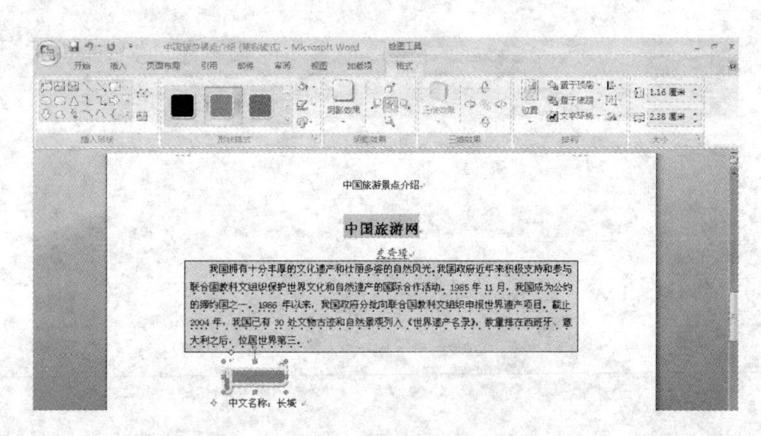

图 4-38 “横卷形”的设置

2. 向自选图形中添加文字

在图 4-38 中将文字添加到图形中，具体步骤如下。

（1）用鼠标右键单击该图形，在快捷菜单中单击“添加文字”命令。

（2）在图形中输入要添加的“长城”、“颐和园”和“布达拉宫”文字。

注意：添加文字后，在图形中添加的文字就成为该图形的一部分。如果移动该图形，文字也跟着一起移动，但如果旋转和翻转图形，文字就不会跟着一起旋转或翻转，使用“格式”菜单中的“文字方向”命令可将文字向右或向左旋转 90° 角。

3. 排列图形

在 Word 中有多种排列图形对象的方式：组合对象、对齐排列对象、层叠对象、转动或翻转对象、移动图形对象等。

（1）将“中国旅游景点介绍”文档中的 3 个绘图组合一体，具体操作步骤如下。

① 选择组合的对象，方法是：在单击每个对象的同时按下 Shift 键，如图 4-39 所示。

② 按右键选择“组合”→“组合”命令这样所选的多个对象就会组合成为一个对象。

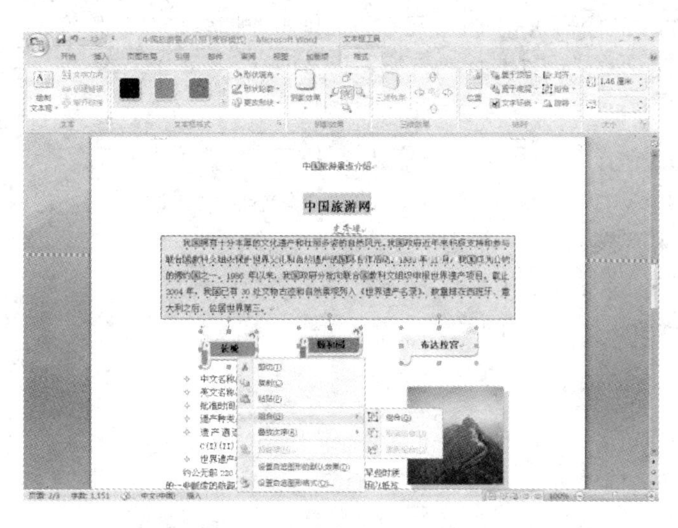

图 4-39　组合多个图形为一体

（2）取消图形对象组合，具体操作步骤如下。

① 选择要取消的组合对象。

② 按右键选择“组合”　→“取消组合”命令。

（3）层叠图形。文档中有多个图形对象时，可相互层叠，即上面的图形部分地掩盖了下面的图形。用户可调整多个对象的层叠顺序，以达到所需的视觉效果，具体操作步骤如下。

① 选定要移动的对象。如果对象隐藏，则按下 Tab 或 Shift+Tab 组合键，直到选定该对象。

② 按右键选择　“叠放次序”命令。

③ 选择“置于顶层”选项，所选对象就会移至所有对象的最前面；选择“置于底层”选项，所选对象就会移至所有对象的最底层；选择“上移一层”选项，所选对象就会向上移一层；选择“下移一层”选项，所选对象就会向下移一层；选择“浮于文字上方”选项，所选对象就会置于文字前；选择“浮于文字下方”选项，所选对象就会置于文字后。

4. 4. 3　绘制 SmartArt

SmartArt 图形是用信息的视觉表示形式，可以从多种不同布局中进行选择，从而快速轻松地创建所需形式，以便有效地传达信息或观点。

1. 创建 SmartArt 图形

（1）打开“中国旅游景点介绍”文档在景点前插入 SmartArt 图形。

（2）在“插入”选项卡的“插图”组中，单击“SmartArt”按钮。

（3）在“图示库”对话框的“选择图示类型”区域中，单击所需的类型如图 4-40 所示。

（4）在插入的位置绘制 SmartArt 图形，如果需要调整形状，按右键选择“插入形状”命令，会增加一个圆环，如图 4-41 所示。

2. 执行下列操作之一以便输入文字。

（1）单击 SmartArt 图形中的一个形状，然后输入文本。

（2）单击“文本”窗格中的“文本”，然后输入或粘贴文字。

（3）从其他程序复制文字，单击“文本”，然后粘贴到“文本”窗格中。如果看不到“文本”窗格，则单击 SmartArt 图形。

（4）在“SmartArt 工具”下的“设计”选项卡上，单击“创建图形”组中的“文本窗格”。

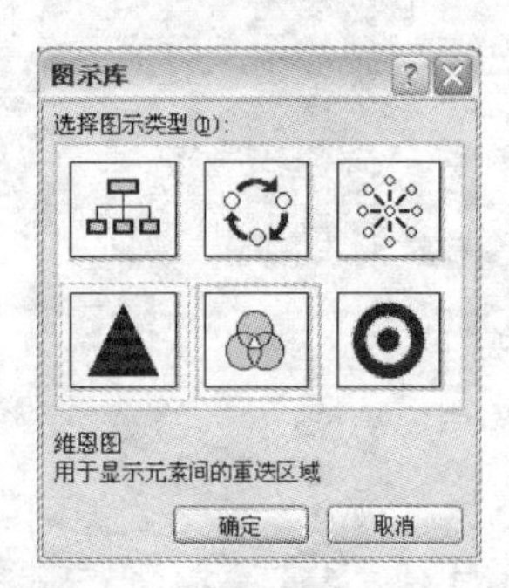

图 4-40 “图示库”对话框

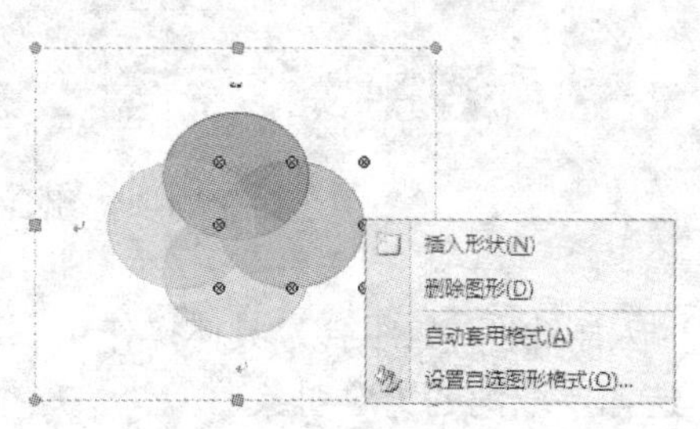

图 4-41　设置形状

4. 4. 4　编辑特殊文字效果

Word 提供了创建“艺术字”的功能，艺术字是图形对象，可用“插图”组的按钮来改变其效果。

1. 添加艺术字

在学习了 Word 的简单操作后，要不断地美化自己的编辑的文档，将“中国旅游景点介绍”文档的标题设置成艺术字的效果，具体操作步骤如下。

（1）打开“中国旅游景点介绍”文档，并选中标题，然后单击“插入”选项卡中的“文本”组中的“艺术字”按钮。

（2）在出现的“艺术字”库中选择“艺术字样式 22”，如图 4-42 所示，弹出“编辑艺术字文字”对话框。

（3）在“编辑艺术字文字”对话框中，在“文字”中选择“隶书”，在“字号”选择“40”如图 4-43 所示。

（4）单击“确定”按钮如图 4-44 所示。

图 4-42　选择艺术字式样

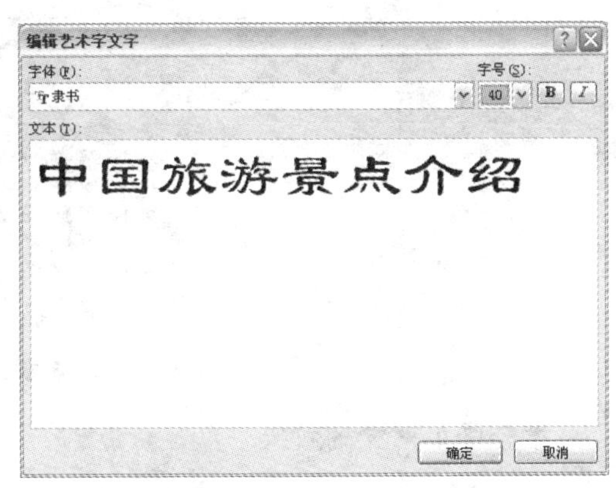

图 4-43　“编辑艺术字文字”对话框

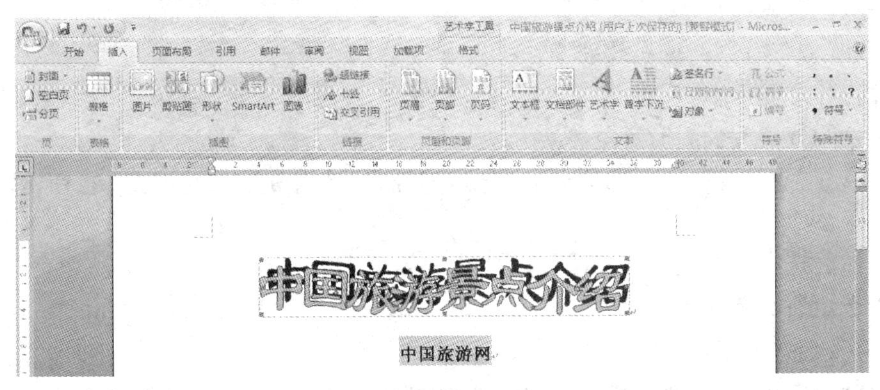

图 4-44　设置艺术字效果

2. 编辑艺术字

（1）更改“艺术字”文字，具体操作步骤如下。

① 双击要更改的特殊文字效果，或者单击“艺术”选项卡上的“编辑文字”按钮。

② 重新编辑文字。

③ 单击“确定”按钮。

（2）更改“艺术字”式样，具体操作步骤如下。

① 选中要更改式样的“艺术字”对象。

② 单击“艺术字”选项卡上的“艺术字式样”按钮。

③ 在出现的“艺术字”库中选择所需的式样。

④ 单击“确定”按钮。

3. 设置“艺术字”形状

将“中国旅游景点介绍”文档中的标题设置成波浪 1 艺术字，具体操作步骤如下。

（1）选中要设置的“艺术字”对象。

（2）单击“艺术字” 选项卡上的“更改形状”按钮，弹出如图 4-45 所示选项窗口。

（3）在“弯曲”列表中单击“波浪 1”，选中的“艺术字”就会改变为此形状如图 4-45 所示的标题。

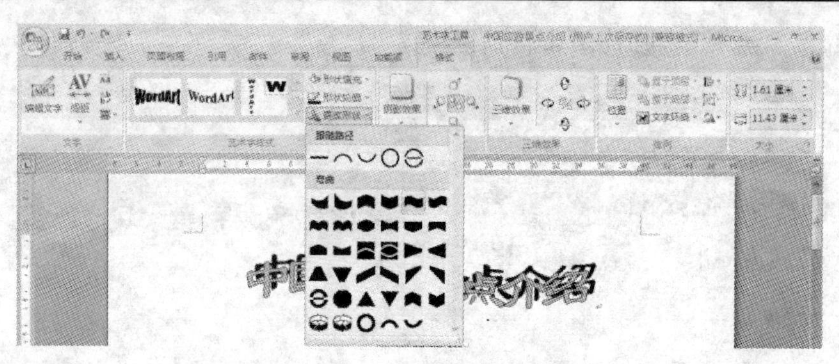

图 4-45　设置艺术字形状

4. 4. 5　增强图形对象的效果

通过为图形对象改变边框、填充颜色、添加底纹和三维效果等方式，可以改变 Word 文档中图形的外观。

1. 设置图形对象的填充效果

具体操作步骤如下。

（1）选定要修改的图形对象。

（2）单击“艺术字工具”选项卡中“艺术字样式”组中的“形状填充”按钮，如图 4-46 所示。

（3）然后选中“过渡”、“纹理”、“图案”或“图片”选项卡。

（4）选定所需选项。

2. 修改图形对象边框

如将“中国旅游景点介绍”文档中标题的颜色改变，具体操作步骤如下。

（1）选定要改变边框的图形对象。

（2）单击“艺术字工具”选项卡中“艺术字样式”组中的“形状轮廓”按钮，选择“其他轮廓颜色”如图 4-47 所示，单击所需颜色。

（3）要给框线或边框定义不同的样式，如加粗框线，单击“加粗”，选择“1 磅”，如图 4-48 所示。

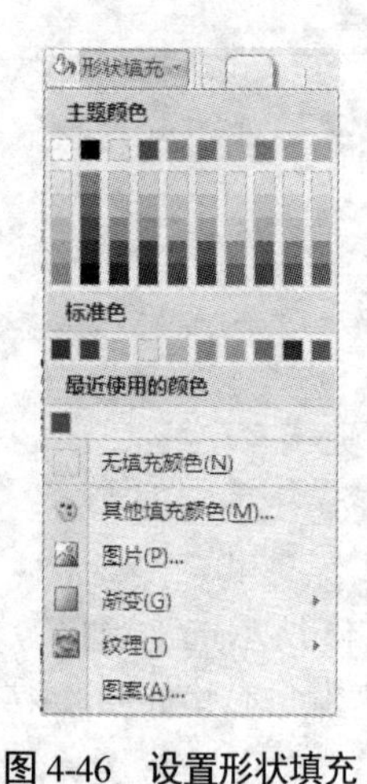

图 4-46　设置形状填充

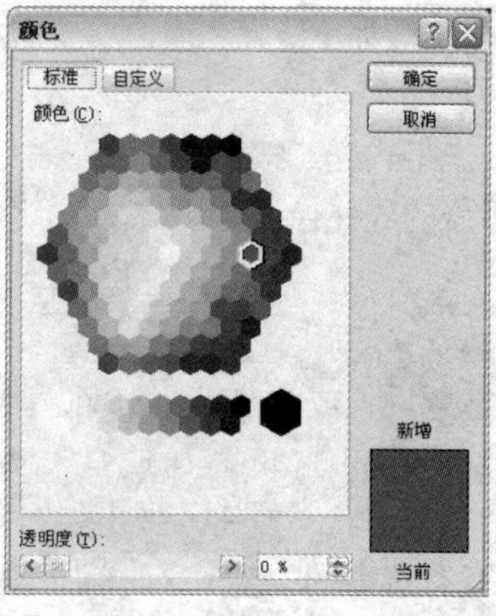

图 4-47　设置艺术字边框颜色

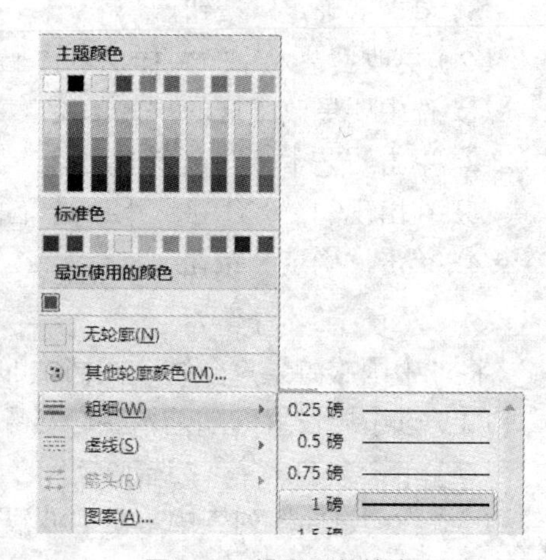

图 4-48　设置形状轮廓

3. 设置图形对象的阴影效果

如将“中国旅游景点介绍”文档中标题设置阴影如图 4-49 所示，具体操作步骤如下。

（1）选定图形对象。

（2）单击“艺术字工具”选项卡中“阴影效果”组中的“阴影”按钮，选择“阴影样式 7”选项。

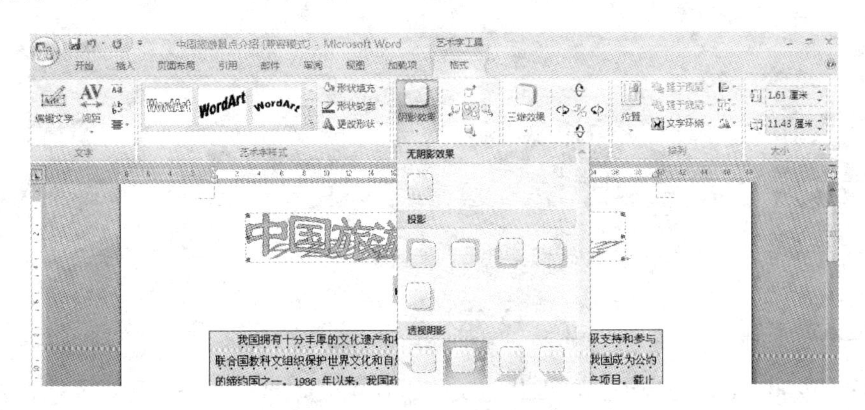

图 4-49　设置艺术字阴影

4. 设置图形对象的三维效果

根据如下操作将标题设置成三维效果，具体操作步骤如下。

（1）选定需要修改的图形对象。

（2）单击“艺术字工具”选项卡中三维效果”组中的“三维效果”命令。

（3）在出现的子菜单中，单击选择所需三维效果选项，可添加三维效果。单击选择“无三维效果”选项，将删除图形对象的三维效果。单击选择“三维设置”选项，可改变三维效果，例如，它的颜色、旋转、深度、照明度或表面纹理。

4.4.6　创建首字下沉

在报纸或杂志上经常看到首字下沉的排版，即在每一段开头的第一个字被放大并占据 2 行或 3 行，其他字符围绕在它的右边。其目的是以引起注意，如将“中国旅游景点介绍”文档中的正文中第 1 段的第 1 个字下沉 3 行，具体操作步骤如下。

（1）打开“中国旅游景点介绍”文档，将插入点置于正文的第 1 段中。

（2）单击“插入” 选项卡中的“文本”组中的“首字下沉”按钮，选择“首字下沉”选项。

（3）在“位置”框中选择“下沉”选项，如图 4-50 所示。

（4）在“选项”框中还可以设置下沉字的字体、下沉的行数和下沉字与后面文字的间距。

（5）单击“确定”按钮。

注意：首字下沉只有在页面视图中，才能看到实际的排版效果。

图 4-50　创建首字下沉

4. 4. 7　插入文本框

在 Word 2007 中，文本框已经取代图文框，所谓文本框就是把图形或文字、图形和文字用横框和竖框框起来。

1. 绘制文本框

如将“中国旅游景点介绍”文档中的三级标题设置成带有竖排文本框，具体操作步骤如下。

（1）打开“中国旅游景点介绍”文档，选中三级标题，单击“插入” 选项卡中的“文本”组中的“竖排文本框”按钮。

（2）如要按预定义的大小插入文本框，则在文档页面上单击鼠标。如要插入指定大小的文本框，则按住鼠标左键拖动至所需的大小。

插入文本框后，就可以向文本框中输入文本或插入图片了。在输入文本或插入图片时，文本框不会自动调整大小，而添加的图形将自动调整大小，以便与文本框大小一致。

2. 改变文本框内文字方向

具体操作步骤如下。

（1）选择要进行竖排的文本框。

（2）单击“文本工具格式”选项卡中的“文本”组中的“文字方向”按钮。

（3）文本框中字体改变方向，如图 4-51 所示。

注意： 多次单击“文字方向”按钮，可切换各个可用的方向。

3. 设置文本框的样式

具体操作步骤如下。

（1）选定需要设置的文本框。

（2）单击“文本工具格式”选项卡中的“三维效果”组中的“三维效果”按钮。

（3）出现“三维效果”对话框，选择“三维样式 2”选项。

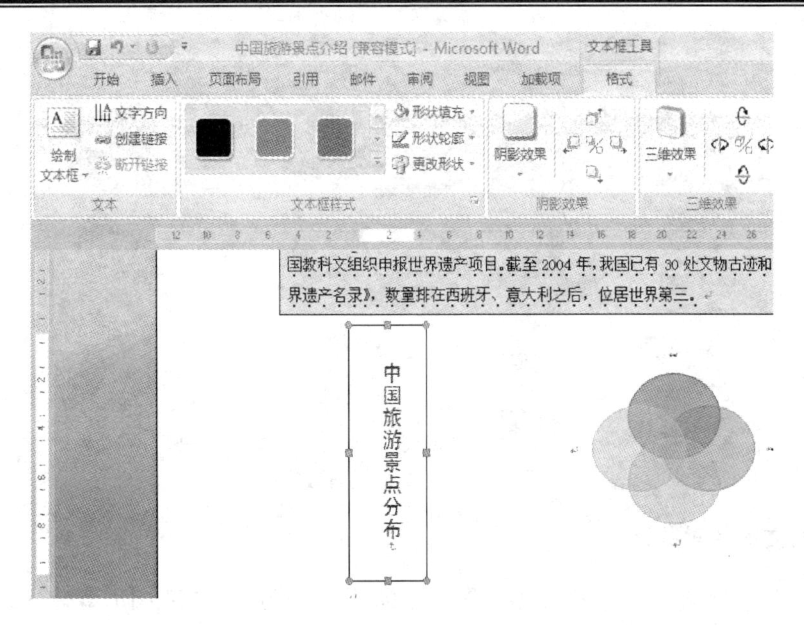

图 4-51　设置文字方向

（4）单击“文本工具格式”选项卡中的“大小”按钮。弹出“设置文本框格式”对话框，如图 4-52 所示。

（5）在“颜色和线条”选项卡中可以设置文本框的填充效果及边框线条，设置方法同设置艺术字边框一样。

（6）在“大小”选项卡中可以设置文本框的大小。

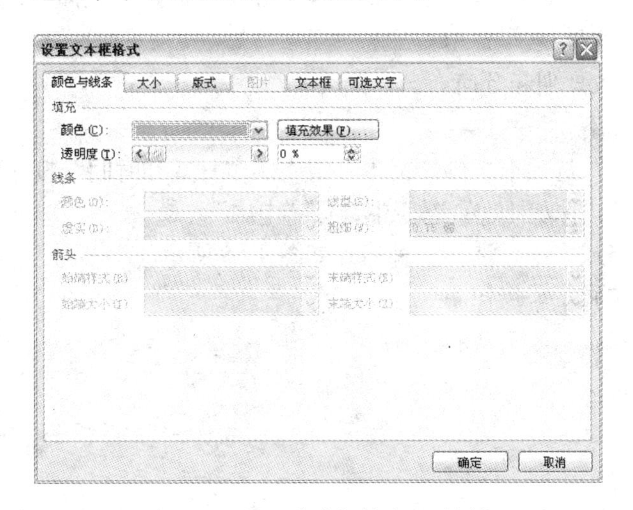

图 4-52　“设置文本框格式”对话框

（7）在“版式”选项卡中可以设置文本框的环绕方式。

（8）在“文本框”选项卡中可以设置文本框的内部边距。

（9）单击“确定”按钮，文本框设置效果如图 4-53 所示。

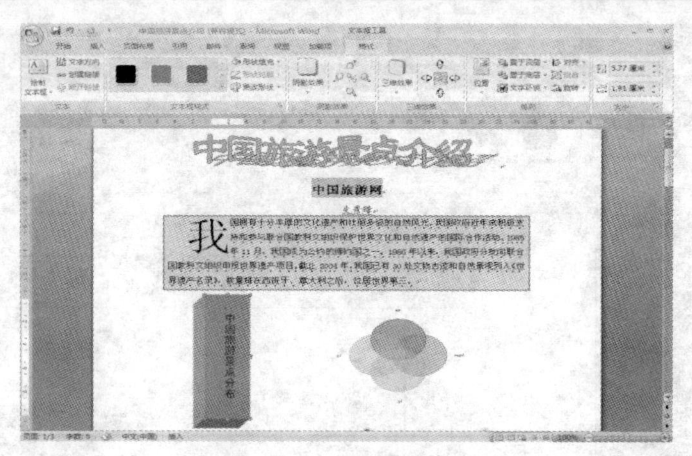

图 4-53　文本框设置效果

4. 4. 8　插入文本（对象）

在 Word 中可以通过插入方式将一些特殊符号、自动图文集或图形等插入到文档中。

1. 插入文本

在文档中插入另一个文档，具体操作步骤如下。

（1）将鼠标设置在要插入第二个文档的位置。

（2）单击“插入”选项卡中的“文本”组中的“对象”按钮 对象 ，单击“文件中的文字”命令，出现“插入文件”对话框，如图 4-54 所示。

（3）在“插入文件”对话框中，选择需要插入的文件。

（4）单击“插入”按钮。Word 将第二个文档完整地插入到鼠标所在的位置，而在插入点之后的第一个文档内容则跟在第二个文档结尾之后。

2. 在文档中输入日期和时间

具体操作步骤如下。

（1）单击“插入”选项卡中的“文本”组中的“日期和时间”按钮。

（2）在“语言（国家/地区）”列表中选择“中国”。

（3）在“可用格式”中，选择一种格式如图 4-55 所示。

（4）最后单击“确定”按钮。

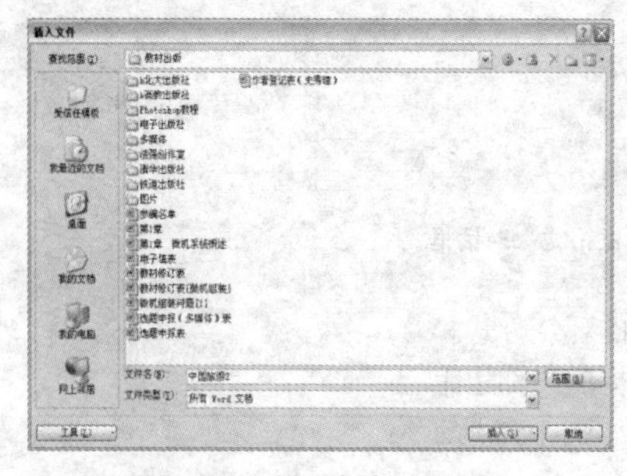

图 4-54 “插入文件”对话框

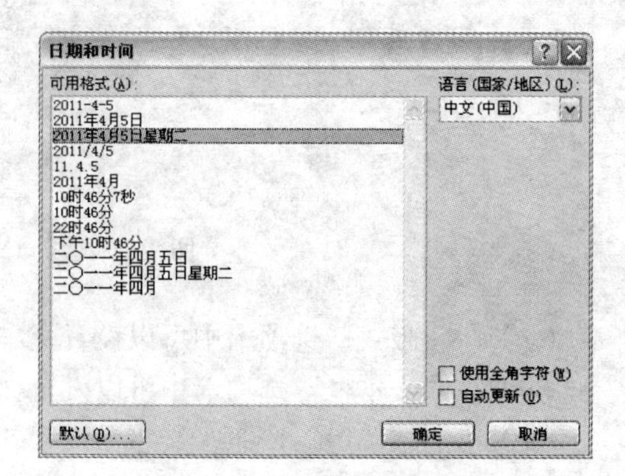

图 4-55　插入日期和时间

3. 输入符号和特殊符号

在文档中插入符号。除键盘上的字母、数字和标点符号之外，还有很多字体包含项目符号、符号以及其他特殊的标记，都可以插入到文档之中。文档中可能经常要输入一些符号和特殊字符，例如“Ⅵ”，“…”，“Σ”等符号，而这些符号和特殊字符在键盘上是找不到的。要在文档中输入这些符号和特殊字符，如将“中国旅游景点介绍”文档中的中文名称前输入特殊符号，具体操作步骤如下。

（1）将鼠标设置在要插入符号的位置。

（2）单击“插入”选项卡中的“符号”组中 “符号”按钮。选择“符号”命令。

（3）在“字体”框中输入或选定包含要插入符号的字体，如图4-56所示。

（4）双击需要的符号字符，Word按插入点前面文本的磅值插入符号。如果在当前字体中无法找到需要的符号，则选定“字体”框中的另一字体。

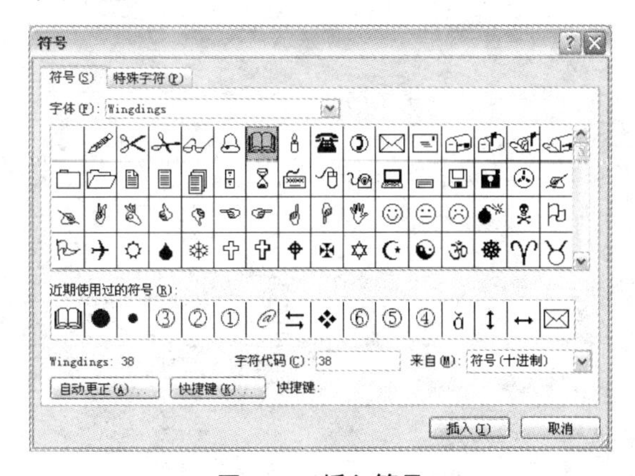

图4-56　插入符号

（5）要插入另一符号，在文档中设置插入点，然后重复步骤（3）。

（6）插入符号之后，单击“插入”按钮。

利用公式编辑器，只要选择了选项卡上的公式符号并输入相关参数就可以建立复杂的数学公式。建立公式时，公式编辑器会根据数学方面的书写形式自动调整数字和变量的大小、间距和样式。

4. 插入公式

将“中国旅游景点介绍”文档中插入二元一次方程公式的具体操作步骤如下。

（1）确定插入公式的位置。

（2）单击“插入”选项卡中“符号”组中“Π公式”按钮π 公式，出现公式菜单。

（3）在“内置”中选择“二项式定理”选项，如图4-51所示。

注意：如果第1次使用公式，可能被锁住，需要解锁。步骤是单击“Office按钮”按钮中“转换”命令，弹出信息窗口单击“确定”按钮即可使用公式功能。

5. 手动插入公式

（1）确定插入公式的位置。

（2）单击“插入”选项卡中“符号”组中“Π公式”按钮π 公式，出现选择对话框。

（3）如图4-57所示，选择“插入新公式”命令。

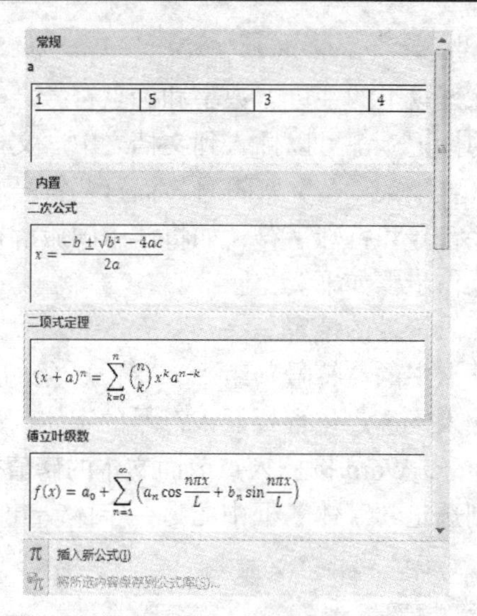

图 4-57　**公式菜单**

（4）在“公式工具设计”选项卡中使用“结构”组，选择公式框架，使用“符号”输入公式函数，如图 4-58 所示。

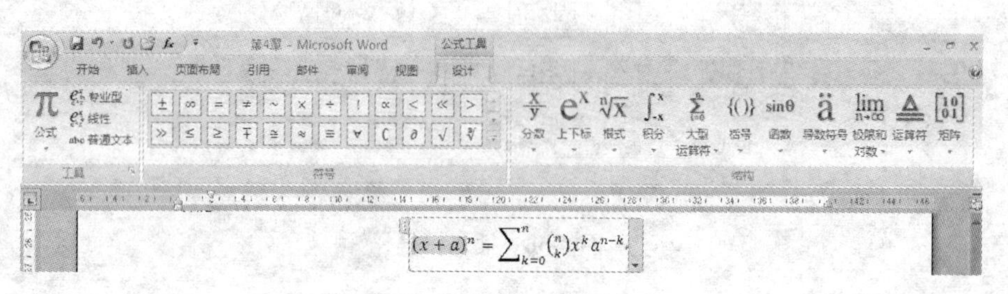

图 4-58　**公式工具设计**

6. 编辑公式

如果要编辑公式，则单击该图形，图形边上出现带有蓝框，现在可以进行图形的移动缩放等操作。双击该图形，进入该图形的公式编辑环境，可重新对公式进行修改。

4.5　页 面 布 局

4.5.1　页眉和页脚

页眉和页脚通常指文档每一页顶部或底部的文字和图形，为用户在文档中的每页中重复标识信息提供了一个简单的方法。

1. 设置页眉和页脚

可根据需要在整个文档的每一页中设置相同或不同的页眉和页脚。如：奇数页和偶数页不同；文档的首页及后续的页不同。如将“中国旅游景点介绍”文档插入页眉和页脚的设置，具体操作步骤如下。

（1）打开“中国旅游景点介绍”文档，单击“插入” 选项卡中的“页眉和页脚”组的命令。

（2）要创建一个页眉，单击“页眉”按钮，选择“现代型”的内置，可在页眉区输入文字或图形，也可单击“页眉和页脚工具”设计中选择一个按钮如图 4-59 所示。

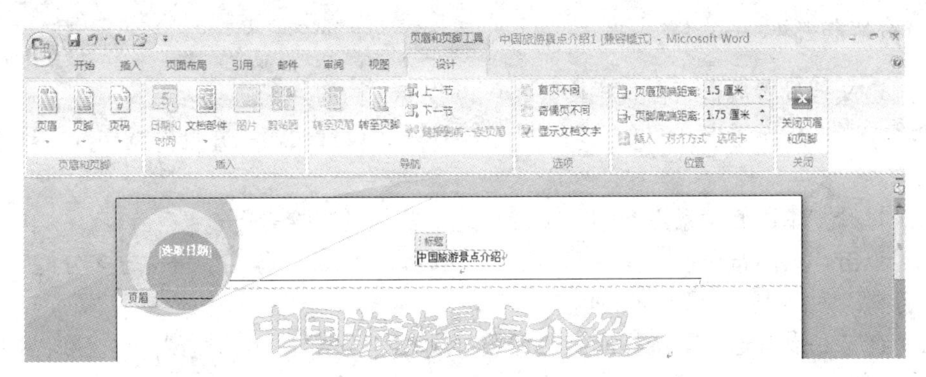

图 4-59 “页眉和页脚工具”设计

要插入通用页眉或页脚选项，例如：显示总页数中第几页（第 X 页，共 Y 页）、文件名或作者姓名等，单击“插入自动图文集”按钮，然后单击所需选项。

（3）要创建一个页脚，可单击“在页眉和页脚间切换”按钮以便移至页脚区，然后重复步骤（2）的操作，如图 4-60 所示。

（4）完成以上步骤后，单击“关闭”按钮。

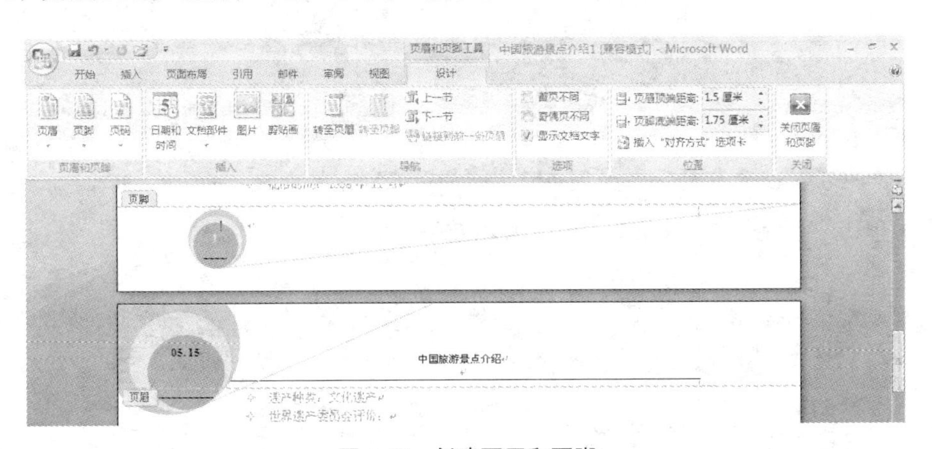

图 4-60　创建页眉和页脚

2. 设置页码

用户还可以在页眉或页脚区中插入页码。当修改文档时，页码将自动更新。如将“中国旅游景点介绍”文档中，插入页码位置在页底端，对齐方式为右侧，具体操作步骤如下。

（1）打开“中国旅游景点介绍”文档，单击“插入”选项卡中的“页眉和页脚”组的“页码”→“设置页码格式”命令，出现“页码格式”对话框，如图 4-61 所示。

（2）在“页码格式”对话框中，选择下列操作。

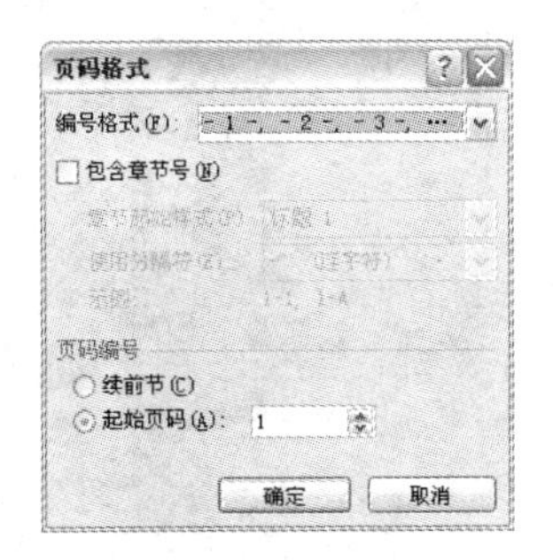

图 4-61　页码设置

① 在“编号格式”选择格式形状。

② 在“页码编号”单击“起始页码”并输入数据。

（3）单击“确定”按钮。如果文档已有页眉或页脚，页码将添加到已有的页眉或页脚中。

4.5.2　分栏版式

将选定文档设置成报版样式栏格式，可以改变文档的外观。

如将“中国旅游景点介绍”文档中所选中段落，设置两栏，并且栏宽相等，具体操作步骤如下。

（1）打开“中国旅游景点介绍”文档，选中要分栏的段落。

（2）单击“页面布局” 选项卡中的“页面设置”组的“分栏”→“更多分栏”命令，出现“分栏”对话框，如图 4-62 所示。

（3）在“预设”选项下选择所需的栏数。或者在“列数”框中输入或选择所需的栏数并选中分隔线，在应用于“插入点之后”如图 4-62 所示。

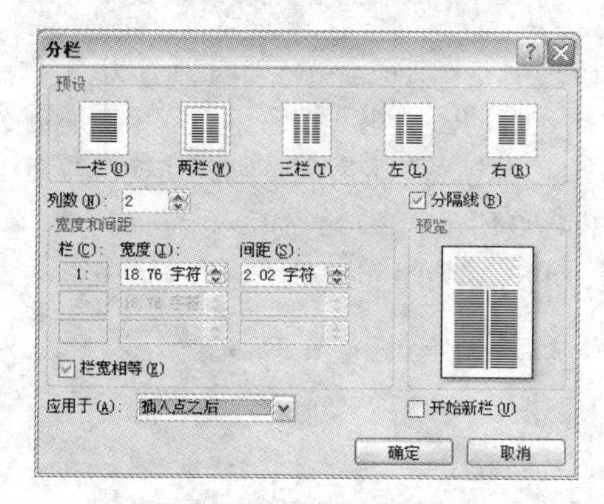

图 4-62 “分栏”对话框

（4）单击“确定”按钮，如图 4-63 所示效果。

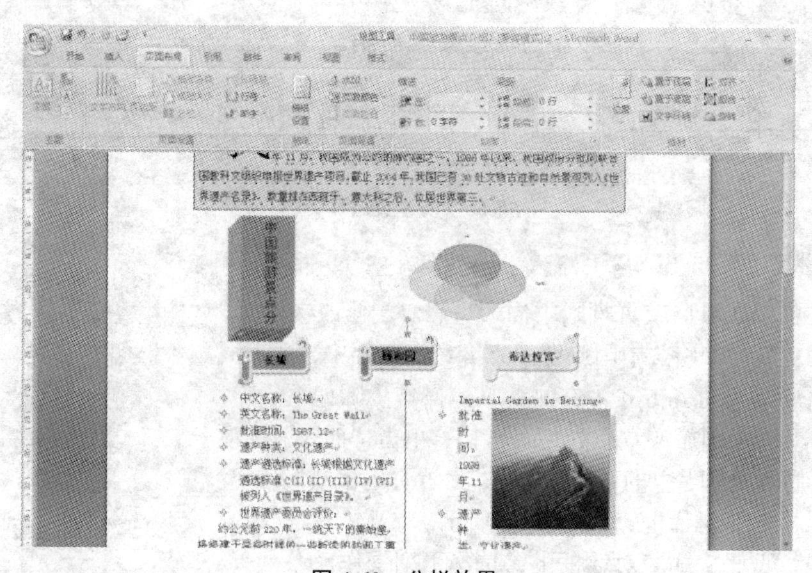

图 4-63　分栏效果

4.5.3　设置水印背景

水印是出现在文档文本后面的文本或图片。水印通常用于增加趣味或标识文档状态，例如将一篇文档标记为草稿。您可以在页面视图和全屏阅读视图下或在打印的文档中看见水印。

如将“中国旅游景点介绍”文档添加文字水印，具体操作步骤如下。

（1）打开“中国旅游景点介绍”文档，单击“页面布局” 选项卡中的“页面背景”组的“水印”→“自定义水印”命令，“水印”对话框，如图 4-64 所示。

图 4-64　“水印”对话框

（2）在“水印”对话框中选择“文字水印”，在“文字”栏中输入“中国旅游景点介绍”的字样。其他参数不变，单击“应用”按钮，如图 4-65 所示的效果。

提示：如果您希望使用对象（例如形状）作为水印，可以手动将其粘贴或插入到文档中。不能使用“水印”对话框来控制这些对象的设置。

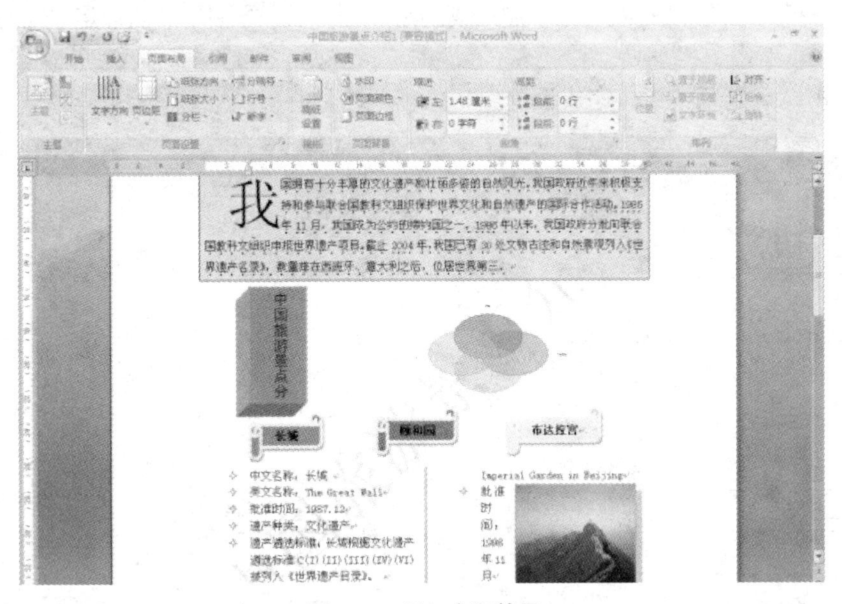

图 4-65　添加水印效果

4.5.4　页面及版式设置

在对文档进行格式化之前，用户首先应考虑好准备使用多大尺寸的打印纸输出，使用哪一种页面方向等。

1. 设置纸型、方向和来源

页边距与所用的纸型有关，同时 Word 提供两种页面方向：纵向和横向。

如设置“中国旅游景点介绍”文档为 16 开纵向方向，具体操作步骤如下。

（1）单击“页面布局”选项卡中的“页面设置”组命令。

（2）出现“页面设置”对话框，选中“纸型”选项卡，如图 4-66 所示。

（3）在“纸型”框中选定用于打印的纸张大小。若要自定义纸张大小，则在“宽度”和“高度”框中输入或选定需要的尺寸。

（4）在“应用于”框中选定文档范围。

（5）单击“确定”按钮设置完成。

2. 设置页边距

页边距是指文字与纸张边缘的距离，设置页边距的目是在打印文档时，使纸张的上、下、左、右都能有一些空白。

（1）使用“页面设置”命令设置页边距，如将“中国旅游景点介绍”文档的页边距设置如图 4-67 所示，操作步骤如下。

① 打开“中国旅游景点介绍”文档。

② 单击“页面布局” 选项卡中的“页面设置”组命令。

③ 出现“页面设置”对话框，选中“页边距”选项卡。

④ 更改页边距，则在“上”、“下”、“左”、“右”框中输入或选定要调整的页边距尺寸。要添加装订边，则在“装订线”框中输入或选定尺寸。在“方向”下面选定“纵向”或“横向”选项。

⑤ 单击“确定”按钮，完成设置。

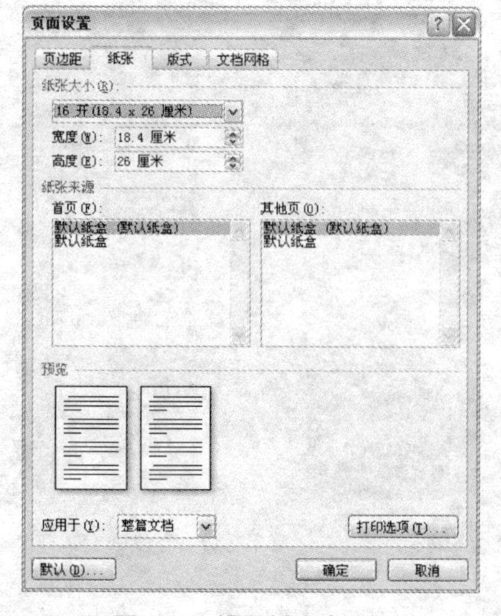

图 4-66　设置纸张大小

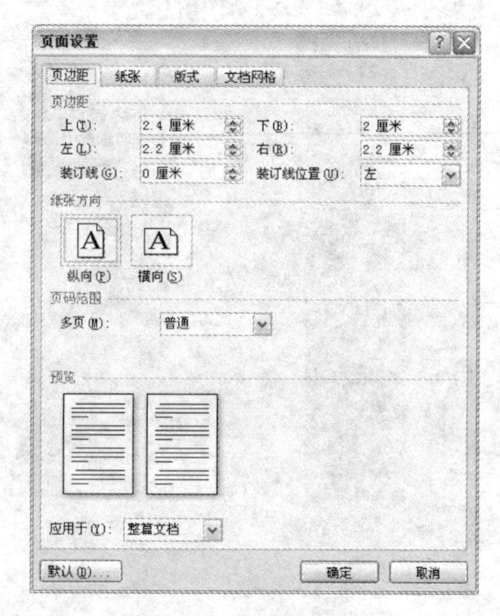

图 4-67　设置页边距

（2）使用标尺设置页边距。在页面视图和打印预览中，可以通过在标尺上拖动页边距线来设置页边距，具体操作步骤如下。

① 在页面视图或打印预览中，将插入点设置在要改变页边距的节中。如果文档中没有多节，那么将改变整个文档的页边距。

② 将鼠标指针指向水平标尺和垂直标尺上的页边距线，当指针变成双向箭头时，在上拖动页边距线，如图 4-68 所示。

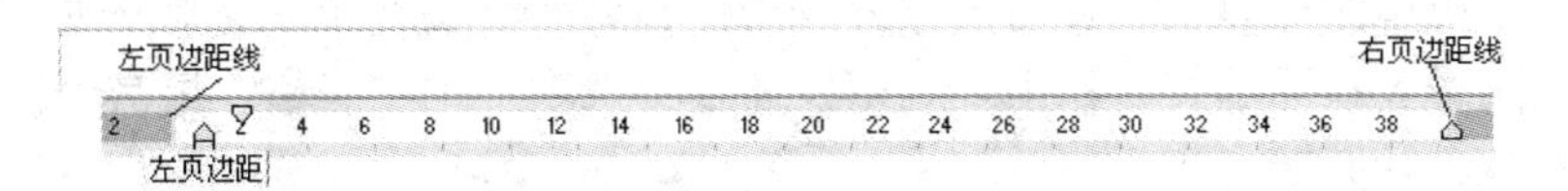

图 4-68　左右页边距线

3. 设置页面字符数

如将“中国旅游景点介绍”文档中，每行为 40 字符、每页为 40 行，具体操作步骤如下。

（1）打开“中国旅游景点介绍”文档，单击“页面布局” 选项卡中的“页面设置”组命令。

（2）出现“页面设置”对话框，选中“文档网格”选项卡，如图 4-69 所示。

（3）若选中“指定行网格和字符网格”单选框，则在“每行”及“每页”框中输入或选定所需的数值。

若选中“只指定行网格”单选框，则在“每页”框中输入或选定所需的数值。

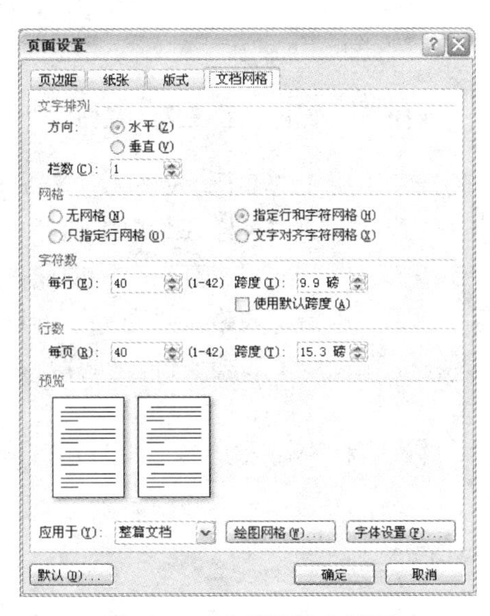

图 4-69　“文档网格”设置

4.6　处 理 表 格

在实际应用中经常需要将数据型的数据或文字型的资料以图表方式处理，从而到达简明、清晰和直观的效果。Word 2007 提供了强大的制表功能，用户可以用 Word 2007 提供的制表功能和精美、复杂的现成表格样式，快速地制作出具有专业水平的表格。Word 2007中的表格是由若干单元格组成，纵的方向为列，横的方向为行。

4. 6. 1　创建表格

利用 Word 可以创建新的表格并在空单元格中填充内容。

1. 创建表格

使用表格可以组织信息，并通过文字和图形的设置，建立令人感兴趣的页面。

在"中国旅游景点介绍"文档中，利用"插入"选项卡中"表格"组命令创建 8 行 7 列的表格，具体操作步骤如下。

（1）在要创建表格的位置放置插入点。

（2）单击"插入"选项卡中"表格"组命令，在出现一个虚框如图 4-70 所示。

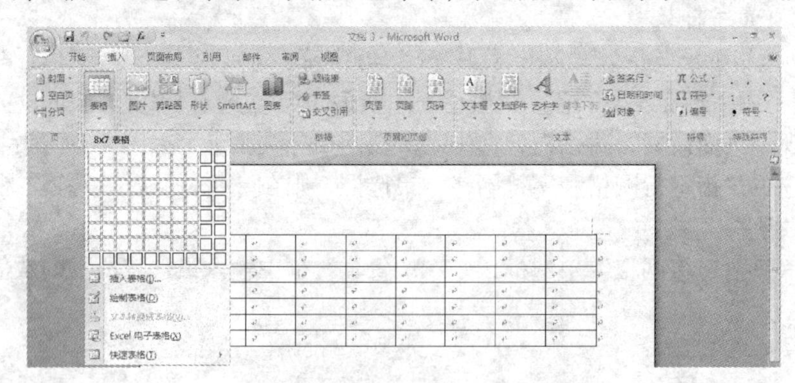

图 4-70　使用"插入表格"按钮

（3）在虚框中拖动，直到选定了所需的 8 行、7 列数，然后松开鼠标左键。

（4）在"表格工具设计"的选项卡的"表样式"组中选择"列表型 7"的表格样式。

（5）在"表样式"组中选择"边框"→"所有框线"的命令。

（6）选中第 1 行的所有单元格，单击"表格工具布局"的选项卡的"合并式"组中选择"合并单元格"，将第 1 行合并。在 2 行 1 列和 3 行 1 列合并，并用"绘制表格"画斜线，其他单元格合并。

（7）将第 1 行设置橙色。并在表格中输入文本，如图 4-71 所示。

2010 年 中国旅游数据统计						
统计 / 城市	接待人数（人天）	同比增长（%）	接待人天数构成（人天） BREAKDOWN OF NIGHTS			
	NIGHTS	GROWTH（%）	外国人	香港同胞	澳门同胞	台湾同胞
总　计 TOTAL	30 894 332	9.47	18 990 071	7 446 075	488 366	3 969 820
北　京 BEIJING	3 947 223	-0.41	3 441 307	341 327	7 715	156 874
天　津 TIANJIN	1 892 135	22.34	1 567 756	159 233	10 289	154 857
沈　阳 SHENYANG	205 237	14.74	168 110	18 764	663	17 700
大　连 DALIAN	738 477	-3.07	644 661	45 747	1 718	46 351
长　春 CHANGCHUN	159 928	18.81	127 630	18 759	1 022	12 517
上　海 SHANGHAI	4 876 945	1.82	3 986 073	348 314	16 399	526 159
南京 NANJING	1 014 374	14.00	671 252	119 372	4 744	219 006
苏　州 SUZHOU	1 435 958	14.81	998 517	80 429	2 320	354 692

图 4-71　制作表格

2. 编辑表格文字

在表格单元格中输入文字的方法与在表格外的文档中输入方法基本相同。

（1）在表格中输入文字。建立表格后，将插入点定位在其中一个单元格，即可以进行输入。如需使用键盘移动插入点，可以使用下面的按键进行移动，如表 4-5 所示。

表 4-5　使用键盘移动插入点

按　　键	移 动 操 作
←	插入点位于单元格内容中时，向左移动一个字符；插入点位于单元格开头时，移动到上一个单元格中
→	插入点位于单元格内容中时，向右移动一个字符；插入点位于单元格结尾时，移动到下一个单元格中
↑	移到同一列的上一单元格中
↓	移到同一列的下一单元格中
Tab	移到下一个单元格
Shift+Tab	移到上一个单元格
Alt+Home	移到当前行的第一个单元格中
Alt+End	移到当前行的最后一个单元格中
Alt+PageUp	移到当前列的第一个单元格中
Alt+PageDown	移到当前列的最后一个单元格中

（2）选定单元格、行或列。在表格内选定文字和图形，与在文档其他部分进行选定的方法一样，如表 4-6 所示。

表 4-6　选定单元格、行或列

选定单元格	操 作 内 容
选定一个单元格	单击单元格选定栏
选定一个行	单击该行选一栏（在该行左边）
选定一列	单击该列顶端的虚框或边框。当指针处在合适的位置时，Word 显示一个向下的箭头
选定多个单元格、行或列	拖动经过该单元格、行或列，或者选定某单一的单元格、行或列，然后在按住 Shift 键的同时单击其他的单元格、行或列。

（3）移动或复制单元格、行或列。可以采用在文档其他部分使用的任何一种方法，移动或复制表格内的文字和图形。

4.6.2　表格布局

创建表格之后，可进行修改：添加或删除行和列、调整列和宽度、添加边框和底纹。

1. 在表格中添加行或列

建立的表格中在第 1 行添加一行，具体操作步骤如下。

（1）在需添加新行的单元格内。单击“表格工具布局”选项卡中“行和列”组进行相关的操作，如图 4-72 所示。

（2）在需添加新行的单元格内。按右键弹出快捷命令，如图 4-73 所示。

（3）单击“插入”→“在上方插入行”或“在下方插入行”命令。

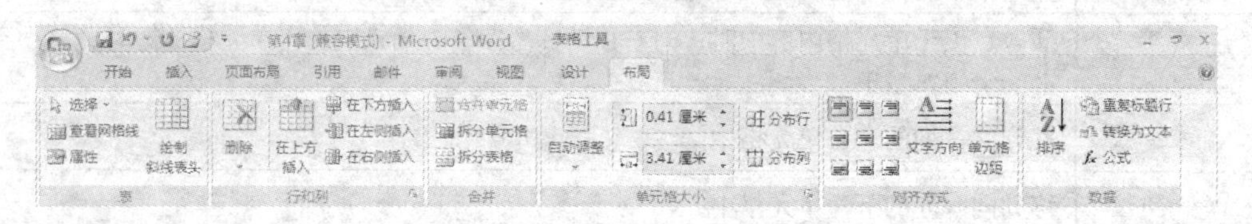

图 4-72　表格工具布局

（4）Word 在选定行的上方或下方插入与选定行数相同的行。

如果想添加列，同样用上述方法，在单击“插入”→“在左方插入列”或“在右方插入列”命令，即可。

2. 删除单元格

具体操作步骤如下。

（1）选定要删除的一个或多个单元格，包括“单元格结束标记”。可从图 4-72 所示的选项卡中删除。

（2）也可按右键弹出快捷命令，选择“删除单元格”选项，如图 4-73 所示。

（3）弹出“删除单元格”对话框，如图 4-74 所示。选择其中一种。

（4）单击“确定”按钮。

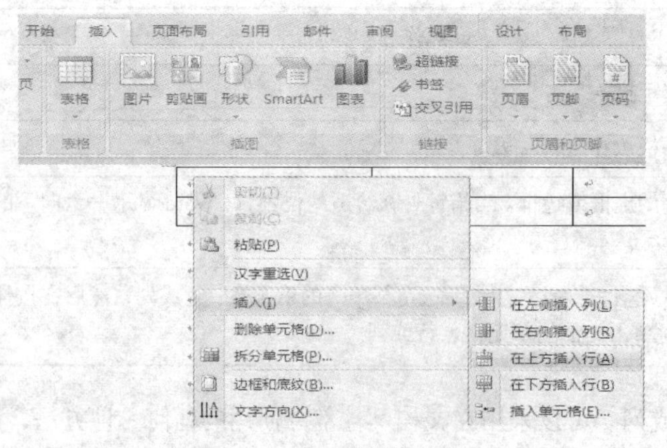

图 4-73　单元格快捷命令

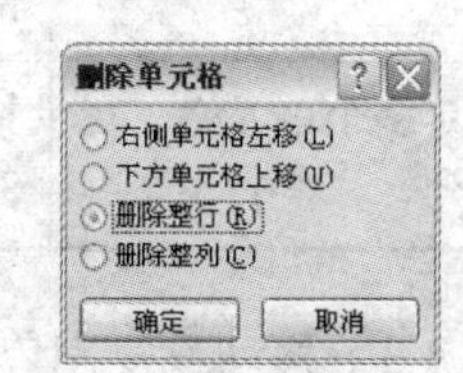

图 4-74　删除单元格

3. 改变表格的列宽或行高

利用鼠标拖动该列边框，或在水平标尺上或垂直标尺上拖动列标记或行标记；也可以使用“表格工具布局”选项卡纵的“单元格大小”命令指定精确的列宽或行高，以及改变个别单元格的宽度或高度。

当插入点在表格中时，选择下列某一操作。

（1）将鼠标指针指到列边框上，当鼠标指针改变成横的双向箭头时，双击列边缘以自动重设列的大小，或向左、向右拖动列边框。

（2）指向要调整的列边框上方的水平标尺中的列标记，并按住鼠标，当显示一条点画线时，向左、向右拖动列标记如图 4-75 所示。

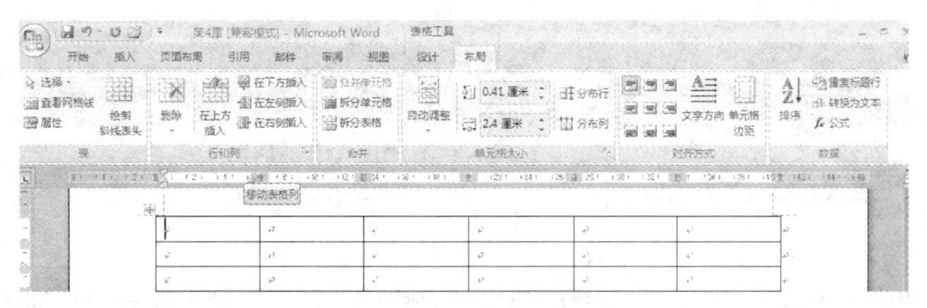

图 4-75　用标尺调整表格的大小

（3）双击或拖动列边框或在水平标尺上拖动列标记时，不改变整个表格的宽度。

（4）其他调整列的项目，如表 4-7 所示。

表 4-7　调整列

调　整　列	操 作 内 容
调整其右一列（不改变表格宽度）	当拖动时按住 Shift 键
平均调整其右所有列（不改变表格宽度）	当拖动时按住 Ctrl 键
不改变其他列（表格宽度相应改变）	当拖动时按住 Ctrl+Shift 组合键

行高操作方法与调整列宽的操作方法相同。

若在“行高值”选项中选择“最小值”，则如果单元格中的内容超出了“设置值”框中设定的高度，Word 自动调整行高，使之相匹配；若选择“固定值”，Word 只打印匹配在单元格中的内容。

4. 合并单元格

合并单元格是指把表格一行中的两个或多个单元格合并成一个单元格，如将“中国旅游景点介绍”文档中建立的表格中单元格合并，具体操作步骤如下。

（1）选定要合并的单元格。可以选择一行以上的单元格。

（2）单击“表格工具布局”选项卡中“合并”组进行相关的操作。

5. 拆分单元格

拆分单元格是指将一个或多个单元格拆分成几部分，具体操作步骤如下。

（1）选定要拆分和若干单元格。

（2）单击“表格工具布局”选项卡中“合并”组单击“拆分单元格”命令，弹出如图 4-76 所示对话框。

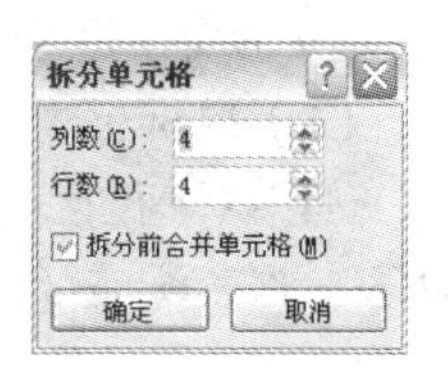

图 4-76　拆分单元格

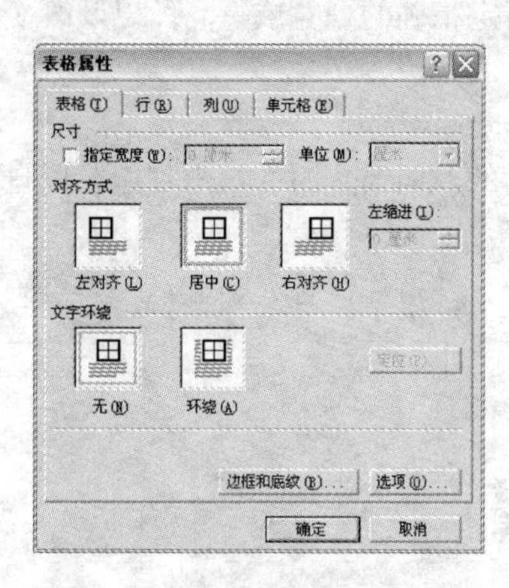

图 4-77　设置表格行对齐方式

（3）出现“拆分单元格”对话框，输入要把每个单元格拆分成的列数。

（4）单击“确定”按钮。

6. 设置表格在页面中的对齐方式

具体操作步骤如下。

（1）将光标定位在表格的任意单元格中。

（2）单击“表格工具布局”选项卡中“表”组中的“属性”命令。

（3）出现“表格属性”对话框，选中“表格”选项卡，如图 4-77 所示。

（4）选择“居中”操作。

（5）单击“确定”按钮。

7. 改变单元格的垂直对齐方式

如将“中国旅游景点介绍”文档中建立的表格中的单元格的字体居中，具体操作步骤如下。

（1）选定需改变对齐方式的单元格。

（2）单击“表格工具布局”选项卡中“对齐方式”组中的“居中”按钮。

（3）选择“水平居中”命令，如图 4-78 所示。

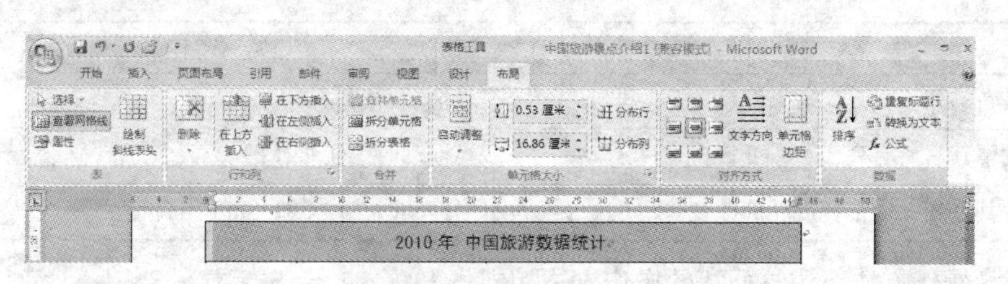

图 4-78　表格对齐方式

4.6.3　表格设计

1. 设置斜线表头

用户可以使用“表格和边框”选项卡中的“绘制表格”按钮，在表格中任意绘制横线、竖线和斜线来拆分单元格。另外 Word 还专门提供了制作斜线的工具，如将“中国旅游景点介绍”文档中建立的表格中设置斜线表头，具体操作步骤如下。

（1）将插入点置于表格的第一个单元格中。

（2）单击“表格工具设计”选项卡中“绘制边框”组中的“绘制斜线表头”命令。如图 4-79 所示的“插入斜线表头”对话框。

（3）鼠标标志变为笔头，在单元格的起始点手动画到在终点。

如果对画的线不满意，可以“表格工具设计”选项卡中“绘制边框”组中的“擦除”命令，将不满意的线段擦掉。

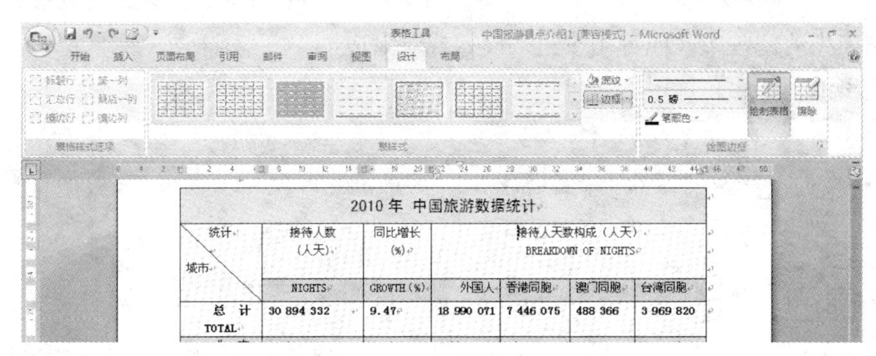

图 4-79　“插入斜线表头”对话框

2. 自动设置表格格式

Word 提供了一种快速格式化表格的方法——自动套用格式，将“中国旅游景点介绍”文档的表格使用简明型 1 的套用格式，具体操作步骤如下。

（1）将插入点放置在表格中的任意单元格中。

（2）单击“表格工具设计”选项卡中“表样式”组中上方箭头，弹出表样式，如图 4-80 所示，在内置选择“列表型 7”的表格样。

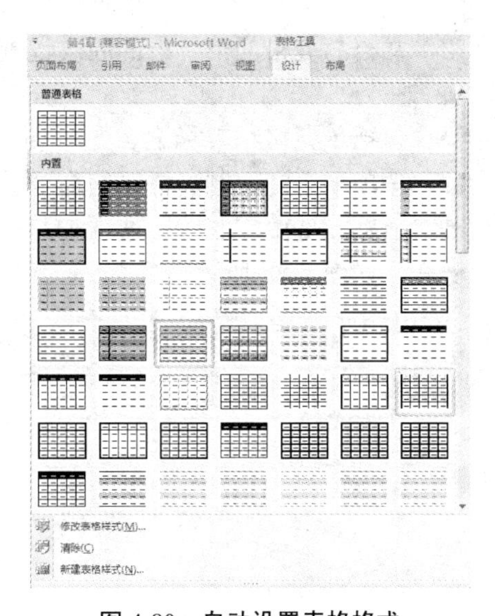

图 4-80　自动设置表格格式

3. 为单元格添加边框

默认情况下，表格边框采用半磅的黑色单实线，如将“中国旅游景点介绍”文档的表格边框需重新设置，具体操作步骤如下。

（1）给整个表格添加双线粗边框表格内加细线，则将光标定位于表格内；给指定单元格添加边框，则仅需选定这些单元格，包括单元格结束标记。

（2）单击“表格工具设计”选项卡中“绘制边框”组命令。

（3）出现“边框和底纹”对话框，选中“边框”选项卡。

（4）选择所需选项，并确认在“应用于”框中的选中“单元格”，如图 4-81 所示。

（5）要指定只在某些边添加边框，单击“设置”下的“自定义”选项，并在“预览”

下单击图表中的这些边，或者用按钮来设置或删除边框。

（6）单击“确定”按钮。

图 4-81　为单元格添加边框

4. 为表格添加底纹

如将“中国旅游景点介绍”文档的表格的第一行的底纹设置为“红色，强调文字颜色 2，淡色 60%”，具体操作步骤如下。

（1）选定第一行底单元格，包括单元格结束标记。

（2）单击“表格工具设计”选项卡中“绘制边框”组命令。

（3）出现“边框和底纹”对话框，选中“底纹”选项卡。

（4）选择所需填充色和样式，如图 4-82 所示。

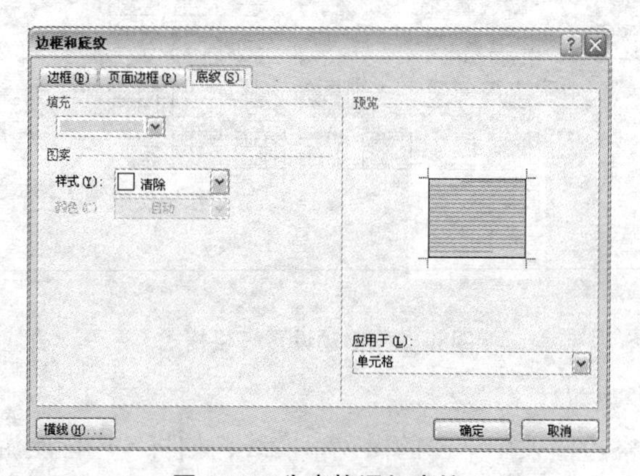

图 4-82　为表格添加底纹

（5）在“应用于”下，选择需设置底纹的对象如“单元格”。

（6）单击“确定”按钮。

5. 删除表格中的部分边框

具体操作步骤如下。

（1）单击“表格工具设计”选项卡中“绘制边框”组命令，选择“边框和底纹”→“页面边框”选项。

（2）单击“线型”旁边的箭头，再选择“无边框”选项。

（3）单击“绘制表格”按钮，并在要删除的边框上拖动。

6. 删除表格的底纹

具体操作步骤如下。

（1）删除整个表格的底纹，将光标置于表格内；删除指定单元格的底纹，则仅选定这些单元格，包括单元格结束标记。

（2）单击“表格工具设计”选项卡中“绘制边框”组命令，选择“边框和底纹”选项。

（3）出现“边框和底纹”对话框，选中“底纹”选项卡。

（4）在“填充”下选择“无”。

（5）单击“确定”按钮。

4.6.4 表格的高级技巧

Word 提供了对表格中的数据进行排序、简单计算及用图表表示等功能。

1. 对数据进行排序

如将“中国旅游景点介绍”文档的表格中对“同比增长”进行递增排序，具体操作步骤如下：

（1）将插入点选择“同比增长”列的位置。

（2）单击“表格工具布局”选项卡中“数据”组命令，选择“排序”命令。

（3）出现“排序”对话框，在“主要关键字”列表框中指定排序的列名称，如图 4-83 所示。

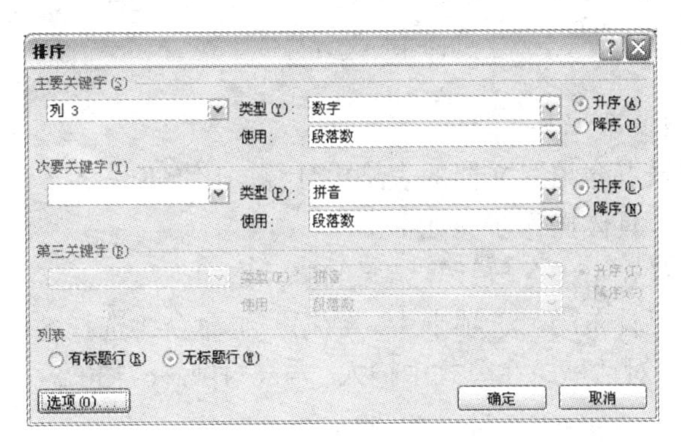

图 4-83　排序表格

（4）根据需要在“类型”列表框中选择排序类型：“笔画”、“拼音”、“数字”或“日期”。

（5）选择排序方式为“递增”或是“递减”。

（6）如果要用到更多的列作为排序的依据，在“次要关键字”框中重复步骤（3）至步骤（5）的操作。

注意：如果表格有合并后的单元格，是不能使用排序的。

2. 在表格中使用公式运算

如将“中国旅游景点介绍”文档的表格中计算合计，具体操作步骤如下。

（1）将插入点设置在用于存放计算结果的单元格中。

（2）单击“表格工具布局”选项卡中“数据”组命令，选择“fx 公式”命令。

（3）出现“公式”对话框，如果选定的单元格位于数字的底部，如图 4-84 所示，Word 将提供公式=SUM（ABOVE）。如果位于数字行右边，Word 将提供公式=SUM（LEFT）。

（4）从“编号格式”列表中选择合适的数字格式。

（5）从“粘贴函数”列表中选择合适的函数。

（6）单击“确定”按钮，即可在单元格中插入结果。

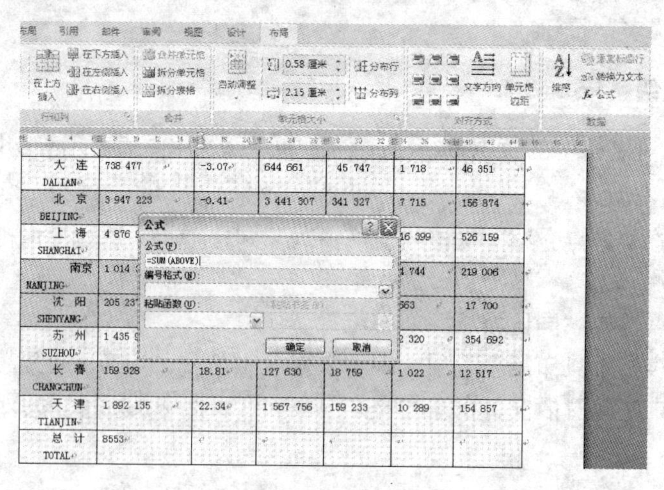

图 4-84　计算合计

3. 在表格中使用复杂运算

如将“中国旅游景点介绍”文档的表格中计算同比增长＝大连*10%＋北京*30%＋上海*30%＋天津*30%，具体操作步骤如下。

（1）将插入点设置在用于存放计算结果的单元格中。

（2）单击“表格工具布局”选项卡中“数据”组命令，选择“fx 公式”命令。

（3）出现“公式”对话框，在公式中输入“= c6*10%+c7*30%+c8*30%+c12*30%”，如图 4-85 所示。

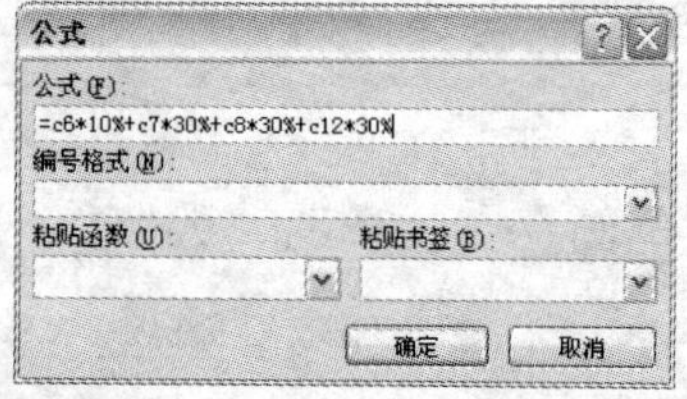

图 4-85　人工输入公式

（4）单击“确定”按钮，即可在单元格中插入结果。

注意：表格中的第一列为 a 列、第一行为 1 行，第一个单元格为 a1，依次类推。

合并后单元格，按最初单元格算。

4. 用表格中的数据生成图表

如将“中国旅游景点介绍”文档的表格中统计数据用图表表示，具体操作步骤如下。

（1）在表格中选定用于生成图表的数据。

（2）从“插入”选项卡中选择“文本”组中的“对象”命令。

（3）出现“对象”对话框，选中“新建”选项卡。

（4）从“对象类型”列表框中选择“Microsoft Graph 图表”选项。

（5）单击“确定”按钮，系统就会根据表格信息自动生成图表，可以将表格中的数据复制到 Excel 表中，如图 4-86 所示。

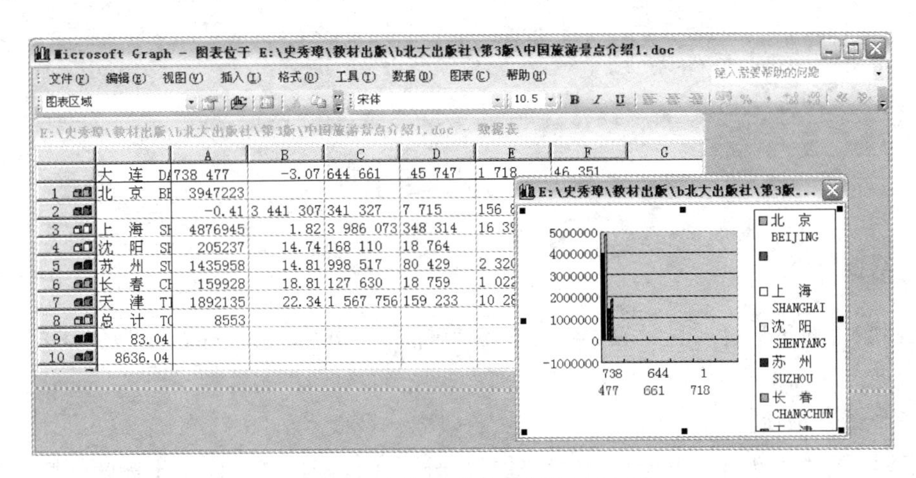

图 4-86　根据表格数据创建的图表

5. 编辑生成后的图表

单击图表后，选项卡出现图表属性，如图 4-87 所示。进行不同编辑项目，设置字体，颜色等，具体方法在学习 Excel 2007 时会详细介绍。

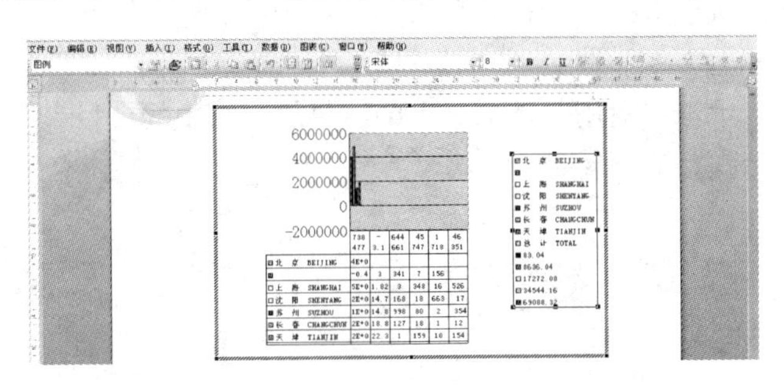

图 4-87　编辑图表菜单

6. 文本与表格的转换

在 Word 中可以很方便地将含有分隔符（如段落标记、逗号或制表位）的文本与表格相互转换。

（1）将已有文本转换成表格，具体操作步骤如下。

① 如果选定文本中没有包含分隔符，则加上分隔符。

② 单击“插入”选项卡“表格”组中“表格”向下箭头选择“文字转换成表格”命令。

③ 出现“将文字转换成表格”对话框，Word 指明了表格中的列数，以及列的宽度和

区分各列的分隔符。若接受这些设置，单击“确定”按钮。

（2）将表格转换成文本，具体操作步骤如下。

① 选定要转换成文本段落的表格。

② 单击“表格工具布局”选项卡中“数据”组命令，选择“转换成文本”命令。

③ 出现“将表格转换成文字”对话框，在“文字分隔符”下，选择用以分隔文本的分隔符。

④ 单击“确定”按钮。

4.7　引用与审阅

4.7.1　创建目录

文档中可通过选择要包括在目录中的标题样式（如标题 1、标题 2 和标题 3）来创建目录。

1. 标记目录项

创建目录最简单的方法是使用内置的标题样式（标题样式：应用于标题的格式设置。Microsoft Word 有 9 个不同的内置样式：标题 1 到标题 9）。还可以创建基于已应用的自定义样式的目录。或者可以将目录级别指定给各个文本项。如将“中国旅游景点介绍”文档插入目录，具体操作步骤如下。

（1）选中“中国旅游景点介绍”的标题。

（2）在“开始”选项卡上的“样式”组中，单击“标题 1”命令。

（3）分别设置标题 2、标题 3。

（4）在插入点，单击“引用”选项卡上的“目录”组中的“目录”命令，然后在内置选择“自动目录”选项，如图 4-88 所示。

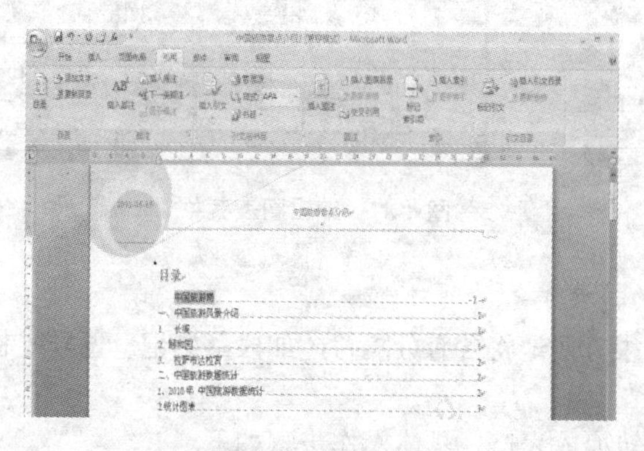

图 4-88　插入目录

2. 插入或删除脚注或尾注

脚注和尾注用于在打印文档中为文档中的文本提供解释、批注以及相关的参考资料。可用脚注对文档内容进行注释说明，而用尾注说明引用的文献。

如在“中国旅游景点介绍”文档的文字插入标注，具体操作步骤如下。

（1）选中文档中的“长城”后。

（2）在“引用”选项卡上的“脚注”组中，单击“插入脚注”。

（3）在页面下方，输入要注解的内容，如图 4-89 所示。

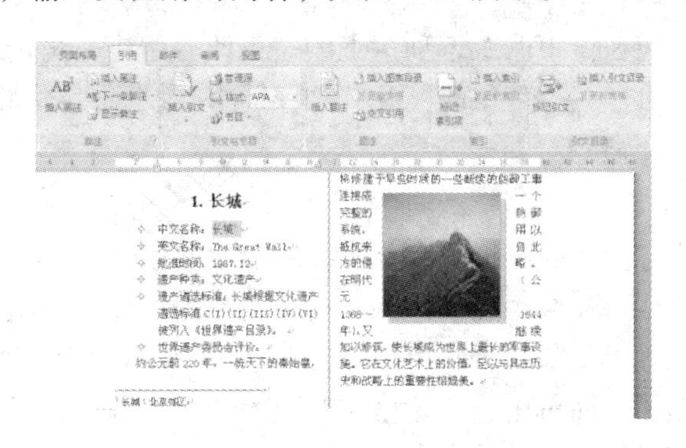

图 4-89　插入脚注

注意：*在添加、删除或移动自动编号的注释时，Word 将对脚注和尾注引用标记进行重新编号。*

删除标注，选中“脚注”或“尾注”的注释引用标记，按“Delete”键即可删除页面下方的注解。

4.7.2　审阅

日常工作中，某些文件需要领导审阅或者经过大家讨论后才能够执行，其他人员就需要在这些文件上进行一些批示、修改。

1. 启用修订功能

如将“中国旅游景点介绍”文档的内容进行修订，具体操作步骤如下。

（1）打开“中国旅游景点介绍”文档，单击要修订的内容。

（2）在“审阅”选项卡上的“修订”组中，单击“修订”命令。就可以进入文件的修订状态了，如图 4-90 所示。

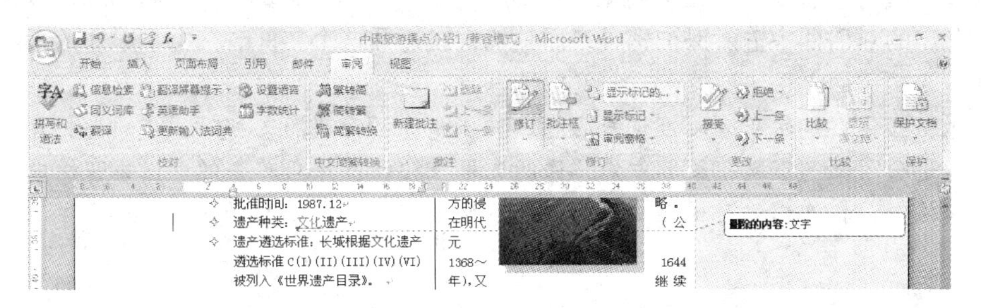

图 4-90　修订文稿

（3）单击“批注框”按钮，然后选择“仅在批注框中显示批注和格式”命令，这样对文档的插入、删除等操作会直接在文档中予以标记，而不会显示批注框，批注框中只显示新增加的批注以及格式的修改等操作。

若要向状态栏添加修订指示器，请右击该状态栏，然后单击“修订”。单击状态栏上的“修订”指示器可以打开或关闭修订。

2. 审阅修订和批注

对于修改后内容，应在“审阅”选项卡上的“更改”组中，单击“下一条”或“上一条”。如果认为修改是对的，应在“更改”组中，单击“接受”命令。如果认为不对应在“更改”组中，单击“拒绝”命令。

3. 通过审阅窗格查看

为了确保所有的修订被接受或拒绝以及所有的批注被删除，应在“审阅”选项卡的“修订”组中单击“审阅窗格”命令。启动审阅窗格时，单击“修订”组中的“审阅窗格”命令，然后选择一种显示方式，如“垂直审阅窗格”选项，即可在右侧的单独窗格中，显示对文件的所有修订操作了。而单击这个窗格上右上角的“显示详细汇总”按钮，就可以显示对这个文件所有修订操作的统计信息了。

4. 除去修订和批注

要除去修订和批注，需要接受或拒绝修订，以及删除批注，方法如下。

（1）在“审阅”选项卡上的“修订”组中，单击“显示标记”旁边的箭头。

（2）确保所有复选框旁边都显示复选标记。

（3）在“审阅”选项卡上的“更改”组中，单击“下一条”或“上一条”按钮。

（4）执行下列操作之一。

① 在“更改”组中，单击“接受”按钮。

② 在“更改”组中，单击“拒绝”按钮。

③ 在“批注”组中，单击“删除”按钮。

重复步骤（3）和（4），直到接受或拒绝了文档中的所有修订并删除了所有批注。

5. 给修订文档添加保护锁

文件修改完毕后，为文档设置保护密码时，单击“保护”组中的“保护文档”命令，在弹出的“保护文档”任务窗格中，从“编辑限制”下面的“仅允许在文档中进行此类编辑”列表中选中“未做任何更改（只读）”选项。然后单击下面的“是，启动强制保护”按钮，在弹出的对话框中输入保护密码，而其他人在打开这个文件时，由于不知道密码就只能够浏览文档，而无法进行修改。

提示：当需要编辑或者比较合并已经添加强制保护密码的文档时，必须先打开文档，然后单击选项卡上“审阅”菜单中的“保护文档”按钮，然后单击弹出任务窗格中的“停止保护”按钮，在弹出的对话框中输入密码，从而取消对文档的保护。

4.8 邮件合并

邮件合并可以把一系列信息与一个标准文档合并，从而生成多个文档。例如，旅行社向参加者发出团通知，内容相同，但姓名不同，使用邮件合并功能，就可以将几百份出团通知单迅速处理完毕。因此要制作一个表单，如图 4-91 所示。

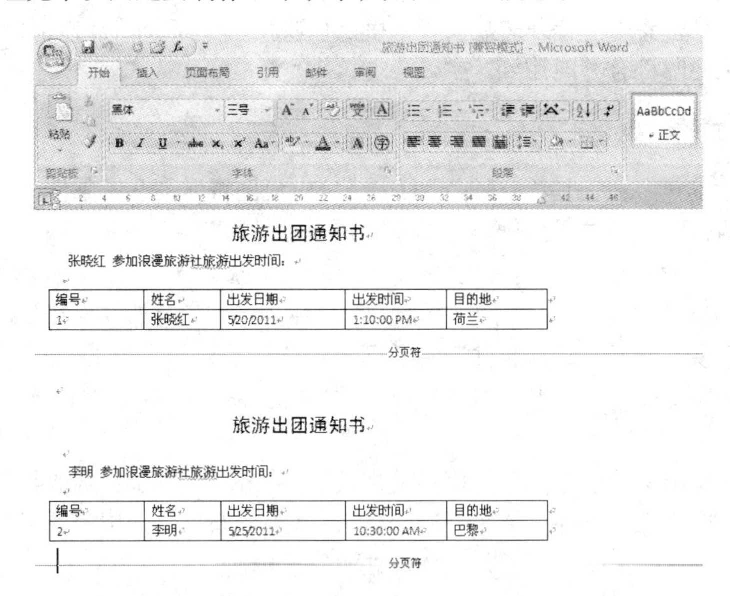

图 4-91　邮件合并后的结果

4. 8. 1　邮件合并的文档

合并过程通常涉及两类文档，一是主文档，在合并过程中保持不变；一是数据源，包含变化的信息（如姓名、地址等）。在合并过程中，Word 把来自数据源的相关信息加入到主文档的邮件合并域中。

1. 主文档

主文档是邮件合并中保持不变的文档，因此在这个文档中应设计好使用格式如“旅游出团通知书”发给旅游者的，如图 4-92 所示。

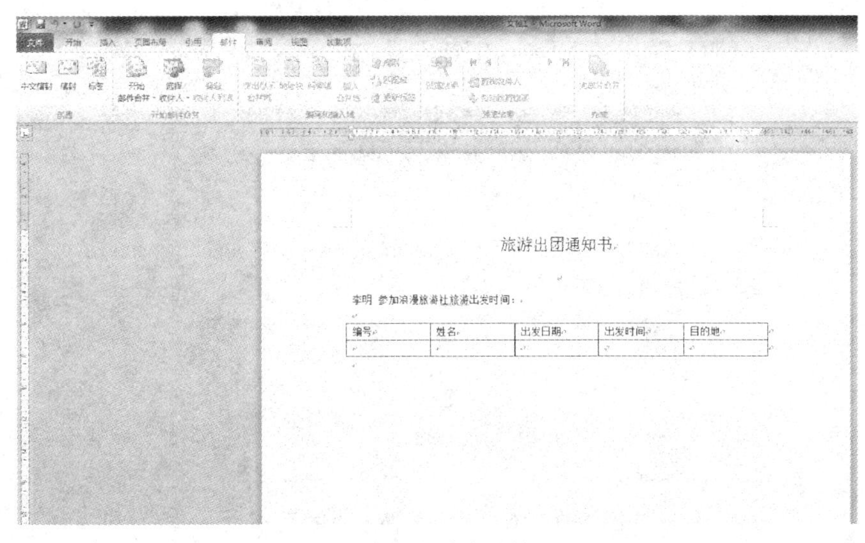

图 4-92　创建套用信函

2. 数据源

数据源文档是将要邮件合并的数据表格单独存放在一个 Excle 文档中，使用一个名为“团通知书”，以便邮件合并时用到。

4. 8. 2　邮件合并的步骤

邮件合并大体分为 6 个主要步骤:下面以图 4-91 为例将详细介绍邮件合并的具体方法。

建立主文档，以信函方式为例。

（1）创建如套用信函之类的合并主文档。可以打开“旅游通知书”文档输入表格与内容。

（2）单击“邮件”选项卡中“开始邮件合并”组的 →“开始邮件合并”命令，选择“邮件合并分步”选项，出现“邮件合并”对话框。

（3）在“选择文件类型”下选中“信函”，图 4-92 所示，单击“下一步：正在启动文档”按钮。

（4）在选择使用文档中选择“使用当前文档”，单击“下一步：选取收件人”按钮。

（5）在选择选收件人选择“使用现有表格”，单击“下一步：撰写信函”按钮。

（6）弹出“选取数据”对话框，选择数据源后，单击“打开”按钮。

（7）出现如图 4-93 所示的“选择表格”对话框，然后按“确定”按钮。

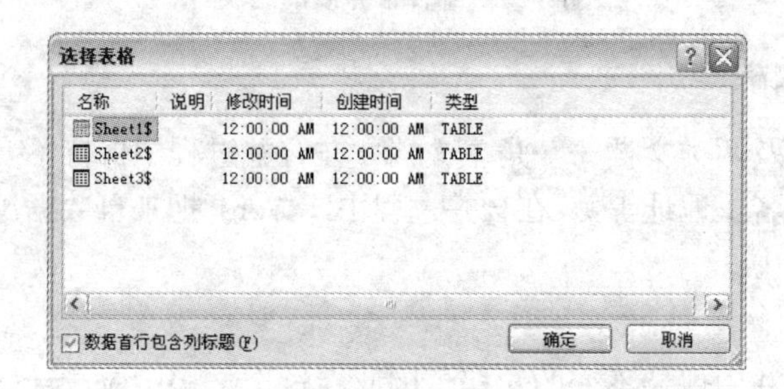

图 4-93　“选择表格”对话框

（8）弹出如图 4-94 所示的“邮件合并收件人”对话框，选择姓名后，单击“确定”按钮。

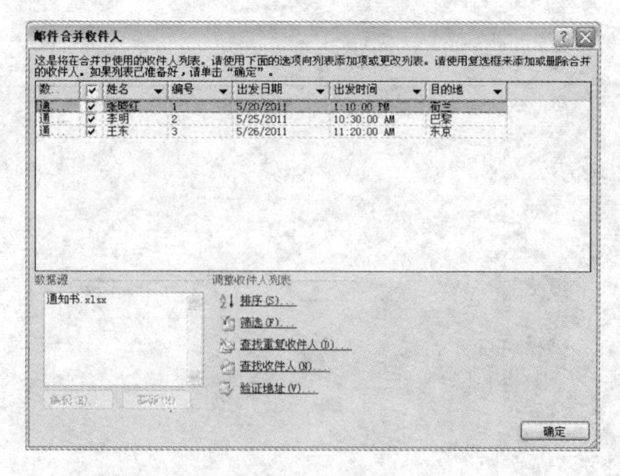

图 4-94　“邮件合并收件人”对话框

（9）在撰写信函中在文档的前方单击“地址块”，在表格的单元格中分别按“其他项目”，对应选择数据源，如图 4-95 所示。单击“下一步：浏览信函”按钮。

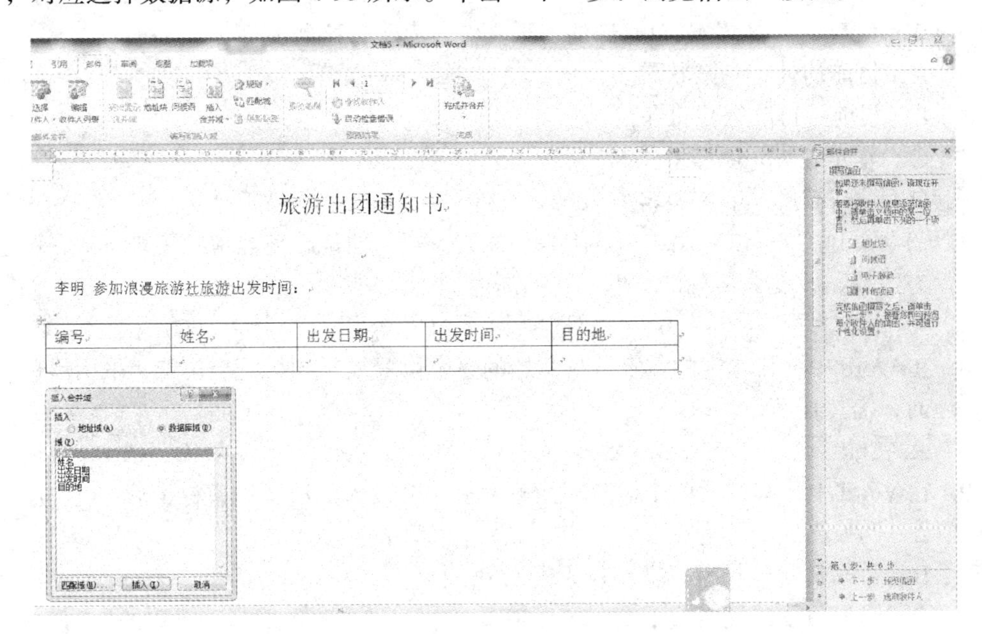

图 4-95　纂写信函

（10）在当前文档中出现了收件人的信息，单击“下一步：完成合并”按钮。

（11）完成了合并后的信息，调整后如图 4-91 所示。

注意：合并后的主文档用“普通视图”查看，能看到如图 4-91 所示的内容，如果用“页面视图”查看，只能用“邮件合并”选项卡中的箭头翻看每条记录。

习　　题

一、选择题

在下列各题 A、B、C、D 四个选项中选择一个正确的。

1．Word 文档默认的扩展名是（　　）。

A．TXT　　B．DOT　　C．DOC　　D．WRI

2．Word 编辑状态下，按 Enter 键产生一个（　　）。

A．换行符　　B．分页符　　C．段落结束符　　D．分节符

3．在 Word 编辑状态中，当前字体全是宋体，选择一段文字，先设定楷体，再设定仿宋体，则（　　）。

A．文档全文都是楷体　　B．被选定内容为宋体

C．文档全部文字的字体不变　　D．被选内容为仿宋体

4．Word 文档的段落标记是（　　）。

A．→　　B．↓　　C．↵　　D．—

5．在 Word 中，要选取某个自然段，可将鼠标移到该段选择区，(　　) 即可。

A．单击　　B．双击　　C．三击　　D．四击

6．Word 窗口“文件”菜单底部的若干文件名表明，这些文件 (　　)。

A．目前均处于打开状态

B．目前正排队等待打印

C．最近用 Word 处理过

D．是当前目录中扩展名为 .doc　文件

7．在 Word 中，可以利用 (　　) 上各种元素，很方便地改变段落的编排方式，调整左右边界，改变表格列的宽度和行的高度。

A．标尺　　B．格式选项卡　　C．常用选项卡　　D．状态栏

8．在 Word 中，将选定的文字块从文档的一个位置复制到另一个位置，采用鼠标拖动时，需按住 (　　) 键。

A．Shift　　B．Alt　　C．Enter　　D．Ctrl

9．在 Word 中，有前后两个段落，当删除前一个段落的段落结束标记后，(　　)。

A．两段文字合并为一段，并采用原后一段落的格式

B．两段文字合并为一段，并变成无格式

C．仍为两段，且格式不变

D．两段文字合并为一段，并采用原前一段落的格式

10．在 Word 编辑状态中，能同时显示水平标尺和垂直标尺的视图方式是 (　　)。

A．普通视图　　B．页面视图　　C．大纲视图　　D．联机版式视图

11．Word 中格式刷的用途是 (　　)。

A．选定文字和段落

B．抹去不需要的文字和段落

C．复制已选中的字符与段落的格式

D．复制已选中的字符

二、简答题

1．Word 2007 的功能有哪些？

2．Word 2007 窗口主要由几部分组成？

3．Word 2007 窗口中的视图方式有几种？各自的作用是什么？

4．Word 2007 编辑软件中，提供几种查看文档方式？各是什么？

5．Word 2007 窗口中有几种常用的选项卡？是如何操作的？

6．Word 2007 的文档有几种类型？各自的文档扩展名是什么？

7．Word 2007 的文档有“保存”命令和“另存为”命令两种，二者的区别是什么？

8．Word 2007 编辑软件中，如何使用高级的查找与替换？

9．Word 2007 编辑软件中，对字体、字形是如何设置的？

10．Word 2007 编辑软件中，段落是如何定义的？如何设置段落格式？

11．格式刷的作用是什么？如何使用格式刷复制多个内容？

12．Word 2007 编辑软件中，添加边框中，在设置区域中有几种选项？各是什么？

13．在 Word 2007 编辑软件中，如何将 B5 打印纸设置成行列各为 39 个汉字、文章内容居中的页面？

14．在 Word 2007 编辑软件中，如何使用标尺设置页边距？

15．Word 2007 编辑软件中，页眉和页脚有何用处？各有几项设置？

16．在 Word 2007 编辑软件中，如何制作艺术字？

17．在 Word 2007 编辑软件中，表格有何用处？

18．在 Word 2007 编辑软件中，如何将文本转换成表格？

19．在 Word 2007 编辑软件中，如何利用公式编辑器编写数学公式：

$$Y=\sum_{K=1}^{n} f(\ell k) \text{、} \lim_{n\to\infty} x_n = a?$$

20．如何用 Word 2007 编辑软件制作一个功课表？

21．Word 2007 编辑软件中，表格有何属性？

22．Word 2007 如何创建 3 级目录？

23．Word 2007 如何进行审阅？

24．Word 2007 编辑软件中，邮件合并有何用处？操作分几步进行？

第 5 章　Excel 2007

Excel 2007 是 Microsoft Office 2007 办公软件套装中的一个重要组成部分，为目前最流行的电子表格软件之一，并被广泛地应用于现代办公之中。所谓电子表格软件实际上是由行与列组成的一个表格。这个表格中的每个元素都是一个存储单元，可以存储数值、字符、公式、甚至声音和图像等数据。当在电子表格中输入数据后，就可以方便地管理数据：使用者可以在电子表格中组织数据、完成复杂的运算和分析工作、将数据用图形显示出来，当变更表格中的数据时，表格中所有引用该数据的存储单元都会自动更新，不必一一更正。Excel 简单易用，很多单位使用 Excel 制作各类报表，甚至复杂的财务报表。

Excel 2007 可以提供以下主要的功能：

- 丰富、便捷的制表能力
- 强大的计算能力
- 灵活的制作图表功能
- 数据库管理能力
- 数据分析能力

5.1　Excel 2007 窗口

再使用 Excel 2007 之前，首先应学习启动和退出 Excel 2007 的方法，启动 Excel 2007 的常见方法有 4 种。

5.1.1　启动和退出 Excel 2007

启动 Excel 有很多方法，具体方法有以下 4 种。

（1）使用“开始”菜单启动。单击“开始”→“所有程序”→“Microsoft Office Excel 2007”命令，如图 5-1 所示，即可启动 Excel 2007。

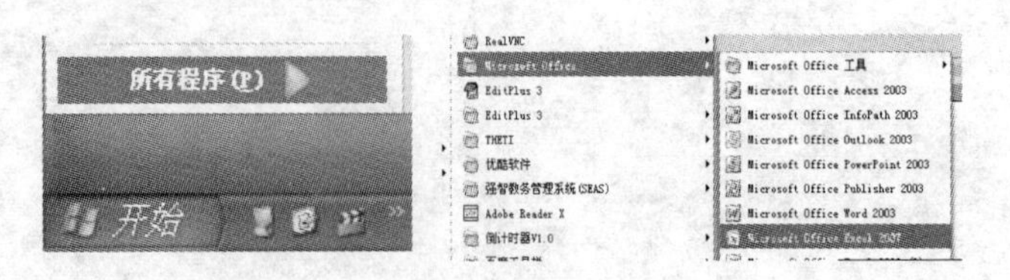

图 5-1 “开始”菜单启动 Excel 2007

（2）使用快捷方式启动。在 Windows 系统桌面上，双击“Microsoft Office Excel 2007”快捷方式图标，如图 5-2 所示，也可以启动 Excel 2007。

（3）使用快速启动栏启动；在 Windows 系统桌面的快速启动栏中单击“Excel 2007”图标，如图 5-3 所示，也可启动 Excel 2007。

图 5-2　快捷方式启动 Excel 2007

图 5-3　快速启动 Excel 2007

（4）使用“运行”对话框启动 Excel 2007。

① 执行“开始”→“运行”命令，如图 5-4 所示。

② 在“运行”对话框中输入“excel”，然后单击“确定”按钮，如图 5-5 所示。

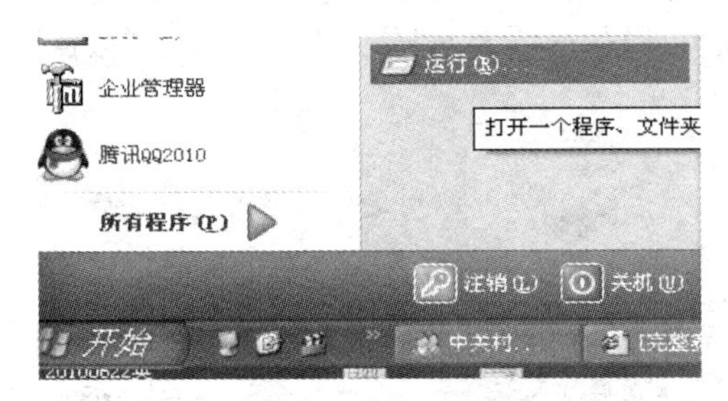

图 5-4 “开始”菜单

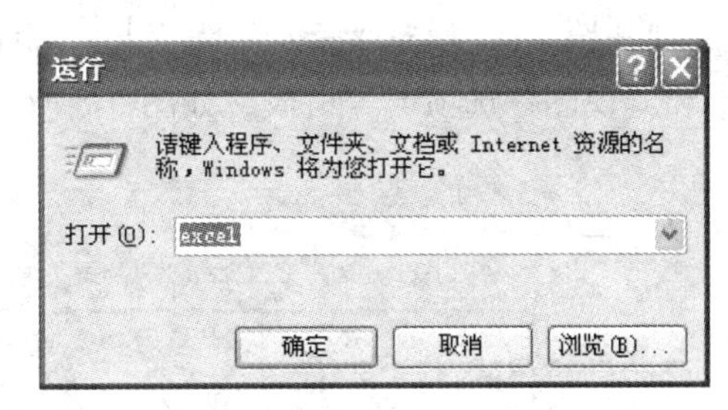

图 5-5　输入 Excel 命令

当完成对电子表格的编辑后或者不准备使用 Excel 时，可以将 Excel 表格关闭，以节省内存资源，提高系统速度。退出 Excel 2007 的常见方法有两种。

（1）使用“关闭”按钮退出。在 Excel 2007 工作界面中，单击标题栏右侧的“关闭”按钮 ×，如图 5-6 所示，Excel 2007 将关闭当前工作簿并退出。

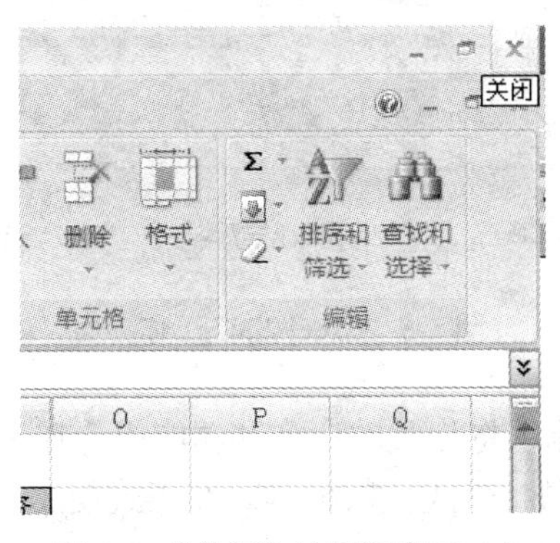

图 5-6 “关闭”按钮退出 Excel

（2）使用“退出 Excel”按钮退出，在 Excel 2007 工作界面中，在图 5-7 中双击 Office 按钮，即可退出 Excel 2007，并关闭所有打开的工作簿。

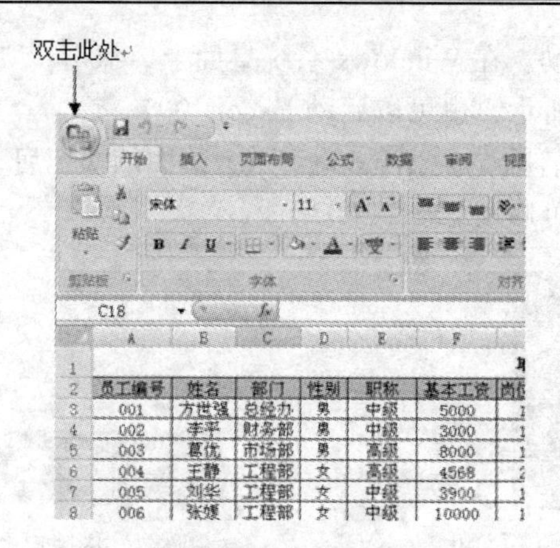

图 5-7　双击 Office 按钮退出 Excel

5.1.2　Excel 2007 窗口组成

启动 Excel 2007 后，显示给用户空白的工作界面，Excel 2007 工作界面主要由 Office 按钮、“开始”选项卡、“插入”选项卡、“页面布局”选项卡、“公式”选项卡、“数据”选项卡和“视图”选项卡等组成，如图 5-8 所示。

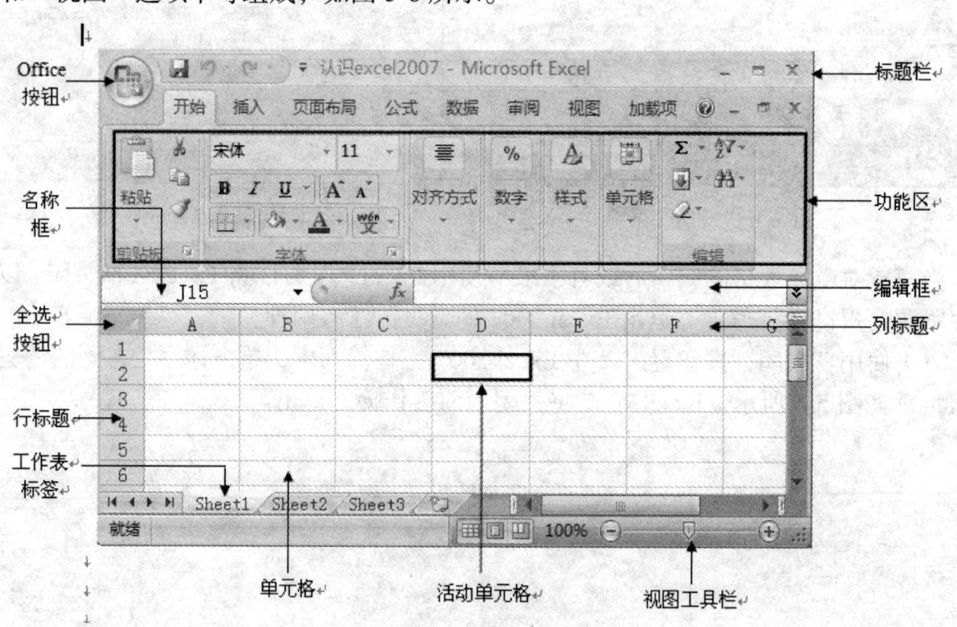

图 5-8　Excel 2007 工作界面

在 Excel 2007 的中，功能区将相关的命令和功能组合在一起，并划分为不同的选项卡，主要有开始、插入、页面布局、公式、数据等。在正式使用 Excel 处理数据之前，先大概熟悉一下各选项卡所包含的基本功能。

（1）“开始”选项卡主要是关于该工作表的基本设置如图 5-9 所示，包括字体、对齐方式、单元格属性设置、样式属性设置以及数据的查找、替换和筛选。

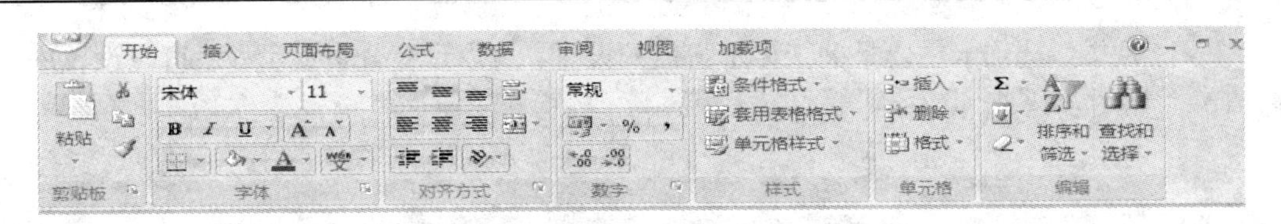

图 5-9 “开始”选项卡

（2）“插入”选项卡主要是关于用户在 Excel 工作表中插入常见对象，如图 5-10 所示，包括图像、艺术字，制作表报和插入图表功能，如可以插入直方图。

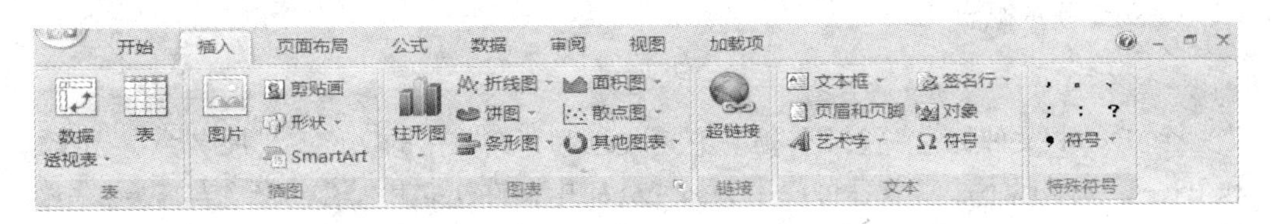

图 5-10 “插入”选项卡

（3）“页面布局”选项卡主要是关于页面的设置、网格线、标题的设置等，如图 5-11 所示。

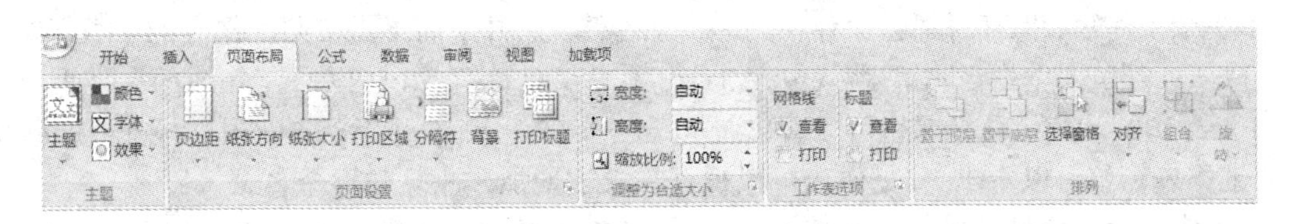

图 5-11 “页面布局”选项卡

（4）“公式”选项卡主要是关于函数的使用，Excel 提供了很多函数，例如，财务方面的函数、时间方面的函数、数学函数等，如图 5-12 所示。

图 5-12 “公式”选项卡

（5）“数据”选项卡主要是关于数据的筛选、排序，数据的分类汇总，数据源的选择以及数据处理工具等，如图 5-13 所示。

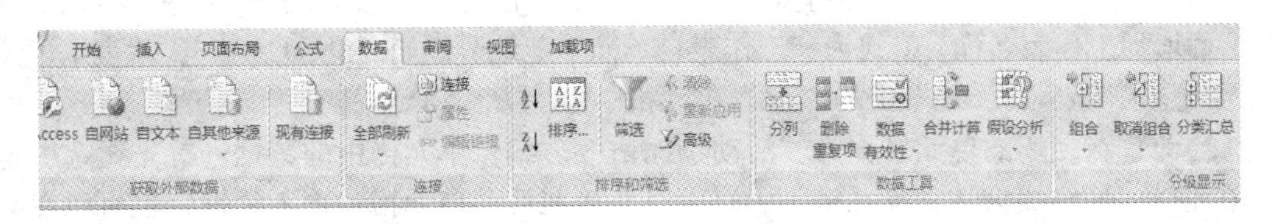

图 5-13 “数据”选项卡

（6）“视图”选项卡主要是关于显示窗口的设置，可以设置分页显示，也可以设置冻结窗口等，如图 5-14 所示。

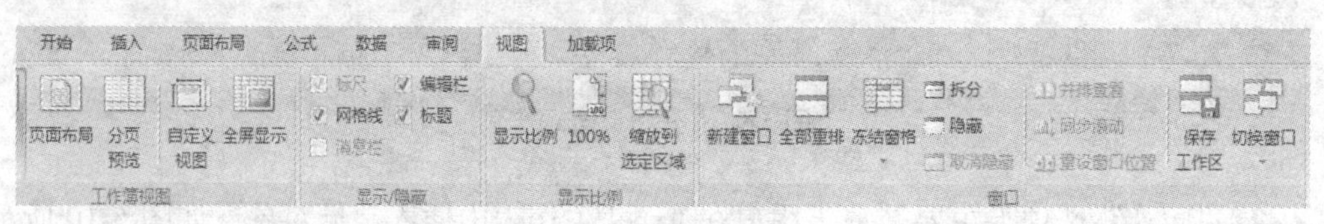

图 5-14 “视图”选项卡

5.1.3 Excel 基本概念

1. 工作簿

一个 Excel 文件称为一个工作簿，它是处理和存储数据的文件，扩展名为“.xlsx”为了和 Excel 2003 以下版本兼容可使用.xls。Excel 中文件建立和保存的概念与 Word 相似，这里不再介绍。

2. 工作表

工作表是工作簿中用来显示和分析数据的表格，一个工作簿可以包含多张工作表。可以将一个工作簿看做一个账本，账本中每一页是一个工作表。在一个工作簿文件中，无论有多少个工作表，保存时都会保存在同一个工作簿文件中，而不是按照工作表的个数保存。

Excel 2007 中一个工作簿默认包含 3 个工作表。例如，在图 5-8 中，工作簿的名字为“认识 Excel 2007.xlsx”（从标题栏可以看出），包含 3 个工作表，分别名为 Sheetl、Sheet2、Sheet3（从工作表标签可以看出）。工作表可以根据需求被增加、删除和重命名。

工作簿窗口底部的工作表标签上显示了工作表的名称。如果要在工作表间进行切换，单击相应的工作表标签即可。还可以使用标签左边的按钮，逐个向前或向后选择工作表，或选择最后或最前面的工作表。

3. 行与列

Excel 2007 中每个工作表最多可以包含 65 536 行、256 列。工作表中的行用数字 1 到 65 536。列用字母 A～Z、AA～AZ、BA～BZ、…、IA～IV 表示。

行与列的编号通过行标题和列标题可以看出，如图 5-8 所示。同时它们还是行、列的选择器，按下它们可以选择整行或整列。

4. 单元格

单元格是电子表格最基本的存储单元，可以存储字符串、数字、公式，甚至图像和声音等。每个单元格有固定的地址，用行和列的编号来表示。例如：“B5”表示 B 列和第 5 行交叉的单元格。

由于一个工作簿文件可能会有多个工作表，为了区分不同工作表的单元格，可以在地址前面增加工作表名称。格式为“工作表！单元格地址”例如：Sheet2！A6，就表示了该单元格是工作表“Sheet2”中的“A6”单元格。

当前正在使用的单元格称为“活动单元格”。编辑单元格中的数据，首先要选中这个单元格，使它成为活动单元格，用户可以直接在活动单元格中输入数据，也可以在编辑框中输入，此时输入的内容都会保存在这个活动单元格里。Excel 的名称框中会显示活动单元格的地址，例如，在图 5-1 中，用黑线框住的单元格称为活动单元格，活动单元格为“D2”。

5.2 制作表格

本节通过一个例子介绍电子表格的基本操作。

【例】 利用 Excel 制作一个简单的电子表格——“职工基本情况表”。该表格包括 140 名职工的记录，最后可以按照图 5-15 所示打印输出报表。

职工基本情况表

员工编号	姓名	性别	出生日期	入厂年份	职称	工资	部门	职务	身份证号
001	方世强	男	1974-1-11	1982	中级	￥5,000	总经办	主任	440123197401111456
002	李平	女	1975-4-4	1999	初级	￥3,000	财务部	职员	110102197504041223
003	葛优	男	1954-5-4	1975	高级	￥8,000	市场部	经理	110108195405041231
004	王静	女	1982-8-7	2003	中级	￥4,568	工程部	职员	135210198208075428
005	刘华	女	1985-10-1	2007	中级	￥3,900	工程部	职员	320201198510018769
006	张媛	女	1965-12-4	1998	高级	￥10,000	研发部	总工	301123196512045462
007	沈辉	男	1950-8-23	1985	中级	￥3,800	研发部	职员	110106195008237891

图 5-15 职工基本情况表

首先，应当选择合适的编辑软件。无疑，在 Word 中可以完成本例中提出的要求，但是使用 Excel 更具以下几点优势。

（1）Excel 本身就是表格软件，输入数据极为方便。例如，像员工编号这样有规律的数据可以按照序列的方式快速输入。

（2）对数据格式的控制更加精确。例如，按照“1962-10-1”的方式输入“出生日期”，可以规定按照“1962 年 10 月 1 日”的格式显示；对输入的“档案工资”规定显示两位小数；对“职称”设置条件，凡是职称为“高级”的单元格加灰色底纹显示等。

（3）可以对 Excel 文件设置表头，在打印时自动加在每张报表前面。

（4）Excel 还有很多优势，例如对输入的数据可以很方便地进行后期的计算、统计等。

在 Excel 中制作表格的过程和 Word 类似，首先输入数据，然后进行格式设置。

5.2.1 输入数据的基本方法

输入数据时不必过多考虑格式。和 Word 一样，通常在输入全部完成后再进行格式设置。按照图 5-16 所示的格式输入数据。为了便于操作，这里只输入 10 个职工的记录。

	A	B	C	D	E	F	G	H	I	J
1	职工基本情况表									
2	员工编号	姓名	性别	出生日期	入厂年份	职称	工资	部门	职务	身份证号
3	001	方世强		1974-1-11	1982	中级	￥5,000	总经办	主任	440123197401111456
4	002	李平	女	1975-4-4	1999	初级	￥3,000	财务部	职员	110102197504041223
5	003	葛优	男	1954-5-4	1975	高级	￥8,000	市场部	经理	110108195405041231
6	004	王静	女	1982-8-7	2003	中级	￥4,568	工程部	职员	135210198208075428
7	005	刘华	女	1985-10-1	2007	中级	￥3,900	工程部	职员	320201198510018769
8	006	张媛	女	1965-12-4	1998	高级	￥10,000	研发部	总工	301123196512045462
9	007	沈辉	男	1950-8-23	1985	中级	￥3,800	研发部	职员	110106195008237891
10	008	王平	男	1978-8-7	2004	中级	￥5,500	财务部	经理	110106197808077653
11	009	李兰	女	1980-12-24	2010	初级	￥2,500	研发部	职员	110106198012241224
12	010	陈静	女	1977-8-25	2011	中级	￥4,687	研发部	职员	321156197708254566
13										

图 5-16 职工基本情况表数据输入

（1）选中 A1 单元格，输入“职工基本情况表”。

选中 A1 单元格，则“名称框”显示“A1”。此时可以直接在单元格位置输入数据，也可以单击“＝”后面的编辑框，输入数据，如图 5-17 所示。

图 5-17　在单元格中输入数据

（2）选中 A2 单元格，输入“员工编号”；选中 B2 单元格，输入“姓名”。依次类推，输入本行所有内容。

可以用鼠标单击单元格，或通过按“→”、“←”、“↑”、“↓”键选择单元格。

（3）在电子表格的第 3 行输入编号为“001”的职工数据。依次再继续输入其他员工的数据。需要修改已经输入的数据，可以用鼠标直接选中该单元格，或在名称框中输入该单元格的地址选中单元格，然后进行编辑。

注意：在输入时，会发现以下一些问题。

① 输入员工编号时，如果在 A3 单元格直接输入“001”，光标离开这个单元格时，将自动变成“1”。解决的方法是前面加一个撇号“’”，输入“’001”，这样的数据实际是作为文本输入。

② 输入身份证号码时，例如输入“11010719621001012”，当输入完毕，光标离开这个单元格时，单元格的数据按照科学计数法显示为“1.10107E+16”。解决方法也是以文本方式输入。

③ 输入出生日期时，有的单元格输入完成后变为“########”。原因是单元格的宽度较小，不能完整显示。解决的方法是将单元格的列宽调大。

④ 输入数据时应当注意中文的全角和半角：“’001”前面的数字及撇号、日期中的数字和“-”、工资“690.66”中的数字和小数点全部都是半角。

⑤ 一些重复数据，例如职称和部门的输入是否有简便的方法？

因此，有必要了解 Excel 中的数据类型、显示格式和一些输入技巧。

5. 2. 2　数据的类型和显示格式

在 Excel 中单元格的内容可以是数字、文本、时间和日期等。当将文本、数字或日期等不同类型的数据输入工作单元时，Excel 会根据输入的数据自动确定显示格式，如表 5-1 所示。

1. 数字数据

（1）数字数据中可以使用以下字符。

① 十个数字字符 0，1，⋯，9。

② 表示正、负数的正号“+”和负号“－”。

③ 表示十进制数的小数点的点号“.”。

④ 表示科学计数法的字母 E 或 e。

⑤ 表示钱币的美元符号“$”或表示人民币的符号“Y”。

⑥ 表示百分比的百分号“%”、用做千分号的逗号“,”、分号“/”、圆括号“()”。

其他数字与非数字的组合将被视为文本型数据。

表 5-1　默认情况下数据输入与显示结果

类　型	输入内容	Excel 显示	说　明
文本	‘001	001	文本
	A001	A001	文本
数值型	001	1	数值
	1234 或（+1234）	1234	正数
	−600 或（600）	−600	负数
	600.00	600	小数位无值
	6.66	6.66	小数位有值
	1230000	123E+06	科学计数法
	12.34%	12.34%	百分数
	$200	$200	货币格式
	0 2/3	2/3	分数
日期	2/3	2 月 3 日	日期
	90-2-3	1990-02-03	日期
时间	15:20	15:20	24 进制时间
	2:14:12 PM	2:14:12 PM	12 进制时间

（2）数值数据的长度。Excel 只能保留 15 位的数字精度，如果输入的数字长度超出了 15 位，Excel 则会将多余的数字位转换为零（0）。例如在 Excel 中输入数字“1234567890123456”，Excel 内部将它保存为“1234567890123450”，而显示时可能是以科学计数法显示。

（3）在默认状态下，所有数字在单元格中均右对齐。

（4）为避免将输入的分数视作日期，在分数前要加 0 和空格，例如输入“0　1 / 2”。请在负数前要输入减号（－），或将其置于括号（　）中。

（5）Excel 中的数字可以按照用户需要的方式显示，例如设定小数位数等。方法是单击“开始”选项卡的“数字”组中的下三角按钮，打开“设置单元格格式”对话框的“数字”选项卡，如图 5-18 所示。根据需要进行设置即可。

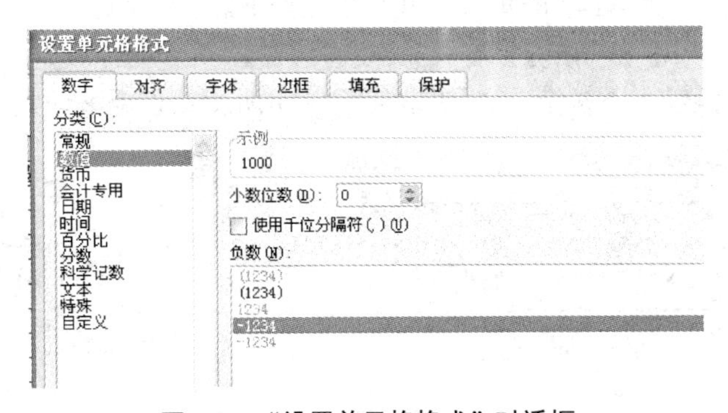

图 5-18 “设置单元格格式”对话框

2. 日期与时间数据

Excel 的日期、时间数据实际也是一种数字数据，是数字数据的一种显示格式。在 Excel 中，被视为数字来处理。

日期和时间型数据可以使用数字字符 0，1，…，9 以外。

在日期型数据中使用符号“/”或“-”作分隔符，例如：“90-12-8”。日期的顺序是可以由用户选择的，中文 Excel 默认使用“年-月-日”。

时间型数据中使用符号“:”作分隔符，顺序是时：分：秒，例如：“23：12：10”。时间可以用 24 进制，也可以使用 12 进制。使用 12 进制时，上午、下午要分别写成 “AM”和“PM”。例如“2：14：12PM”。

3. 文本型数据

(1) 在 Excel 中，文本可以是数字、空格和非数字字符的组合。例如，将下列数据项视作文本：“23AA309”、“127Abc”、“44-976” 和“123 4675”。

(2) 全部由数字字符构成的数据作为文本输入的方法。

当输入身份证“1010719621001000”时，有以下两种方法。

① 在前面加单引号“'”，Excel 自动将它转换为文本型数据。

② 选定单元格，然后选择“格式”菜单中“单元格”命令，打开“单元格格式”对话框的“数字”选项卡，单击“分类”中的“文本”，将数字数据改为文本数据。

(3) 文本数据的特征是在单元格中为左对齐。

下面介绍 Excel 中一些基本的操作方法和输入技巧。

5.2.3　单元格区域的选择方法

在 Excel 中，所有的工作主要是围绕工作表展开的。无论是在工作表中输入数据还是在使用大部分 Excel 命令之前，都必须首先选定单元格或者单元格区域。

1. 选定一个小矩形区域

例如要选定从 A5 到 D8 的矩形区域，步骤如下。

(1) 将鼠标指向该区域左上角的第一个单元格，即 A3 单元格。

(2) 按住鼠标左键，拖动鼠标到该区域右下角的最后一个单元格，即 D8 单元格。放开鼠标左键时即可，如图 5-19 (a) 所示。

2. 选定一个大矩形区域

例如要选定从 A3 到 A142 的矩形区域，步骤如下。

(1) 用鼠标选中 A3 单元格。

(2) 用鼠标按滚动条下拉箭头，如图 5-19 (b) 所示，直至滚动到 142 行。

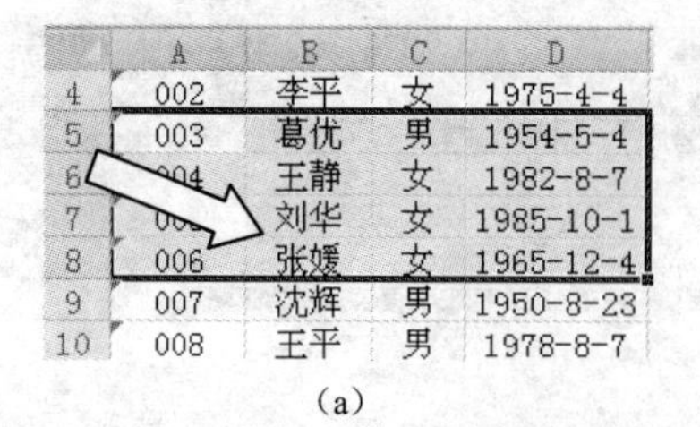

(a)

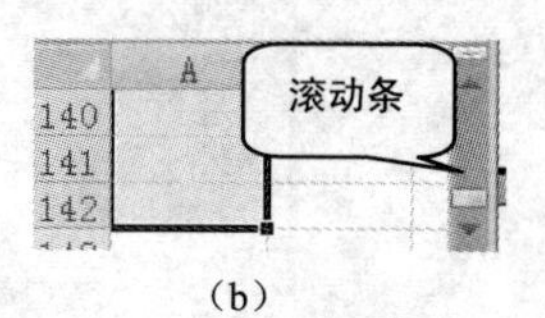

(b)

图 5-19　数据序列的填充

（3）然后按着“Shift”键，同时，用鼠标选中 A142 单元格，即可选定该区域。

3. 选定不连续的区域

选定如图 5-20 所示不相邻的矩形区域。

（1）首先选择第一个矩形区域，例如 A3 到 C7 单元区域。

（2）按下“Ctrl”键不放，选择第二个区域、第三个区域……直至完成。

注意：如果在操作中不按住“Ctrl”键，则前面选中的区域将会消失，而只保留最后选中的区域。

	A	B	C	D	E	F	
1						中关村发展公司20	
2	员工编号	姓名	部门	性别	职称	基本工资	岗
3	001	方世强	总经办	男	中级	5000	
4	002	李平	财务部	男	中级	3000	
5	003	葛优	市场部	男	高级	8000	
6	004	王静	工程部	女	高级	4568	
7	005	刘华	工程部	女	中级	3900	
8	006	张媛	工程部	女	中级	10000	

图 5-20　选定不连续的区域

4. 单元区域的表示

（1）若干行用“第一个行标：第二个行标”表示。例如，选中第 2 行至第 6 行，用“2：6”表示；只选中第 2 行，用“2：2”表示。

（2）若干列用“第一个列标：第二个列标”表示。例如，选中第 A 列至 F 列，表示为“A：F”；只选中第 B 列，用“B：B”表示。

（3）一个选定的矩形区域用“左上单元格：右下单元格”表示。例如，“A3：C6”和“A1：A142”。

（4）不连续的几个单元区域中间用逗号“,”分开，用“单元区域 1，单元区域 2，……，单元区域 n”表示。例如，“A3：A7，D3：D7，F3：F7”，其中的字符为半角形式。

5. 单元格的命名

要引用工作表中的数据时，除了使用上述对单元区域的表示方法外，还可以使用名称。单元格命名的方法如下。

（1）首先选定单元格或单元区域。

（2）在“公式”选项卡，选择“定义的名称”栏目，再单击“定义名称”命令。

（3）在“新建名称”中的“名称”编辑框中，输入名称。单击“确定”按钮。

5.2.4　快速输入批量数据

Excel 电子表格是用来专门处理数据的，因此，应当熟练掌握数据输入的方法　。

1. 数据序列的填充

（1）使用填充点快速填充。在表中，职工编号由“001”、“002”递增，是一个数据序列。可以通过数据序列填充的方法实现快速输入，步骤如下。

① 在需输入序列的第一个单元格内输入序列的初始值。

② 选定单元格，单元格右下角出现小黑点，称为填充点。鼠标指针指向填充点，此时

光标变成黑色的十字光标，如图 5-21（a）所示。

③ 按住鼠标左键沿着要填充的方向拖动填充点。在本例中，共 140 名职工的记录，沿箭头所指方向向下拖动，直至行号为 142（前两行是标题和表头，后 140 行是职工数据），如图 5-21（b）所示。

④ 当放开鼠标时，拖过的单元格中会自动按内部规定的序列进行填充。

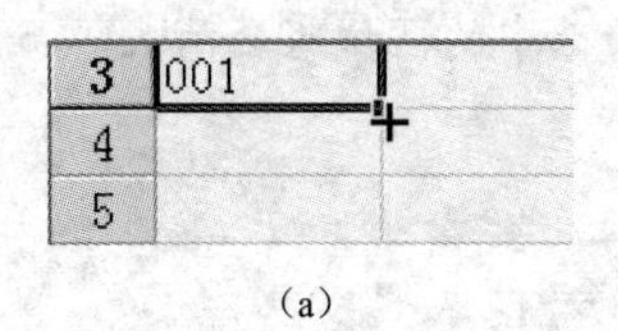

（a）

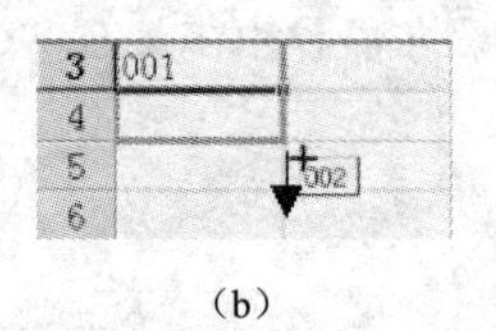

（b）

图 5-21　数据序列的填充

文本型数据如果存在着内部规定的序列，直接拖动，将按照规定的序列的方式填充，例如，职工编号为“001，002，…”的序列；如果按着“Shift”键的同时拖动，则以复制方式填充，职工编号将为“001，001，…，001”。

数字型数据与文本型数据相反，直接拖动填充点，以复制方式填充；按着“Shift”键的同时拖动，结果为“1，2，…”这样的序列。

（2）使用菜单命令自动填充。本例中的员工编号也可以鼠标右键实现自动填充。

① 在序列中的 A3 单元格输入数据，输入“'001”。

② 用鼠标右键按住填充柄向下拖曳到单元格 A142。

③ 放开鼠标右键，打开“填充”菜单项，如图 5-22 所示。

④ 选择“序列”命令，打开“序列”对话框。

⑤ 选择填充类型为“自动填充”，单击“确定”按钮后，实现自动填充。

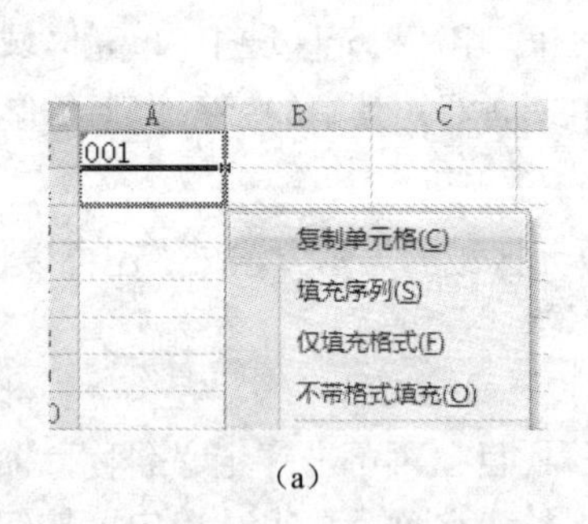

（a）

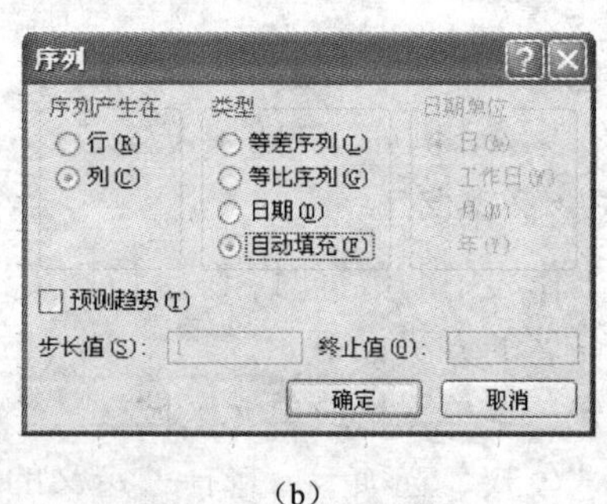

（b）

图 5-22　数据序列的填充

要产生“1，3，5，7，9，11，13，15，17”这个序列，最便捷的方法就是利用鼠标左键的填充功能来实现，操作步骤如下。

① 在“A1”中输入“1”，在“A2”中输入“3”。选定 A1 至 A9 单元格区域。

② 选定单元格，单元格右下角出现小黑点，称为填充点。鼠标指针指向填充点，此时光标变成黑色的十字光标，直接拖动填充点。

2. 重复数据的输入

（1）不连续的单元格重复数据的输入。表格中的一些重复数据分散在不连续的单元格中，可以批量输入这些重复数据，步骤如下。

① 首先选定这些不连续单元格。如图 5-23 所示的“选定不连续的区域”。例如，选定“C4，C5:C7，C10”。

② 在选定的最后一个单元格中输入数据。例如，在 C10 中输入“女”，如图 5-23（a）所示。

③ 按 Ctrl+Enter 键，则数据填充到所有选定的单元格中，如图 5-23（b）所示。

Excel 表格中的重复数据即使分散在不同行、列的单元格，采用这种方法也可以快速输入。

A	B	C	D
C基本情况表			
C编号	姓名	性别	出生日期
)01	方世强	男	1974-1-11
)02	李平		1975-4-4
)03	葛优	男	1954-5-4
)04	王静		1982-8-7
)05	刘华		1985-10-1
)06	张媛		1965-12-4
)07	沈辉	男	1950-8-23
)08	王平	男	1978-8-7
)09	李兰		1980-12-24
)10	陈静		1977-8-25

（a）

.2　fx 女

	B	C	D	
基本情况表				
扁号	姓名	性别	出生日期	入
1	方世强	男	1974-1-11	
2	李平	女	1975-4-4	
3	葛优	男	1954-5-4	
4	王静	女	1982-8-7	
5	刘华	女	1985-10-1	
6	张媛	女	1965-12-4	
7	沈辉	男	1950-8-23	
8	王平	男	1978-8-7	
9	李兰	女	1980-12-24	
0	陈静	女	1977-8-25	

（b）

图 5-23　不连续的单元格重复数据的输入

（2）同一列中重复数据的输入。Excel 中输入的数据，如果在单元格中输入的起始字符与该列已有的录入项相符，Microsoft Excel 可以自动填写其余的字符。例如在单元格 F3 中输入了“中级”，在 F 列中只要输入“中”字，就自动提示“中级”。

如果接受建议的录入项，按 Enter 键。

如果不想采用自动提供的字符，继续输入即可。

3. *灵活运用批量“替换”的方法输入数据*

前面，介绍的是 Excel 中特有的一些输入技巧，实际上利用各类应用软件中通用的“替换”的方法，也可以灵活、快速地输入数据。

例如，在输入职称时，要反复输入“高级”、“中级”、“初级”，是否有办法简化这些输入？答案是肯定的。

可以自己约定一些替代符号，例如，约定用“1”代替“高级”、“2”代替“中级”、“3”代替“初级”。当然可以用其他符号或字符代替。这样输入的时候比较简单。等全部数据输完，使用替换命令批量替换过来即可，步骤如下。

（1）首先用替代符号完成输入。

（2）选中要替换的区域。

（3）选择“开始”选项卡中的“查找和选择”菜单项。打开下拉菜单，选择“替换”项目，输入查找内容和替换值，并选择搜索方式，选择“全部替换”按钮，如图 5-24 所示。

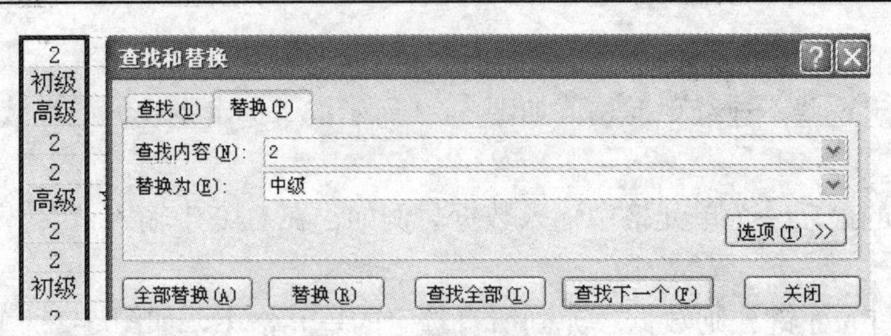

图 5-24　批量替换数据

5.2.5　工作表中的编辑操作

Excel 的编辑操作与 Word 基本相同，包括复制、删除、移动、查找等替换操作。

1. 选定行、列的操作

选定行和列的方法如表 5-2 所示。

表 5-2　选定行和列

选定内容	方　法
整行	单击行标题
整列	单击列标题
相邻的行或列	沿行号或列标拖动鼠标；或者先选定第一行或第一列，然后按住 Shift 键再选定其他的行或列
不相邻的行或列	先选定第一行或第一列，然后按住 Ctrl 键再选定其他的行或列

撤销对行、列的选定，只要在表格中被选定的地方之外单击即可。

2. 插入、删除和清除单元格操作

（1）插入单元格。插入单元格是指在活动单元格位置插入一个空单元格，插入以后，原来的单元格中的内容也不能丢失，所以还要选择原来单元格移动的方式。

① 用鼠标右键单击单元格，在出现的快捷菜单中选择“插入”选项（或者通过“开始”选项卡中的“插入”按钮），显示“插入”对话框如图 5-25 所示。图 5-26 是原表，选择不同项目插入时，原来的单元格被移动，结果如图 5-27 所示。

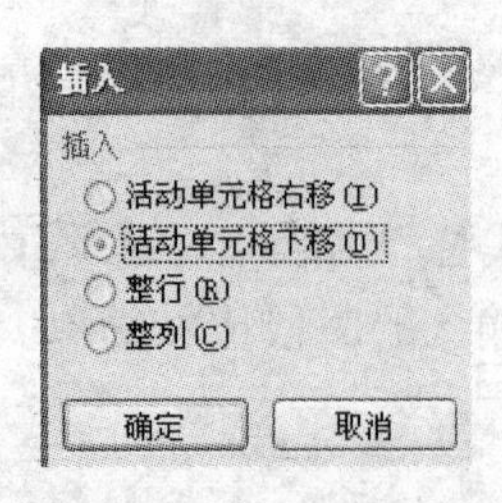

图 5-25　“插入”对话框

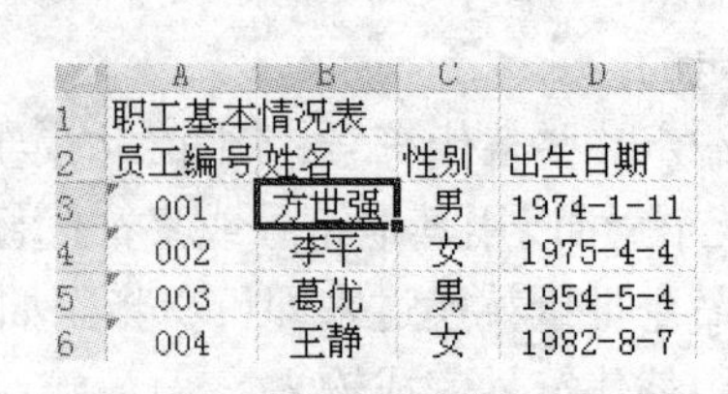

	A	B	C	D
1	职工基本情况表			
2	员工编号	姓名	性别	出生日期
3	001	方世强	男	1974-1-11
4	002	李平	女	1975-4-4
5	003	葛优	男	1954-5-4
6	004	王静	女	1982-8-7

图 5-26　原表

② 用鼠标右键单击行标题或列标题，出现快捷菜单，选择“插入”菜单项，可以直接插入行或列。

③ 一次如果要插入多行、多列或单元格区域时，只要选择相应数目的行、列或相应大小的单元格区域，再选择“插入”选项即可。

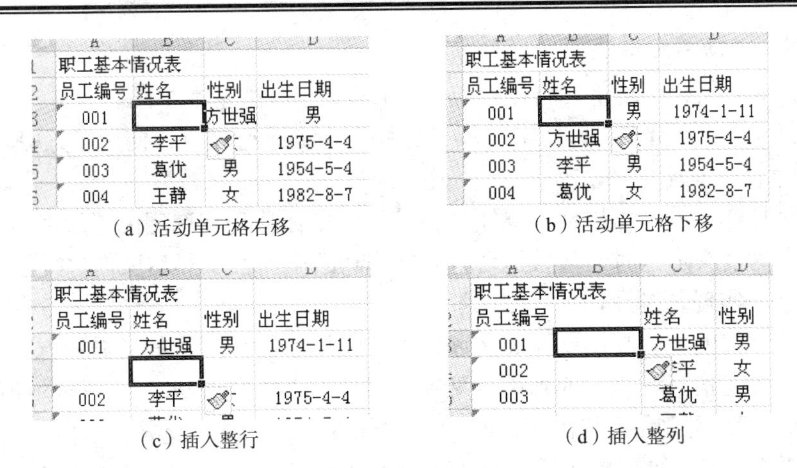

（a）活动单元格右移　　（b）活动单元格下移

（c）插入整行　　（d）插入整列

图 5-27　插入单元格

例如：要在第 3 行前插入 3 行，选定第 3、4、5 行，选择“插入”命令完成，如图 5-28 所示。

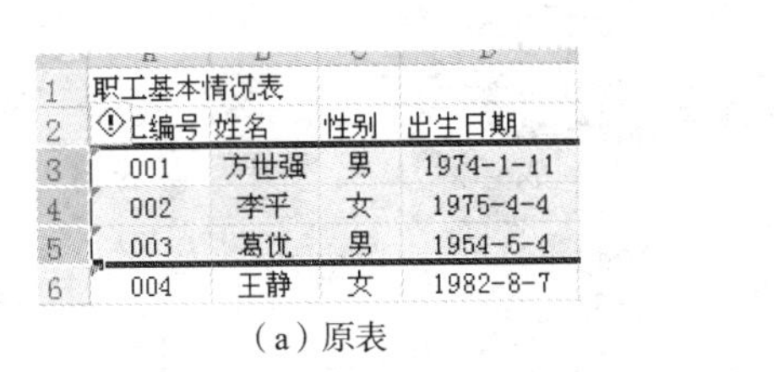

（a）原表

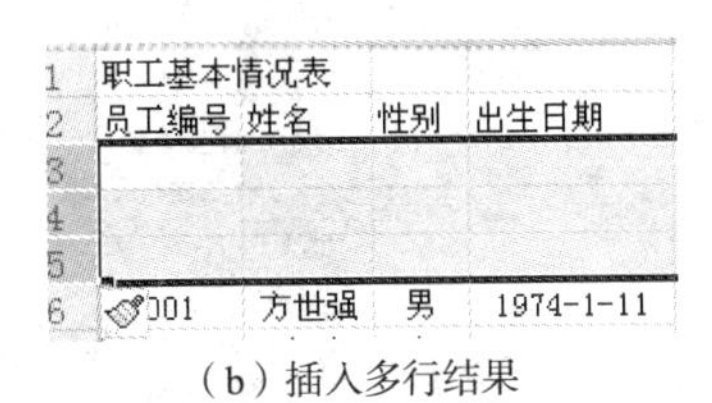

（b）插入多行结果

图 5-28　插入多行

（2）删除单元格。删除单元格是指删除单元格本身连同其中的数据。删除完了，不能在窗口中留下空格，所以还要选择填补的方式。

用鼠标右键单击单元格，在出现的快捷菜单中选择“删除”选项，显示“删除”选项对话框（或者通过“开始”选项卡中的“删除”按钮），如图 5-29 所示。可从对话框中选择如何填补被删除的单元格。

删除多行、多列和单元区域的操作方法与插入相似，此处不再赘述。

（3）清除单元格。清除单元格就是清除单元格所包含的信息，清除与删除不同，全部清除单元格的信息后，单元格本身依然存在，单元格中保存的是数值 0。

选定一个单元格后，单击“开始”选项卡上的“清除”按钮，出现下拉菜单，其中包括“全部清除”、“清除内容”、“清除格式”、“清除批注” 4 种选择，单击一种选择，完成相应的清除操作，如图 5-30 所示。

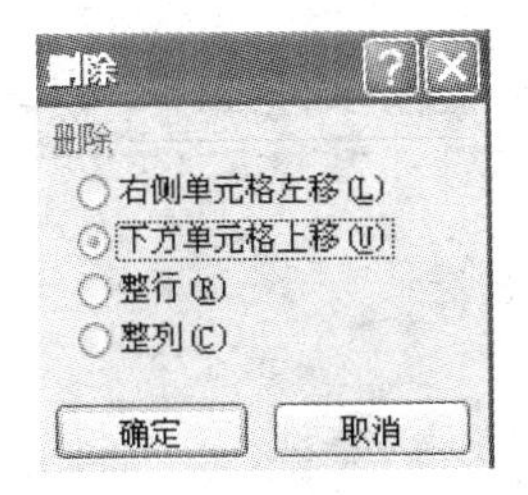

图 5-29　“删除”对话框

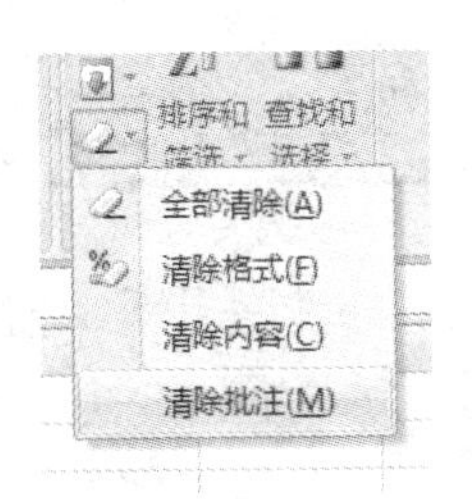

图 5-30　清除的效果

3. 复制和移动单元格操作

在 Excel 中复制和移动单元格操作与 Word 的操作方法基本相同。

使用“开始”选项卡中的“复制”→“粘贴”命令进行复制；使用“剪切”→“粘贴”命令进行移动。

使用鼠标操作，同样可以实现复制和粘贴。将鼠标移动到选定的单元格边框下边或右边，当光标变为箭头形状时，直接拖动单元格到新的位置实现移动操作，按住 Ctrl 键的同时拖动单元格，实现复制操作。

将选定单元格的内容复制到相邻区域，可以使用前面介绍过的填充的方法完成。

如果要对单元格区域、行或列进行复制、移动操作，方法与对单元格的操作相同。

在 Excel 中可以复制单元格内容，还可以复制格式、公式等。选择“编辑”菜单中的“选择性粘贴”选项，打开如图 5-31 所示的“选择性粘贴”对话框。选择粘贴的内容进行复制。

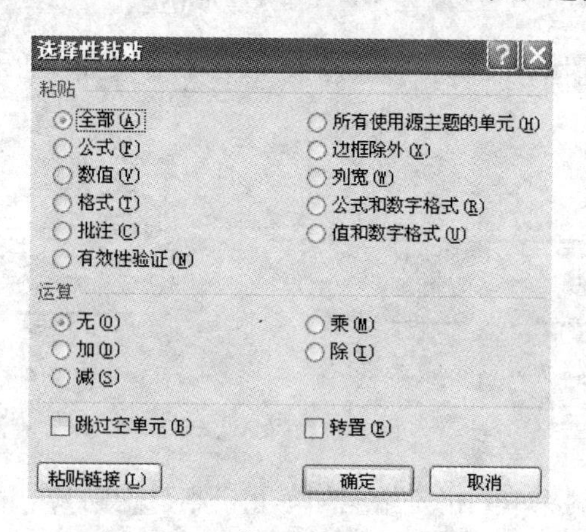

图 5-31 “选择性粘贴”对话框

尤其是对于有些数据是通过公式计算得到的，最好打开“选择性粘贴”对话框，在“粘贴”选项选择“数值”单选框，这样才能实现数据的粘贴，否则出现乱码。

4. 查找和替换

与 Word 相同，Excel 也具备查找和替换的功能。在“开始”选项卡中，选择“查找和替换”选项进行操作即可，如图 5-32 所示。

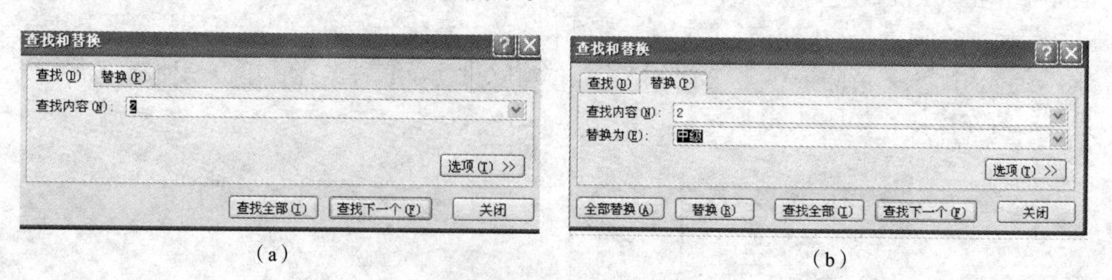

图 5-32 “查找和替换”对话框

5.2.6 格式设置

通过前面操作，已经能够编制出一个简单的报表，但是，这个报表还有很多地方需要改进，例如，数字的有效位数不统一，数据没有排列整齐，字体比较单一等。本章主要介绍解决这些问题的方法，即怎样进行报表格式设计。

下面要做以下操作：设置表格边框和底纹；调整行、列宽度和高度；设置对齐方式；设置字体等。对 Excel 表格的格式进行调整，以便按照图 5-33 所示显示报表。

1. 设置表格边框和底纹

在一个新的工作表中，都会看到工作表里设有虚的表格线，这些表格线在打印时不出现。可以为选定单元格区域加上框线，使之更美观。

职工基本情况表

员工编号	姓名	性别	出生日期	入厂年份	职称	档案工资	部门	职务	身份证
001	李平	女	1962年10月1日	1982	中级	690.66	市场部	主任	11010719621001012
002	王镜	女	1973年12月1日	1999	高级	780.50	工程部	职员	11020119731201142
003	刘华	女	1972年1月3日	1996	中级	500.00	市场部	职员	11021119720103632
004	张明远	男	1968年12月7日	1986	高级	690.66	工程部	主任	11010719681207551
005	何应	女	1966年8月21日	1982	中级	690.66	市场部	职员	13502019660821142
006	邵昆	女	1969年12月16日	1998	初级	400.00	工程部	职员	11021119691216632
007	王树平	男	1974年2月17日	2002	中级	500.00	研发部	职员	21010719740128013
008	李蓝	女	1969年1月28日	1988	高级	690.66	研发部	主任	32020119690128114
……									

图 5-33　加边框报表

例如，要设置如图 5-33 所示的表格边框和底纹。

（1）加框线的步骤如下。

① 选中要加框线和单元格区域。在本例中，选定 A3:J10 单元格区域。

② 在“开始”选项卡选择“边框” 命令，打开“边框”选项卡，如图 5-34 所示。

③ 选择“边框”内的一种线条样式，如果要为框线指定颜色，可以在“线条颜色”选择需要的颜色，如图 5-35 所示。

在本例中，要做如下设置。

a. 图 5-34 表格中的上线为加粗的黑线。可以先在“绘制边框”中选定“粗线”，在“线条颜色”中指定“黑色”，然后单击图 5-35 中的上边框，完成设置。

b. 图 5-34 表格中的内部与框线为细黑线。在“绘制边框”中选定“细线”，单击“其他边框”，打开“设置单元格”中的“边框”设置，选择及“边框”中的下边框和“预置”中的“内部”，完成设置。

④ 最后单击“确定”按钮即可。

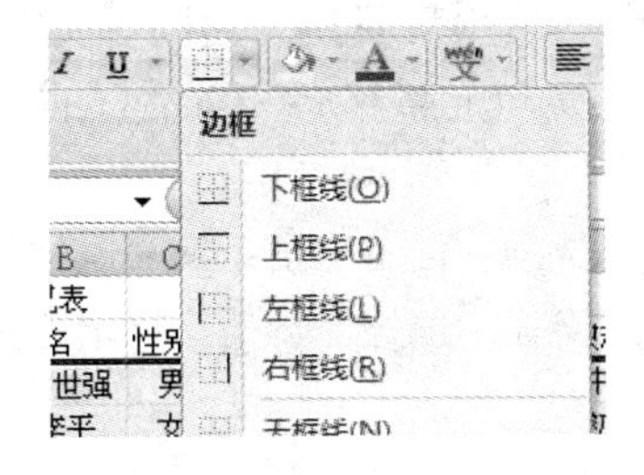

图 5-34 “边框”选项卡

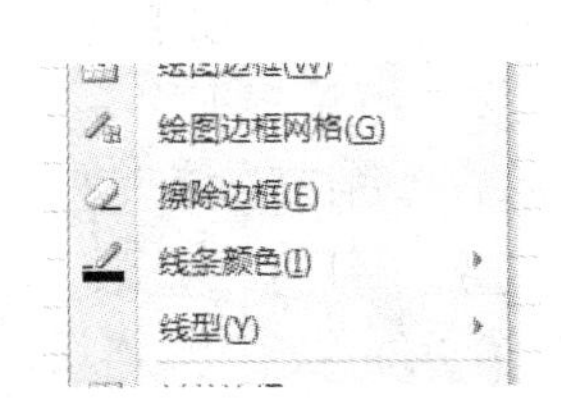

图 5-35 “颜色”选项卡

（2）加底纹的操作步骤如下。

① 选中要加底纹的单元格区域。在本例中，选定 A2:J2 单元格区域。

② 打开“单元格格式”对话框。选择“填充”选项卡。

③ 选择要填充的颜色，设置完成后单击“确定”按钮，如图 5-36 所示。

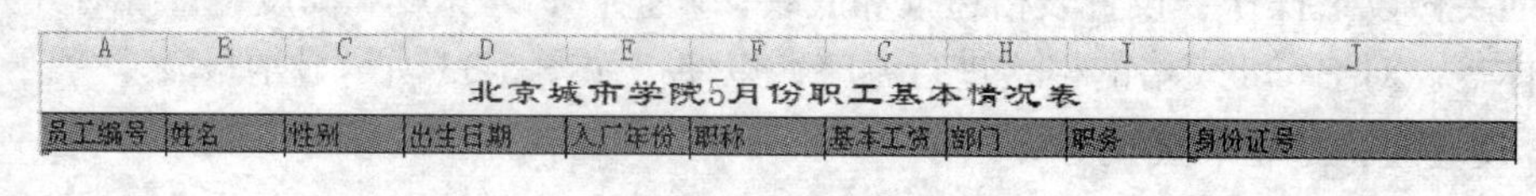

图 5-36　填充底纹表格

（3）表格样式的自动套用。在 Excel 内提供了自动格式化的功能，它可以根据预置的一些格式，将制作的报表格式化，产生美观的报表，也就是表格的自动套用。此种自动格式化的功能，可以节省使用者将报表格式化的许多时间，而制作出的报表却很美观。

选取要格式化的范围。单击“开始”选项卡的“套用表格格式”命令，出现如图 5-37 所示的“自动套用格式”对话框，选择合适的格式。

图 5-37　自动套用格式

2. 设置表格的文字格式

在 Excel 中，与 Word 一样可以设置文字的字体、字形、字号和颜色等。设置的方法与 Word 也一样：首先选中要设置的内容，然后在“开始”选项卡的“字体”栏目中设置；或用鼠标右键，打开“设置单元格式”对话框，选择“字体”，在“字体”选项卡中设置。

3. 设置数字数据格式

Excel 2007 的主要功能之一就是对数据进行处理，因此，正确设置数据的格式十分重要的。Excel 2007 提供了多种数字数据格式，如数值、货币、日期、时间、文本等。

通过选择“开始”选项卡的“字体”命令，打开“单元格格式”对话框的“数字”选项卡，根据需要进行设置即可。

在本文中，可以在“数字”选项卡中选择“文本”选项，设置“员工编号”、“身份证”为文本型数字。选择“日期”选项，设置“出生日期”的格式。选择“数值”选项，设置“档案工资”小数位为 2 位。

4. 设置行高、列宽

在建立报表的时候，工作表格区中每行的高度、每列的宽度都是一样的，但是，在实际工作中，应根据需要设置报表的行高和列宽。

以设置行高为例。可以一次设置一行，也可以一次设置多行。

（1）一次设置一行：移动鼠标指针到所要相邻两行的中间，此时，鼠标指针的形状变成双向箭头时，向上下拖动鼠标，将改变行宽度。此方法常用于相邻行的宽度不同，需逐行设置的情况。

（2）一次设置多行：先选定所有要更改的行，然后拖动其中某一选定行标的下边界，直至合适的位置。如果要更改工作表中所有行的高度，单击“全选”按钮，然后拖动任意行标的边界。

设置列宽的方法与行高基本相同，参照行高的调整方法进行设置。

5. 设置数据的对齐方式

在编制报表的过程中，文本型数据靠左对齐，数值型数据靠右对齐。要改变数据的对齐方式有以下两种操作方法。

方法一：使用“开始” 选项卡的对齐方式一栏点击“左对齐”、“居中”和“右对齐”等按钮，可设置所选区域的数据对齐方式。使用对齐按钮设置对齐方式，具有操作简便快捷的特点。

方法二：使用“设置单元格格式”菜单命令项中“对齐”选项卡。

在本例中，首先选定要设置格式的区域：先选定表格标题，即单元格区域 A2:J2，按住 Ctrl 的同时再选定“员工编号”至“性别”列和“入厂年份”至“身份证”列，这样选定了一个不连续的区域。

打开“设置单元格格式”对话框中的“对齐”选项卡，如图 5-38 所示。设置垂直居中和水平居中。

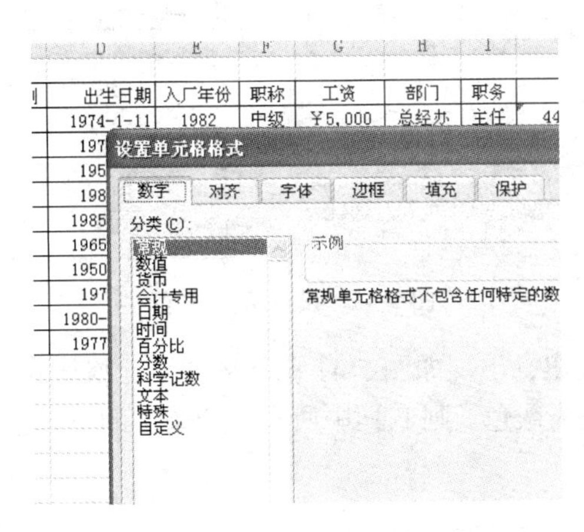

图 5-38 “设置单元格格式”对话框

出生日期列中除 D2 单元格外都设为居右。首先单击列标题“D”，选定整列，再按住 Ctrl 键，同时单击 D2，这样则选定这一列中除 D2 单元格外的其他所有单元格。设置水平居右，垂直居中。

6. 合并单元格

Excel 中合并单元格的概念与 Word 相同。作用是把几个相邻单元格合并成一个单元格，并将原区域中的内容居中显示在合并后的单元格中。当所选择的合并区域中有多个数据时，将只有一个单元格（位于所选区域左上角的单元格）中的数据是有效的，其余单元格中的数据会自动删除。

合并单元格方法是：选择“开始”选项卡中“对齐方式”栏目，单击“合并”按钮，选择“合并后居中”选项，如图 5-39 所示。

取消被合并的单元格只要选择“取消单元格合并”选项即可。

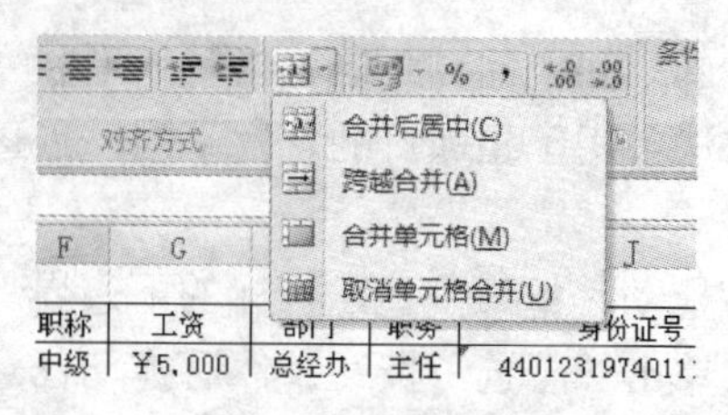

图 5-39　设置合并居中与跨列居中

7. 使用条件格式

表格中的一些数据需要醒目显示，例如“职工基本情况表”中的“高级”职称。如果我们在输入时一个个的定义格式，则过于麻烦。在 Excel 中，使用条件格式，可以使符合条件的数据按照定义的格式显示。例如，使“高级”职称加底纹显示，方法如下。

（1）选择要设置格式的单元格区域。在这里，选定“职称”所在的列，即 F 列。

（2）单击“开始”选项卡的“样式”栏目的“条件格式”按钮，出现如图 5-40 所示的对话框。

（3）选择规则类型，设定“单元格值”、“等于”，并输入“高级”。

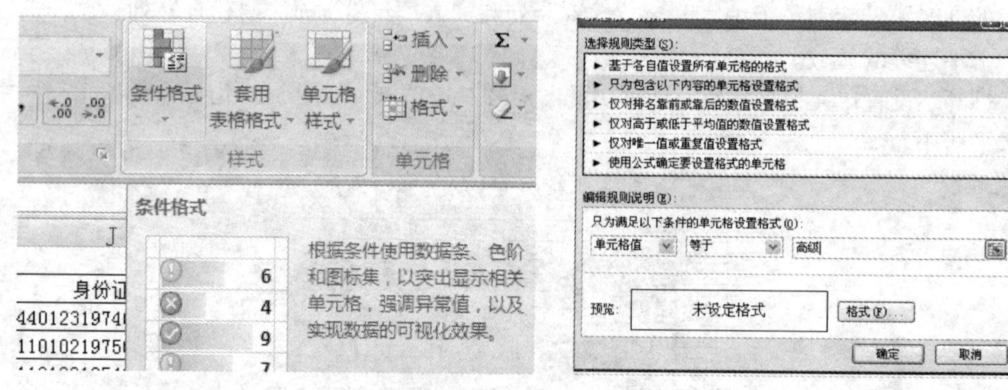

图 5-40　设置条件格式

（4）单击“格式”按钮，出现如图 5-41 所示的“单元格格式”对话框。选择“图案”选项卡，设置单元格底纹为灰色。则 F 列中所有符合条件的单元格将加底纹，单击“确定”按钮完成操作。

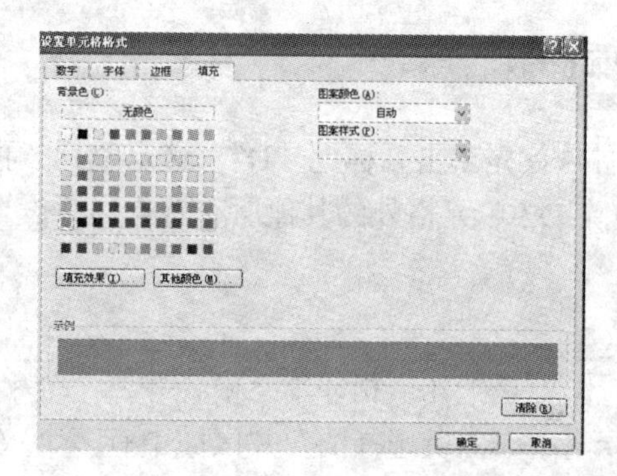

入厂年份	职称	基本工资	部门
1982	中级	¥5,000	总经办
1999	初级	¥3,000	财务部
1975	高级	¥8,000	市场部
2003	中级	¥4,568	工程部
2007	中级	¥3,900	工程部
1998	高级	¥10,000	研发部
1985	中级	¥3,800	研发部
2004	中级	¥5,500	财务部
2010	初级	¥2,500	研发部
2011	中级	¥4,687	研发部

图 5-41　设置格式底纹

从格式规则类型来看，还可以对选择项的排名靠后记录、靠前记录、平均值记录以及重复记录等进行格式化。

8. 使用“格式刷”按钮

在“开始”选项卡上的剪贴板栏目上有一个“格式刷”按钮，该按钮可用来将所选区域的格式复制到目标区域。可以复制字体、数字格式、对齐方式、边框、底纹等。使用非常方便。操作方法与 Word 中的格式刷相同。

9. 大表格的查看

查看大表格比较麻烦，查看后面的行、列时，行、列标题往往滚动到屏幕外而看不到，能否在查看后面的内容时，将行、列标题固定在屏幕上？使用冻结窗格的方法可以解决这个问题。

例如，在查看职工基本表的内容时，查看表格右边的内容时，希望 A、B、C 三列（“员工编号”、“姓名”、“性别”）被固定在屏幕上。职工基本表如图 5-42 所示。查看表格下边内容时，希望第 1、2 两行（报表标题、列标题）被固定在屏幕上，操作方法如下。

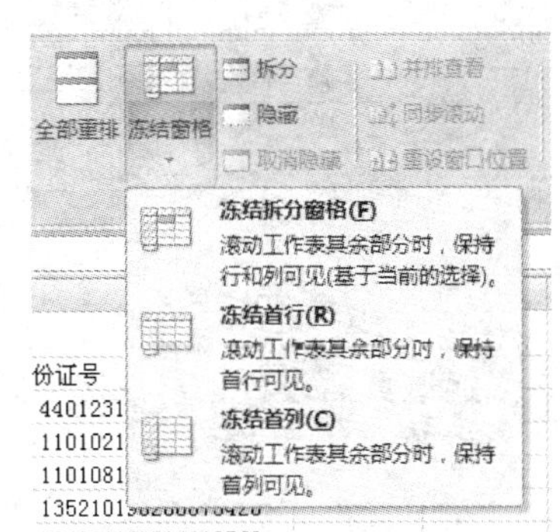

图 5-42　职工基本表

（1）单击不被冻结区域左上角的第一个单元格，例如图 5-43 中的 D3 单元格。

（2）选择“视图” 选项卡中的窗口栏目的“冻结窗口”命令。

	A	B	C	D	E	F	G	H	I
1				职工基本情况表					
2	员工编号	姓名	性别	出生日期	入厂年份	职称	工资	部门	职务
3	001	方世强	男	1974-1-11	1982	中级	¥5,000	总经办	主任
4	002	李平	女	1975-4-4	1999	初级	¥3,000	财务部	职员
5	003	葛优	男	1954-5-4	1975	高级	¥8,000	市场部	经理

图 5-43　行、列标题被冻结后的结果

则行、列标题被冻结。向后查看数据时，行、列标题被固定在屏幕上。结果如图 5-43 所示。

选择“窗口”菜单下的“撤销窗格冻结”命令。可以解除对窗口的冻结。至此，报表的格式已经设置完成，下面将要打印报表。

5.2.7　报表的页面设置和打印

要得到一张完整、漂亮的报表，报表的页面设置是非常重要的。如果不做页面设置，打印时会产生以下问题。

（1）表宽超过页宽，表被纵向拆开，打印在不同的页上，阅读非常不便，如图 5-44 所示。

（2）长报表被横向拆开，打印在不同页上，只有第一页有表头，后面的页没有表头，会使得阅读不便，如图 5-45 所示。

员工编号	姓名	部门	性别	职称	基本工资	岗位补贴	应发合计	养老保险	住房公积金
001	方世强	总经办	男	中级	5000	1000	6000	500	500
002	李平	财务部	男	中级	3000	1000	4000	300	300
003	高优	市场部	男	高级	8000	1000	9000	800	800
004	王蕾	工程部	女	高级	4568	2000	6568	457	457
005	刘华	工程部	女	中级	3900	1000	4900	390	390
006	张磊	工程部	女	中级	10000	1000	11000	1000	1000
007	沈辉	研发部	男	中级	3800	2000	6800	380	380
008	王平	财务部	男	初级	5500	1000	6500	550	550
009	李兰	研发部	女	中级	2500	3000	5500	250	250
010	陈蕾	研发部	女	初级	4687	1000	5687	469	469

工会费	扣款合计	实发工资	工资等级
30	1030	4970	普通
30	630	3370	普通
30	1630	7370	高薪
30	944	5624	普通
30	810	4090	普通
30	2030	8970	高薪
30	790	6010	普通
30	1130	5370	普通
30	530	4970	普通
30	967	4720	普通

图 5-44　打印报表在不同的页上

职工基本情况表

员工编号	姓名	性别	出生日期	入厂年份	职称	档案工资	部门	职务
001	李平	女						
002	王镜	女						
003	刘华	女						
004	张明远	男						

120	王明	女	1966年10月21日	1985	中级	699.66	研发部	职员
……								

图 5-45　长报表被横向拆开

通过页面设置，可以选择打印纸型号、打印位置、打印区域等，使得表格调整到最佳状态打印。

在设置报表的页面时，应当随时单击“打印预览”按钮查看设置效果。

1．设置纸张大小、页边距

与 Word 相同，Excel 可以设置纸张大小和页边距。

（1）纸张大小。常用的打印纸型号有 A4、B5 等，在打印报表时应根据报表的大小选择合适的打印纸。选择打印纸的方法如下。

选择“页面布局”选项卡中的“页面设置”，打开“页面设置”对话框，选择“页面”选项卡，如图 5-46 所示。从“纸张大小”列表框中，选择所需的打印纸型号。

（2）页边距。Excel 2007 在打印报表时自动设置了页边距，确定了报表在打印纸上的位置。如果用户要改变 Excel 2007 的页边距设置，单击“页面布局”选项卡中的“页面设置”按钮，可打开“页面设置”对话框，如图 5-46 所示。按照需要调整页边距。

如果报表较窄，打印的时候会偏向一边，如图 5-47 所示。应当在“页边距”选项卡中选择“水平居中”复选框，使得报表在水平方向上居中打印。

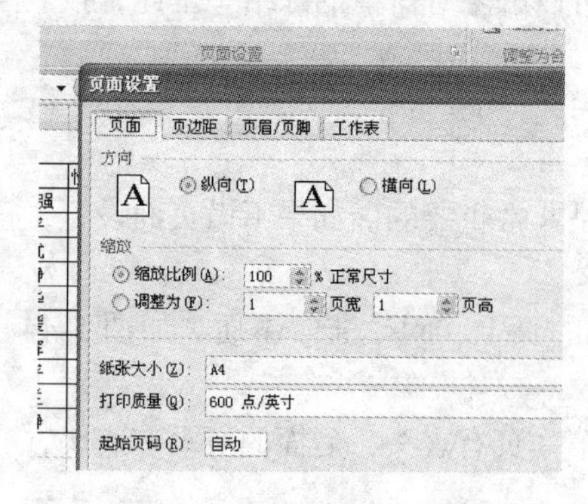

图 5-46　“页面设置”对话框

职工基本情况表

员工编号	姓名	性别	出生日期	入厂年份	职称	档案工资
001	李平	女	1962年10月1日	1982	中级	690.66
002	王镜	女	1973年12月1日	1999	高级	780.50
003	刘华	女	1972年1月3日	1996	中级	500.00
004	张明远	男	1968年12月7日	1986	高级	690.66
005	何应	女	1966年8月21日	1982	中级	690.66
006	邵昆	女	1969年12月16日	1998	初级	400.00
007	王树平	男	1974年2月17日	2002	中级	500.00
008	李蓝	女	1969年1月28日	1988	高级	690.66

图 5-47　未设置水平居中时的打印结果

2. 页眉、页脚的设置

打开“页面设置”对话框，选择“页眉/页脚”选项卡，如图 5-48 所示。

（1）用户可以在页眉、页脚列表框中直接选择。在这里，Excel 提供了一些常用的页眉、页脚格式。

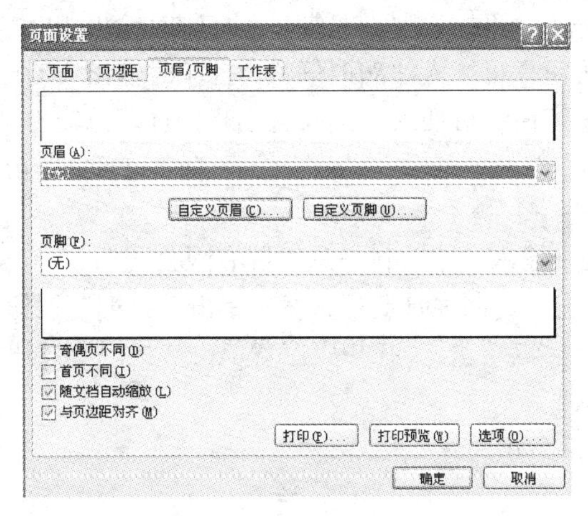

图 5-48 “页眉/页脚”选项卡

（2）用户还可以自己定义。例如，要设置如图 5-49 所示的页眉。单击“自定义页眉”按钮，打开“页眉”对话框设置，如图 5-50 所示。

中关村信息发展有限公司　　制表日期：2011-4-28　共1页 第1页

职工基本情况表

员工编号	姓名	性别	出生日期	入厂年份	职称	工资	部门	职务	身份证号
001	方世强	男	1974-1-11	1982	中级	￥5,000	总经办	主任	440123197401111456
002	李平	女	1975-4-4	1999	初级	￥3,000	财务部	职员	110102197504041223
003	葛优	男	1954-5-4	1975	高级	￥8,000	市场部	经理	110108195405041231
004	王静	女	1982-8-7	2003	中级	￥4,568	工程部	职员	135210198208075428
005	刘华	女	1985-10-1	2007	中级	￥3,900	工程部	职员	320201198510018769
006	张媛	女	1965-12-4	1998	高级	#######	研发部	总工	301123196512045462
007	沈辉	男	1950-8-23	1985	中级	￥3,800	研发部	职员	110106195008237891
008	王平	男	1978-8-7	2004	中级	￥5,500	财务部	经理	110106197808077653
009	李兰	女	980-12-2	2010	初级	￥2,500	研发部	职员	110106198012241224
010	陈静	女	1977-8-25	2011	中级	￥4,687	研发部	职员	321156197708254566

图 5-49　带页眉的报表

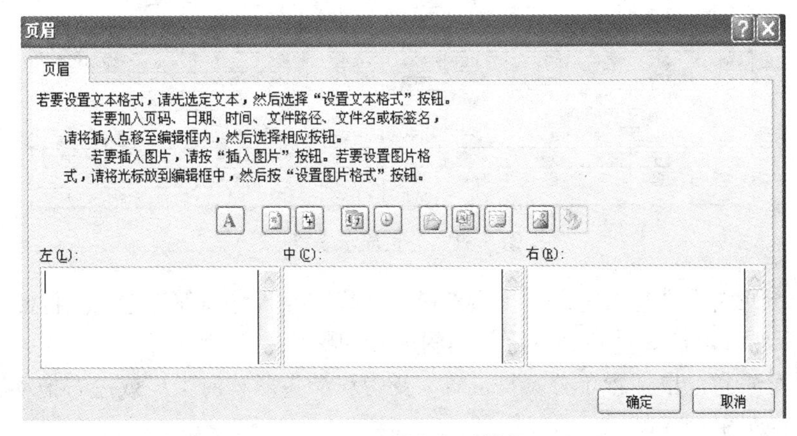

图 5-50 “页眉”对话框

① 在“左”、“中”、“右”编辑框中输入的内容将显示在报表中相应的位置；

② 在“页眉”对话框中，按下“字体”按钮可以设置页眉中文字的字体；

③ 按下“页码”按钮，在页眉中插入“&[页码]”，打印时输出当前页号；

④ 按下“总页数”按钮，在页眉中插入“&[总页数]”，打印时输出报表的总页数；

⑤ 按下“日期”按钮，可插入“&[日期]”，打印时输出当时的日期；

⑥ 按下“时间”按钮，可插入“&[时间]”，打印时输出当时的时间；

⑦ 按下“文件名”按钮，可插入“&[文件名]”，打印时输出当前 Excel 文件名；

⑧ 按下“工作表名”按钮，可插入“&[工作表名]”，打印时输出当前 Excel 工作表名。

例如：

- 在“左”编辑框中输入“中关村信息发展有限公司”；
- 在“右”编辑框输入“制表日期:”，然后单击“日期”按钮，可插入“&[日期]”；
- 输入“第　页”、“共　页”，在相应位置单击“页码”按钮和“总页数”按钮。将设置如图 5-49 所示的页眉。

页脚的设置和页眉基本相同。

3. 处理长报表

当编制的报表较长，超过打印纸的长度时，Excel 2007 将自动对其进行分页打印。但会产生下面问题。

（1）分页的位置需要调整，例如，希望每页正好显示 20 个员工的记录。

（2）希望在第 2 页及后面的页上加报表标题和列标题。

对于表长超过页长的报表，通常采用以下方法进行处理。

（1）分页。单击“视图”选项卡中的“分页预览”按钮。可以看到工作表的分页情况：手动插入的分页符显示为实线。虚线表明 Excel 将在此处自动分页，如图 5-51 所示。

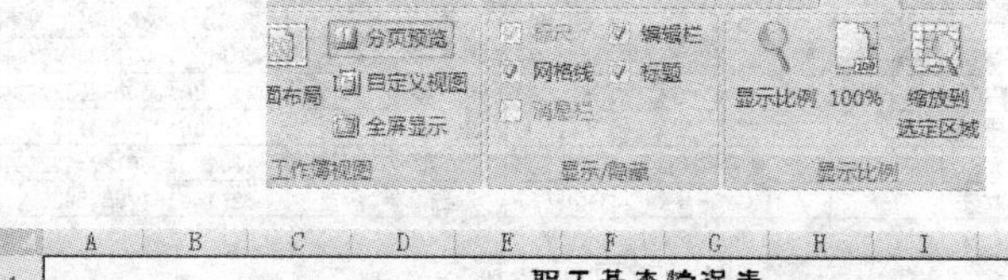

	A	B	C	D	E	F	G	H	I	J
1	职工基本情况表									
2	员工编号	姓名	性别	出生日期	入厂年份	职称	工资	部门	职务	身份证号
3	001	方世强	男	1974-1-11	1982	中级	¥5,000	总经办	主任	440123197401111456
4	002	李平	女	1975-4-4	1999	初级	¥3,000	财务部	职员	110102197504041223
5	003	葛优	男	1954-5-4	1975	高级	¥8,000	市场部	经理	110108195405041231
6	004	王静	女	1982-8-7	2003	中级	¥4,568	工程部	职员	135210198208075428
7	005	刘华	女	1985-10-1	2007	中级	¥3,900	工程部	职员	320201198510018769
8	006	张媛	女	1965-12-4	1998	高级	¥10,000	研发部	总工	301123196512045462
9	007	沈辉	男	1950-8-23	1985	中级	¥3,800	研发部	职员	110106195008237891
10	008	王平	男	1978-8-7	2004	中级	¥5,500	财务部	经理	110106197808077653
11	009	李兰	女	980-12-2	2010	初级	¥2,500	研发部	职员	110106198012241224
12	010	陈静	女	1977-8-25	2011	中级	¥4,687	研发部	职员	321156197708254566

图 5-51　分页显示表格

① 插入分页符。选择行标题，单击右键，选择“插入分页符”选项，将插入水平分页符。选择列标题，可插入垂直分页符，如图 5-52 所示。

② 调整分页符。鼠标置于分页符位置，变为双箭头形状时上下或左右拖动，可以调整分页符位置，如图 5-53 所示。

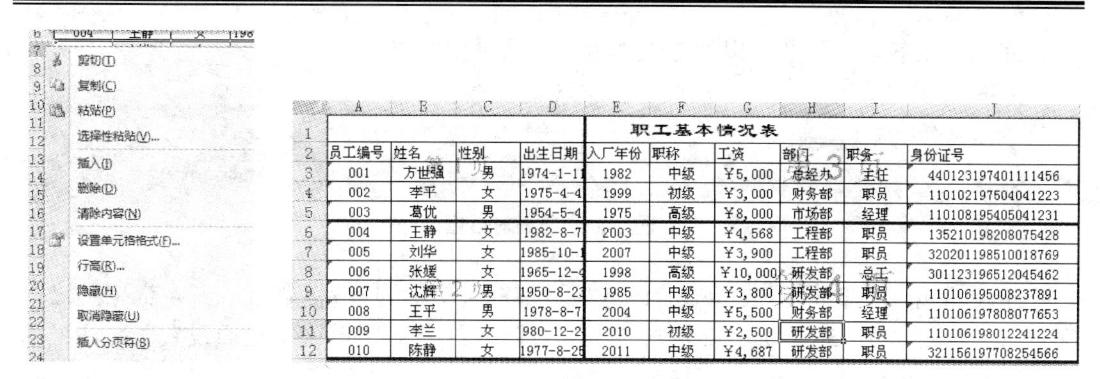

职工基本情况表									
员工编号	姓名	性别	出生日期	入厂年份	职称	工资	部门	职务	身份证号
001	方世强	男	1974-1-1	1982	中级	￥5,000	总经办	主任	440123197401111456
002	李平	女	1975-4-4	1999	初级	￥3,000	财务部	职员	110102197504041223
003	葛优	男	1954-5-4	1975	高级	￥8,000	市场部	经理	110108195405041231
004	王静	女	1982-8-7	2003	中级	￥4,568	工程部	职员	135210198208075428
005	刘华	女	1985-10-1	2007	中级	￥3,900	工程部	职员	320201198510018769
006	张媛	女	1965-12-	1998	高级	￥10,000	研发部	总工	301123196512045462
007	沈辉	男	1950-8-2	1985	中级	￥3,800	研发部	职员	110106195008237891
008	王平	男	1978-8-7	2004	中级	￥5,500	财务部	经理	110106197808077653
009	李兰	女	980-12-2	2010	初级	￥2,500	研发部	职员	110106198012241224
010	陈静	女	1977-8-2	2011	中级	￥4,687	研发部	职员	321156197708254566

图 5-52　手动插入分页符　　　　图 5-53　工作表的分页

③ 删除分页符。以水平分页符为例，向上或向下拖动分页符，直至与另一条水平分页符或表格边框重合，则分页符被删除。

在本例中，每 20 个员工后面插入一条分页符。

（2）设置顶端标题行。当报表内容超过一页时，每页都应重复打印报表标题和列标题，这样有利于阅读报表数据。每页顶端重复打印的内容称为顶端标题行，如图 5-54 所示。

职工基本情况表									
员工编号	姓名	性别	出生日期	入厂年份	职称	工资	部门	职务	身份证号
001	方世强	男	1974-1-1	1982	中级	￥5,000	总经办	主任	440123197401111456
002	李平	女	1975-4-4	1999	初级	￥3,000	财务部	职员	110102197504041223
003	葛优	男	1954-5-4	1975	高级	￥8,000	市场部	经理	110108195405041231
004	王静	女	1982-8-7	2003	中级	￥4,568	工程部	职员	135210198208075428

图 5-54　“职工基本情况表”的顶端标题行

在“职工基本情况表”中设置第 1、2 行为顶端标题行。其设置方法如下。

① 单击“页面布局”选项卡中的“页面设置”按钮，打开“页面设置”对话框，选择“工作表”选项卡，如图 5-55 所示。

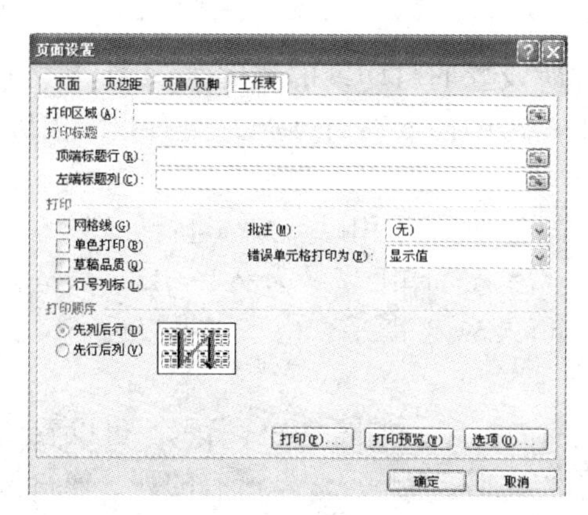

图 5-55　“工作表”选项卡

② 单击“顶端标题行”编辑框右侧的“压缩对话框”按钮。则对话框被压缩为如

图 5-56 所示的较小的形状，以便在工作表中选取单元区域，

打印标题
顶端标题行(R):
左端标题列(C):

图 5-56　压缩对话框

③ 选定第 1、2 行，被选中的区域显示虚线边框。“顶端标题行”文本框中随之出现“$1：$2”，如图 5-57 所示。单击“压缩对话框”按钮返回“页面设置”对话框的“工作表”选项卡。

图 5-57　选择区域

④ 单击“确定”按钮，完成顶端标题行的设置。

现在，单击“打印”按钮，则每页都添加了报表标题和列标题。

（3）页面缩放打印。当长报表分页打印时，有时会分得不均匀，出现最后一页内容很少的情况。在这种情况下，若能把最后一页的数据压缩到前一页中去，即只打印两个整页，这样打印输出的报表就比较整齐美观了。压缩打印可以将报表字体适当缩小后打印，实现调整打印页数的功能。压缩打印的方法如下。

① 打开“页面设置”对话框的“页面”选项卡。

● 一种方法是单击选择“调整为”单选项，在“页高”微调按钮中设置所需的页数。例如，通过打印预览知道报表一共 6 页多，可以压缩为 6 页整，则将“页高”设置 6 页。

● 另一种方法是对“缩放比例”进行调整，使其正好容纳表格。

② 单击“确定”按钮，完成设置。

4. 处理宽报表

报表的宽度如果超过所设置的打印纸的宽度时，Excel 将自动对其纵向左右分页，打印在不同的页上。其中左边的内容有行标题，而右边的内容没有行标题，造成阅读不便。

对于表宽超过页宽的报表，通常采用以下方法进行处理。

（1）调整打印方向。常用的打印纸型号为 A4、B5，都是长度大于宽度，通常默认的打印方向为纵向打印，如图 5-58 所示，由于当报表过宽，被纵向分开打印在不同的页上。

可以将打印方向改成横向打印，如图 5-59 所示。可以看到，由于采用了横向打印方式，同一页上可以容纳“职工基本情况表”所有的列，使得报表完整、美观。其操作方法如下。

① 单击“页面设置”按钮，打开“页面设置”对话框，选择“页面”选项卡。

② 打印方向选择“横向”单选项。

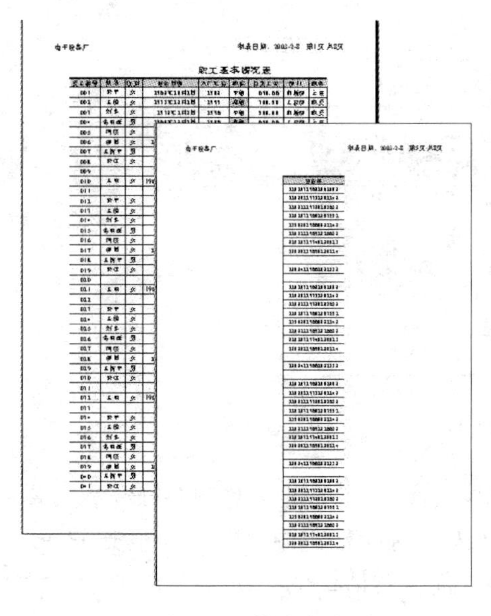

图 5-58　纵向打印

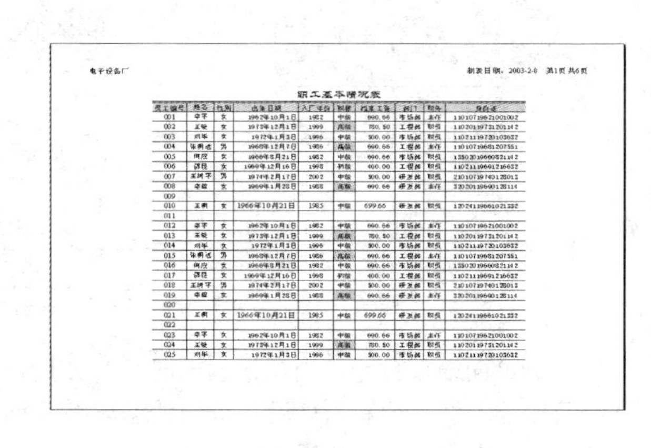

图 5-59　横向打印

③ 单击“确定”按钮，完成横向打印的设置。

（2）设置左端标题列。当报表过宽，横向打印也无法容纳所有的列，必须将报表纵向分开打印时，可以在每页打印报表的左端都设置行标题，这样阅读报表时比较方便。每页重复打印的内容称为“左端标题列”，其设置方法与设置“顶端标题行”相似。

例如，要设置“职工基本信息表”的第 1、2 列“员工编号”和“姓名”为“左端标题列”，过程如下。

① 打开“页面设置”对话框，选择“工作表”选项卡。

② 单击“左端标题列”编辑框右侧的“压缩对话框”按钮。则对话框被压缩为如图 5-60 所示的较小的形状，以便在工作表中选取单元区域。

图 5-60　左端标题列的压缩对话框

选定第 1、2 列，被选中的区域显示虚线边框。“左端标题列”文本框中随之出现“$A:$B”，如图 5-61 所示。单击“压缩对话框”按钮返回“页面设置”对话框的“工作表”选项卡。

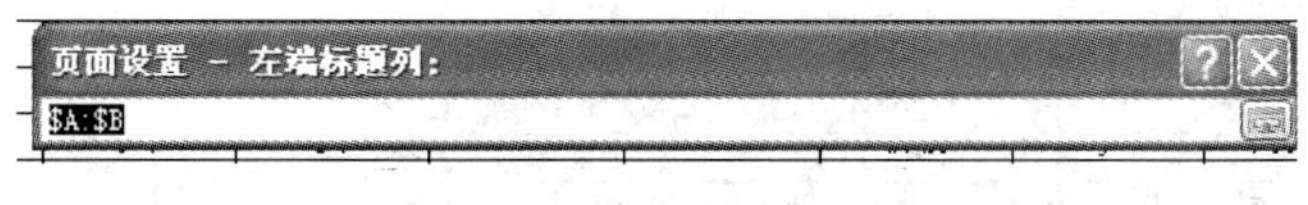

图 5-61　选取左端标题列

③ 单击“确定”按钮，完成左端标题列的设置。结果如图 5-62 所示，每页都添加了行标题“员工编号”和“姓名”。

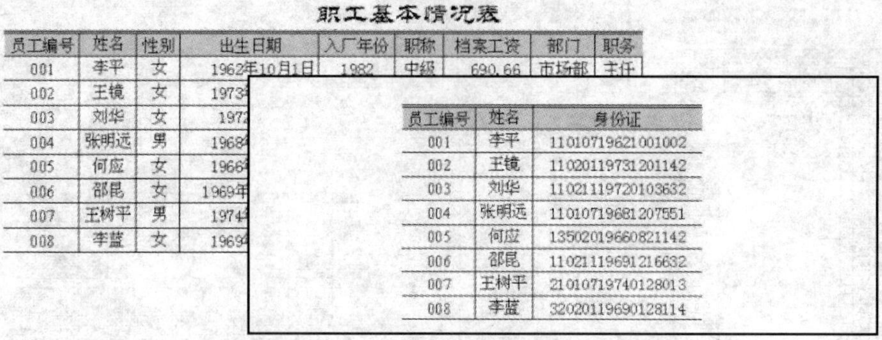

职工基本情况表

员工编号	姓名	性别	出生日期	入厂年份	职称	档案工资	部门	职务
001	李平	女	1962年10月1日	1982	中级	690.66	市场部	主任
002	王镜	女	1973					
003	刘华	女	1972					
004	张明远	男	1968					
005	何应	女	1966					
006	部昆	女	1969年					
007	王树平	男	1974					
008	李蓝	女	1969					

员工编号	姓名	身份证
001	李平	110107196210010002
002	王镜	110201197312011142
003	刘华	110211197201036632
004	张明远	110107196812077551
005	何应	135020196608211142
006	部昆	110211196912166632
007	王树平	210107197401280013
008	李蓝	320201196901281114

图 5-62　左端标题列设置结果

（3）页面缩放打印。当宽报表纵向左右分页打印以后，如果右边一页内容很少，可以压缩打印的方法，把右边最后一页的数据压缩到前面去，这样打印输出的报表整齐一些。操作方法与长报表压缩打印的方法相似：在“页面设置”对话框的“页面”选项卡中，设置 “页宽”所需的页数。

例如，职工基本情况表，在纵向打印的情况下分 2 页，其中第 2 页只有一列数据。可以设置页宽为“1”，压缩到一页打印。

5. 设置打印区域

若要有选择地打印报表中的某些内容，可以采取设置打印区域的方法。

打开“页面设置”对话框，在“工作表”选项卡中设置“打印区域”。设置的方法与设置“顶端标题行”和“左端标题列”相似。

例如，可以设置只打印 “员工编号”、“姓名”、“性别”和“出生日期”。

（1）在“打印区域”中设置要打印的单元格区域，单击“打印区域”编辑框右侧的“压缩对话框”按钮。

（2）选定“员工编号”、“姓名”、“性别”和“出生日期”所在的列。

（3）单击“压缩对话框”按钮返回“页面设置”对话框的“工作表”选项卡，单击“确定”按钮。其效果如图 5-63 所示。

中关村信息发展有限公司　　制表日期：2011-4-28　共2页 第2页

员工编号	姓名	性别	出生日期	身份证号
001	方世强	男	1974-1-11	440123197401111456
002	李平	女	1975-4-4	110102197504041223
003	葛优	男	1954-5-4	110108195405041231
004	王静	女	1982-8-7	135210198208075428
005	刘华	女	1985-10-1	320201198510018769
006	张媛	女	1965-12-4	301123196512045462
007	沈辉	男	1950-8-23	110106195008237891
008	王平	男	1978-8-7	110106197808077653
009	李兰	女	1980-12-24	110106198012241224
010	陈静	女	1977-8-25	321156197708254566

图 5-63　设置打印区域的结果

从图 5-63 中可以发现报表的标题不见了，这是因为报表的标题采用了“跨列居中”或“合并居中”方式，处于报表水平中心位置，不在设置的打印区域里。因此只要做适当的格式设置，就可以打印出来。

如果要取消所设置的打印区域。操作方法是：选择“页面布局”选项卡中的“打印区域”命令，然后，选择下级菜单中的“取消打印区域”命令。

6. 打印命令

选择“Office”菜单中的“打印”命令，打开如图 5-64 所示的“打印”对话框。

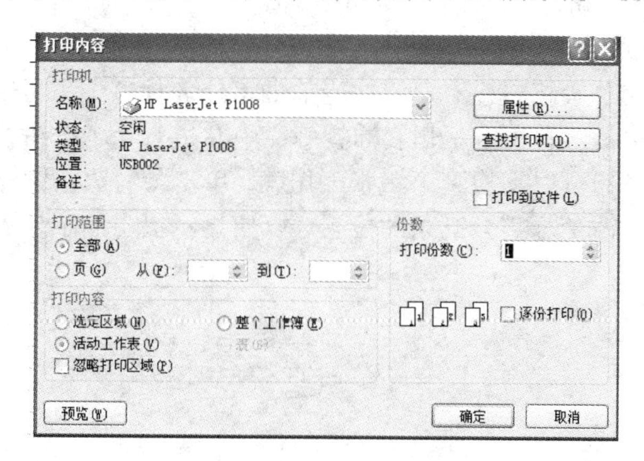

图 5-64 “打印”对话框

Excel 的“打印”命令与 Word 相似。可以设置打印的范围、打印的区域、份数等打印方式。设置的方法也和 Word 基本相似，单击“确定”按钮，开始打印。

5.2.8 表格的保护

1. 隐藏工作表的内容

如果工作表的某些行、列需要保密，例如，职工的“档案工资”列需要保密，操作步骤如下。

（1）右击列标题，在子菜单中选择“隐藏” 命令。则在工作表中将不显示“档案工资”列。

（2）如果要显示被隐藏的列，右击列标题，在子菜单中选择“取消隐藏”命令即可。

对行的操作方法和列相同。

2. 保护工作表不被修改

被隐藏的内容只要取消隐藏就会显示出来，不能起到保护表格的作用。还要再做进一步设置。

打开“审阅”选项卡，单击更改栏目中的“保护工作表”按钮，打开“保护工作表”对话框，如图 5-65 所示。指定用户的权限，并设置密码，单击“确定”按钮完成设置。

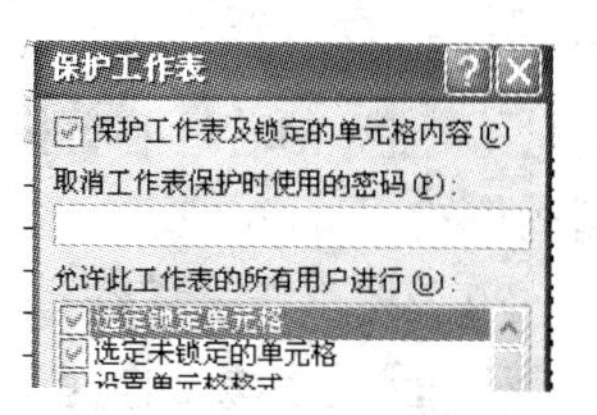

图 5-65 “保护工作表”对话框

5.2.9　工作表的操作

在一个工作簿中，可以拥有多个工作表，各个工作表之间可以相互独立，也可以互相调用数据，建立一定的关联。

1. 工作表的选取及切换

由于一个工作簿具有多个工作表，且它们不可能同时显示在一个屏幕上，所以使用时要不断地在工作表中切换，来完成不同的工作。在 Excel 中可以利用工作表标签快速地在不同的工作表之间进行切换。在切换过程中，如果该工作表的名字在标签中，可以单击对应的标签，即可切换到指定工作表中。

如果要切换的工作表标签没有显示在当前的工作表标签中，可以通过对滚动按钮的操作来进行切换，Excel 屏幕下方工作表标签一栏中左边有 4 个按钮即为工作表标签滚动按钮。单击最左边按钮可以切换到第一张工作表，单击最右边按钮可切换到的最后一张工作表。也可以通过改变标签分割条的位置，以便显示更多的工作表标签等，如图 5-66 所示。

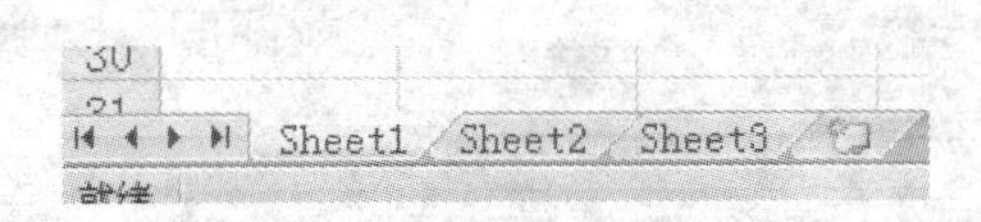

图 5-66　改变标签分割条

2. 重命名工作表

在 Excel 新的工作簿中，工作表都以“Sheet1”、“Sheet2”…来命名，不便记忆和管理。用户可以改变这些工作表的名字，例如，将“Sheet1”改为“基本表”，操作步骤如下。

（1）单击要改名的工作表的标签，单击鼠标右键，打开快捷菜单，如图 5-67 所示。

（2）选择“重命名”命令。

（3）在标签中输入新的名字。

3. 移动和复制工作表

可以通过移动工作簿中的工作表，来重新安排它们的次序。同时还可以把一个工作表移动到另一个工作簿中，在工作簿中复制工作表，把工作表复制到其他工作簿中或者建立一个新的工作簿等操作。

（1）在同一个工作簿中移动工作表，调整其排序的步骤如下。

① 在要移动的工作表标签上单击。

② 然后沿着标签行拖动选中的工作表到达新的位置，松开鼠标键即可将工作表移动到新的位置。

（2）将工作表移动到另一个工作簿，操作步骤如下。

① 首先在源工作簿工作表标签上单击，选中的工作表标签。

② 单击右键，选择“移动或复制工作表”子菜单，打开如图 5-68 所示的“移动或复制工作表”对话框，在其中的“工作簿”列表框中选择目的工作簿。

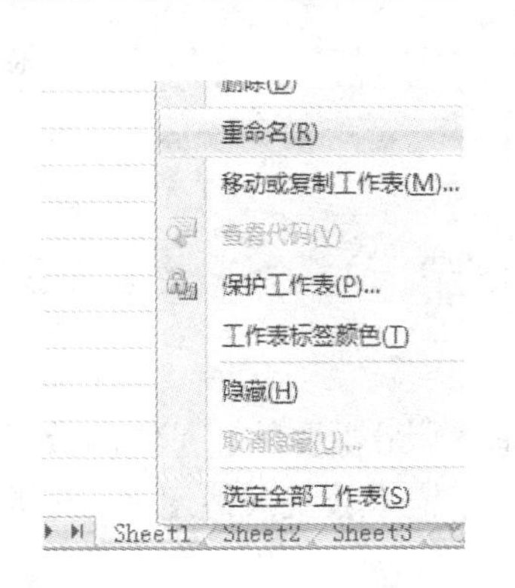

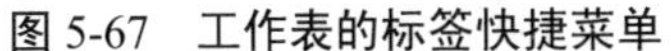

图 5-67　工作表的标签快捷菜单

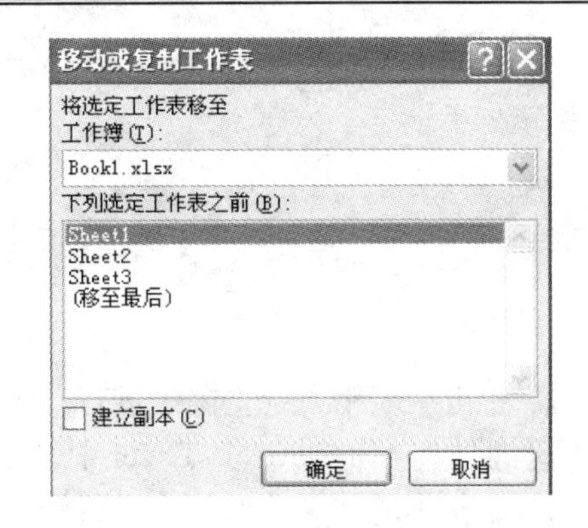

图 5-68　“移动或复制工作表”对话框

③ 单击“确定”按钮即可。如果在目的工作簿中含有相同的工作表名，则移动过去的工作表的名字会改变。

（3）在工作簿中复制工作表。在实际工作中，经常会遇到两张表格很相似的情况，所以不必建立一张新的工作表，而只需将类似的工作表复制一份，然后对其中发生变化的个别项目进行修改即可。

在同一工作簿中复制工作表的过程如下。

① 在工作表标签上单击源工作表标签。

② 按住 Ctrl 键并沿着标签行拖动选中的工作表到达新的位置，之后松开鼠标键即可将复制的工作表插入到新的位置。在拖动过程中，屏幕上会出现一个黑色的三角形，来指示工作表要被插入的位置。

（4）将工作表复制到其他工作簿。将工作表复制到另外一个工作簿的步骤如下：

① 打开“移动或复制工作表”对话框。

② 在“将选择工作表移至工作簿”列表框中选择目标工作簿。

③ 选择“建立副本”复选框。单击“确定”按钮即可。

4. 添加和删除工作表

新建的空白工作簿中通常有默认的 3 个工作表，它们分别是以“Sheet1”、“Sheet2”、“Sheet3”命名。而在实际工作中，在一个工作簿用到超过 3 或者少于 3 个的工作表。在 Excel 中可以增加或者减少工作表的数目。

若要增加一张工作表，执行“插入”选项卡中的“工作表”命令，或者在工作表快捷菜单中选择“插入”命令，在当前工作表之前插入新的工作表，同时被命名为“Sheet4”。新插入的工作表变成了当前活动工作表。

“删除”工作表和插入工作表的操作类似，首先单击工作表标签来选定要删除的工作表，之后选择“编辑”菜单中的“删除工作表”命令即可。

5. 清除工作表内容

当工作表中的内容需要删除时，先选中要删除的区域，按 Delete 键，即可将工作表内容删除，使工作表又变成空白工作表。

清除工作表内容和删除工作表的结果是不同的。前者保留了工作表，只是其中的内容被删除，工作簿中工作表的数目没变；后者则是将工作表从工作簿中去掉，工作簿中工作表的数目减少了。

5.3　Excel 数据处理

作为一个电子表格系统，除了进行一般的表格处理外，最主要的还是它的数据计算、分析等处理能力。在 Microsoft Excel 中，可以在单元格中输入公式或使用 Excel 提供的函数来完成对工作表的计算，对报表进行管理、分析等。

5.3.1　用公式计算数据

1. 建立一个工资表

建立如图 5-69 所示的一个“职工工资表”。

职工工资表

员工编号	姓名	部门	性别	职称	基本工资	岗位补贴	应发合计	养老保险	住房公积金	工会费	扣款合计	实发工资
001	方世强	总经办	男	中级	5000	1000	6000	500	500	30	1030	4970
002	李平	财务部	男	中级	3000	1000	4000	300	300	30	630	3370
003	葛优	市场部	男	高级	8000	1000	9000	800	800	30	1630	7370
004	王静	工程部	女	高级	4568	2000	6568	457	457	30	944	5624
005	刘华	工程部	女	中级	3900	1000	4900	390	390	30	810	4090
006	张媛	工程部	女	中级	10000	1000	11000	1000	1000	30	2030	8970
007	沈辉	研发部	男	中级	3800	2000	5800	380	380	30	790	5010
008	王平	财务部	男	初级	5500	1000	6500	550	550	30	1130	5370
009	李兰	研发部	女	中级	2500	3000	5500	250	250	30	530	4970
010	陈静	研发部	女	初级	4687	1000	5687	469	469	30	967	4720

图 5-69　职工工资表

（1）在工作表“基本表”中已经输入了员工基本信息：“员工编号”、“姓名”、“部门”、“基本工资”等。这些数据不必在工资表中重复输入，可以通过公式直接引用。

（2）应发合计、养老保险、扣款合计、实发工资、住房公积金可以通过公式计算得到。

因此实际要输入的数据只有“岗位补贴”、“工会费”。

输入公式一般都通过 Excel 2007 窗口中的“编辑栏”，在单元格中输入公式，必须以“=”开始，以表明后面输入的是公式。

参加公式运算的可以是操作数和运算符。

其中，操作数可以是数字，也可以引用单元格、单元区域的数据、单元区域的名称，或者使用工作表函数。

2. 运算符

公式中的运算符包括算术运算符、比较运算符、文本运算符和引用运算符。表 5-3 列出了各种 Excel 2007 运算符。

表 5-3　Excel 2007 运算符

类　别	运　算　符
算术运算符	+（加）、-（减）、*（乘）、/（除）、^（乘方）
比较运算符	=（相等）、<>（不相等）、>（大于）、<（小于）、>=（大于等于）、<=（小于等于）
文本运算符	&（连接符）

其中，连接运算符“&”用来将两个文本值连接或串起来产生一个连续的文本值，例如，“办公”&“自动化”的结果就是“办公自动化”。

3. 输入公式进行计算

（1）通过公式直接引用已有的数据。

① 单击要输入公式的单元格，如图 5-69 所示的 A2 单元格。

② 单击“编辑框”左边的按钮=，这时，在“编辑框”中出现一个“=”符号，表示开始输入公式。

③ 直接引用已有的数据：先单击工作表“基本表”的标签，再单击基本表中 A2 单元格。然后按 Enter 键。

此时“工资表”的编辑框中出现公式“=基本表!A2”。表示引用“基本表”中 A2 单元格的数据。此时，在“工资表”的 A2 单元格显示与基本表相同的数据“员工编号”。

- B2 单元格中的公式输入“=基本表!B2”，数据变为“姓名”。
- C2 单元格中的公式输入“=基本表!2”，数据变为“部门”。
- D2 单元格中的公式输入“=基本表!C2”，数据变为“性别”。
- E2 单元格中的公式输入“=基本表!F2”，数据变为“职称”。
- F2 单元格中的公式输入“=基本表!G2”，数据变为“基本工资”。

当然，如果引用当前工作表中的数据就更简单了，直接输入“=单元格地址”即可。例如“=A2”表示引用当前工作表中 A2 单元格的数据。

（2）复制公式。复制公式可以采用填充序列的方法复制，也可以使用“复制”、“粘贴”命令完成，步骤如下。

① 选定 A2 单元格，按箭头所示方向垂直向下拖动填充序列，则公式复制到下面的单元格中。同时下面单元格中的公式会做相应的变化。例如 A3 单元格中的公式自动变为“=基本表!A3”，A3 单元格中的数据变为“001”，往下依次类推，变为“002”，“003”，…一直向下拖动，直到填充所有员工的编号。

② 仿照上面的方法进行复制，填充“基本表”中对应员工的“姓名”、“部门”和“档案工资”。

（3）输入公式进行计算。按照图 5-70 所示，在工作表中输入数据：“岗位补贴”和“工会费”。其他的数据可以通过公式计算而得。

职工工资表

员工编号	姓名	部门	性别	职称	基本工资	岗位补贴	应发合计	养老保险	住房公积金	工会费	扣款合计	实发工资
001	方世强	总经办	男	中级	5000	1000	6000	500	500	30	1030	4970
002	李平	财务部	男	中级	3000	1000	4000	300	300	30	630	3370
003	葛优	市场部	男	高级	8000	1000	9000	800	800	30	1630	7370
004	王静	工程部	女	高级	4568	2000	6568	457	457	30	944	5624
005	刘华	工程部	女	中级	3900	1000	4900	390	390	30	810	4090
006	张媛	工程部	女	中级	10000	1000	11000	1000	1000	30	2030	8970
007	沈辉	研发部	男	中级	3800	2000	5800	380	380	30	790	5010
008	王平	财务部	男	初级	5500	1000	6500	550	550	30	1130	5370
009	李兰	研发部	女	中级	2500	3000	5500	250	250	30	530	4970
010	陈静	研发部	女	初级	4687	1000	5687	469	469	30	967	4720

图 5-70　采用填充序列的方法复制数据

① 计算“应发合计”，应发合计=基本工资+岗位补贴。在 H3 单元格中输入公式“=F3+G3”。

② 计算“养老金保险”，养老金保险=基本工资 × 10%。在 I3 单元格中输入公式“=H3*10%”。

③ 计算“住房公积金”，住房公积金=基本工资 × 10%。在 J3 单元格中输入公式“=H3*10%”。

④ 计算“扣款合计”，扣款合计=养老金保险+工会费。在 L3 单元格中输入公式“=I3+J3+K3”。

⑤ 计算“实发工资”，实发工资=应发合计－扣款合计。在 N3 单元格中输入公式“=H3-L3”。

进行公式复制，填充所有的“应发合计”、“养老金保险”、“扣款合计”和“实发工资”项。

5.3.2　使用函数计算

在前面已经完成了职工工资表的输入，下面将完成对职工工资表的统计。例如，如图 5-71 所示的统计职工工资表数据。

Excel 提供了将近 200 个内部函数，选择“公式”选项卡，如图 5-72 所示。可以看到包括：财务函数、日期与时间函数、数学与三角函数、统计、查找与引用函数、数据库函数、文本函数、逻辑函数、信息函数等。

职工工资表

员工编号	姓名	部门	性别	职称	基本工资	岗位补贴	应发合计	养老保险	住房公积金	工会费	扣款合计	实发工资
001	方世强	总经办	男	中级	5000	1000	6000	500	500	30	1030	4970
002	李平	财务部	男	中级	3000	1000	4000	300	300	30	630	3370
003	葛优	市场部	男	高级	8000	1000	9000	800	800	30	1630	7370
004	王静	工程部	女	高级	4568	2000	6568	457	457	30	944	5624
005	刘华	工程部	女	中级	3900	1000	4900	390	390	30	810	4090
006	张媛	工程部	女	中级	10000	1000	11000	1000	1000	30	2030	8970
007	沈辉	研发部	男	中级	3800	2000	5800	380	380	30	790	5010
008	王平	财务部	男	初级	5500	1000	6500	550	550	30	1130	5370
009	李兰	研发部	女	中级	2500	3000	5500	250	250	30	530	4970
010	陈静	研发部	女	初级	4687	1000	5687	469	469	30	967	4720

统计			
统计	实发工资<4000	1	人
	4000<=实发工资<7000	7	人
	实发工资>=7000	2	人
	最低工资	3370	元
	最高工资	8970	元
	平均工资	5446	元
	合计	54464	元

图 5-71　统计职工工资表数据

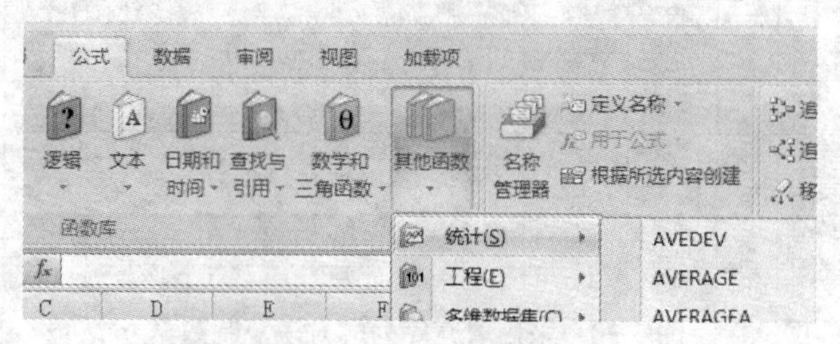

图 5-72　函数选择对话框

1. 函数分类

(1) 财务函数。财务函数可以进行一般的财务计算，如计算利息、折旧、投资回报率、债券或息票的价值等，对于进行财务计算提供了极大的方便。

（2）数学和三角函数。通过数学和三角函数，可以对复杂的科学和工程公式处理，进行的复杂计算，比较常用的运算有求和（SUM）、按条件求和（SUMIF）、取随机数（RAND）、求余数（MOD）、取整（INT）、取绝对值（ABS）和四舍五入（ROUND）等。

（3）日期与时间函数。通过日期与时间函数，可以在公式中分析和处理日期值和时间值。较常用的有当前的日期函数（TODAY）、当前的日期和时间函数（NOW）等。

（4）文本函数。通过文本函数，可以在公式中处理文字串。比较常用的函数有统计字符串长度（LEN）、截取字符串（LEFT、RIGHT）等。

（5）逻辑函数。逻辑函数提供一般的逻辑运算：与（AND）、或（OR）、非（NOT）等。使用逻辑函数可以进行真假值判断，或者进行复合检验。

（6）统计函数。统计函数用于对数据区域进行统计分析，可以是简单计算平均数、最小值、最大值、标准偏差或工作表上一组数值的方差等。它也包括各种数据统计函数，是 Excel 2007 函数集中数量最大的一类函数。较常用的有求平均（AVERAGE）、计数（COUNT）、条件计数（COUNTIF）、最大（MAX）、最小（MIN）。

（7）信息函数。信息函数根据单元的格式或其内容返回相应的值，用来确定存储在单元格中的数据的类型，在计算前分析数据时常会使用它。例如测试单元格内是否为文本（ISTEXT）、是否为数值（ISNUMBER）等。

（8）查找和引用函数。当需要在数据表格中查找特定数值，或者需要查找某个单元格的引用时，可以使用查询和引用工作表函数。

（9）数据库函数。数据库函数用来对存储在数据清单或数据库中的数据进行分析。

2. 函数的使用

Excel 提供各种功能的函数，现通过几个常用函数，了解函数的基本使用方法。

计数使用的函数主要有 COUNT 和 COUNTIF。

COUNT 函数

① 函数 COUNT 可以计算单元格区域中数字项的个数。

② 函数格式为：COUNT(value1,value2, ...)

value 的值可以是单元格区域，也可以是数值型、文本型、日期型等数据。

例如：

COUNT(K3:K10)等于 8，因为 K3:K10 区域为 8 个数字型数据；

COUNT(K3:K10，H3:H5)等于 11，因为 K3:K10，H3:H5 是一个不连续单元区域，包括 11 个数字型数据；

COUNT(K3:K10)等于 0，因为 K3:K10 区域为 8 个文本型数据，文本型数据不参加计数。

COUNT(2，“实发工资”，99-01-01) 等于 2。

COUNTIF 函数

① 函数 COUNTIF 计算给定区域内满足条件的单元格的数目。

② 函数格式为：COUNTIF(range,criteria)

Range 为需要参加计算的单元格区域。可以是不连续单元格区域。

Criteria 为确定哪些单元格将被计算在内的条件，形式可以为数字、表达式或文本。

例如：

COUNTIF(N3:N10,"<4000")等于 1，因为图 5-71 中 N3:N10 单元区域中小于 4000 的数据共 1 个。

3. COUNTIF 函数

下面要统计人数，对“实发工资”分段统计各段的人数，实现如图 5-71 统计图。

应当使用 COUNTIF 函数统计，可以直接输入公式，也可以通过 Excel 提供的函数向导，一步步完成函数。计算如图 5-71 所示的实发工资不同级别的人数，操作步骤如下。

（1）首先计算实发工资少于 4 000 元的人数。

① 单击需要输入公式的单元格 F15。

② 单击“编辑框”左边的“=”按钮，单击后，原来的“名称框”变成了“函数框”，选择 COUNTIF 函数，如图 5-73（a）所示。显示 CONUNTIF 函数对话框，如图 5-73（b）所示。

③ 选择单元格区域 “K3:K10”。

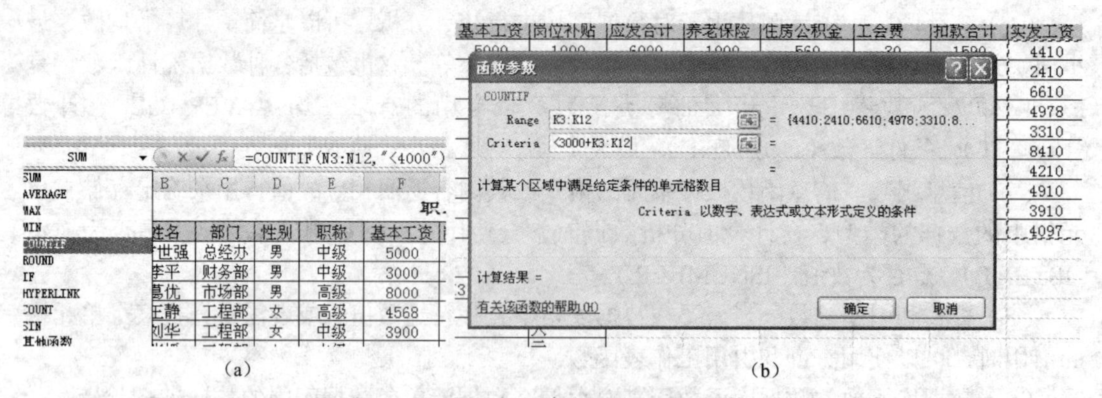

（a）　　　　　　　　　　（b）

图 5-73　通过向导建立 COUNTIF 函数

④ 按“压缩对话框”按钮返回 CONUNTIF 函数对话框。

⑤ 在 Criteria 编辑框中输入条件“<4000”。

⑥ 单击“确定”按钮完成函数的输入。结果显示 1，即在该区域有 1 个单元格符合条件。

（2）统计其他数据：仿照前面的方法输入公式。

① 在 F16 中统计实发工资在 4 000 元到 7 000 元之间的人数。公式为：

=COUNTIF(N3:N12,">4000")-COUNTIF(N3:N12,">7000")

② 在 F17 中统计实发工资在 7000 元以上的人数，公式为：

=COUNTIF(N3:N12,">=7000")

4. IF 函数

图 5-69 中是一个工资表，现在要统计每个人的工资等级：工资在 7 000 以下的等级为“普通”，大于或等于 7 000 的等级为“高薪”。

使用函数的一般步骤

① 首先，应当查阅 Excel 的帮助，了解哪个函数能够完成所需的功能。

② 然后，通过 Excel 的帮助，了解函数格式和用法。在这里，应当使用 IF 函数。

IF 函数

① 函数格式：=IF(logical_test,value_if_true,value_if_false)

② IF 函数对逻辑条件（logical_test）进行检查， 值为真或假。如果条件为真，则返回 value_if_true 的值；如果条件为假，则函数将返回 value_if_false 值。

> 例如：
>
> IF(N3>=7000,"高薪","普通") 等于“普通”。
>
> 因为图 5-71 中 K3 的值为 4970，逻辑条件“N3>=7000”的值为假（FALSE），所以返回的值为“普通”。

如果熟悉函数的格式，可以直接在单元格中写函数。另外 Excel 提供了函数向导，可以按照向导所示，一步步完成函数。

操作步骤如下。

（1）单击需要输入公式的单元格 O3。

（2）单击“编辑框”左边的“=”按钮，单击后，原来的“名称框”变成了“函数框”，如图 5-74（a）所示。

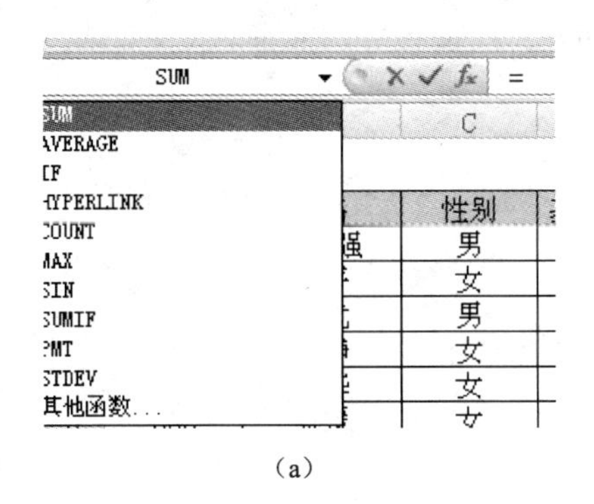

（a）

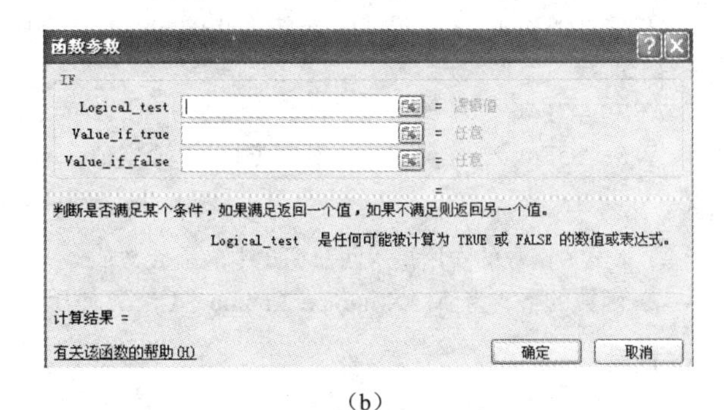

（b）

图 5-74　通过向导建立 IF 函数

（3）从函数框的下拉列表中选择函数“IF”，出现 IF 函数对话框，如图 5-74（b）所示。

① 在“logical_test”编辑框中输入“N3>=7000”。

② 在“value_if_true” 编辑框中输入“高薪”。

③ 在“value_if_ false” 编辑框中输入“普通”。

输入完成，单击“确定”按钮返回。

（4）将 O3 单元格中的公式复制到下面的单元格中。完成“工资等级”的计算，如图 5-75 所示。

职工工资表

员工编号	姓名	部门	性别	职称	基本工资	岗位补贴	应发合计	养老保险	住房公积金	工会费	扣款合计	实发工资	工资等级
001	方世强	总经办	男	中级	5000	1000	6000	500	500	30	1030	4970	普通
002	李平	财务部	男	中级	3000	1000	4000	300	300	30	630	3370	普通
003	葛优	市场部	男	高级	8000	1000	9000	800	800	30	1630	7370	高薪
004	王静	工程部	女	高级	4568	2000	6568	457	457	30	944	5624	普通
005	刘华	工程部	女	中级	3900	1000	4900	390	390	30	810	4090	普通
006	张媛	工程部	女	中级	10000	1000	11000	1000	1000	30	2030	8970	高薪
007	沈辉	研发部	男	中级	3800	2000	5800	380	380	30	790	5010	普通
008	王平	财务部	男	初级	5500	1000	6500	550	550	30	1130	5370	普通
009	李兰	研发部	女	中级	2500	3000	5500	250	250	30	530	4970	普通
010	陈静	研发部	女	初级	4687	1000	5687	469	469	30	967	4720	普通

图 5-75　IF 函数使用效果图

5. SUM、AVERAGE、MAX、MIN 函数

下面要统计“实发工资”中最高、最低的工资，统计实发工资的平均值和合计值。

应当使用 SUM、AVERAGE、MIN、MAX 函数。

可以直接输入公式，也可以通过 Excel 提供的函数向导，一步步完成函数。

SUM 函数

① SUM 函数的作用是计算某一单元格区域中所有数字之和。

② 函数的格式为 SUM(number1,number2, ...)

Number 参加求和的参数，最多可以有 30 个参数。参数表中可以是单元格区域、数字、逻辑值、数字的文本表达式等。

例如：

SUM(3, 2) 等于 5。计算 3+2。

SUM(J3, J4) 等于 9220.16。计算 J3 单元格和 J4 单元格之和。

SUM(J3: J10) 等于 28333.14。计算 J3 到 J10 单元格区域中所有数据之和。

AVERAGE 函数

① AVERAGE 函数的作用是计算某一单元格区域中所有数字的平均值。

② 函数的格式为 AVERAGE(number1,number2, ...)，使用方法和 SUM 相似。

例如：

AVERAGE(4, 2, 0) 等于 2。计算 4、2、0 三个数的平均值。

AVERAGE(4, 2,) 等于 3。因为其中有一个空值，不参加计算，因此只计算 4、2 两个数的平均值。

MAX 函数

① MAX 函数的作用是返回数据集中的最大数值。

② 函数的格式为 MAX(number1,number2, ...)，使用方法和 SUM 相似。

MIN 函数

① MIN 函数的作用是返回数据集中的最小数值。

② 函数的格式为 MIN(number1,number2, ...)，使用方法和 SUM 相似。

以 SUM 为例，操作步骤如下。

（1）首先计算实发工资的合计。

① 单击需要输入公式的单元格 D21。

② 单击“编辑框”左边的“=”按钮，在“函数框”中选择 SUM 函数，显示 SUM 函数对话框。结果如图 5-76 所示。

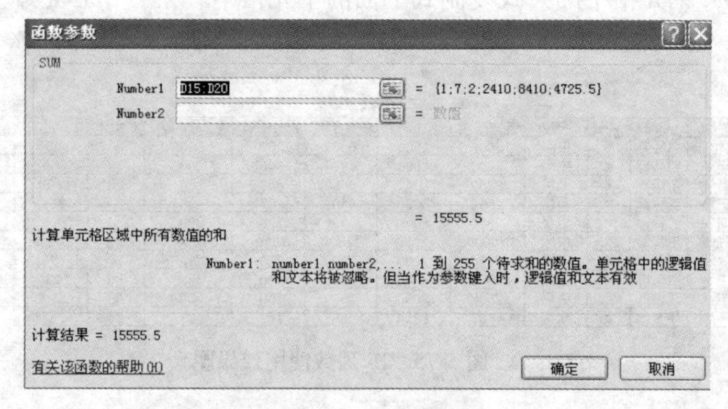

图 5-76　SUM 函数

③ 单击 number1 右侧的按钮。选择单元格区域 N3:N12，返回 SUM 函数对话框后单击“确定”按钮。完成函数输入。公式为“＝SUM(N3:N12)”

（2）计算最大值、最小值和平均值。

① 求实发工资的最大值，公式为“＝MAX(N3:N12)”。

② 求实发工资的最小值，公式为“＝MIN(N3:N12)”。

③ 求实发工资的平均值，公式为“＝AVERAGE(N3:N12)”

6. 日期函数的使用

日期函数主要包括取得系统当前日期（年-月-日）TODAY()函数，单独获取当前的年、月、日（DAY(),MONTH(),YEAR()函数）。例如，制作“中关村发展公司***年****月份职工工资表”，要动态的实现年和月的自动修改，如图 5-77 所示。

中关村发展公司***年****月份职工工资表

员工编号	姓名	部门	性别	职称	基本工资	岗位补贴	应发合计	养老保险	住房公积金	工会费	扣款合计	实发工资
001	方世强	总经办	男	中级	5000	1000	6000	500	500	30	1030	4970
002	李平	财务部	男	中级	3000	1000	4000	300	300	30	630	3370
003	葛优	市场部	男	高级	8000	1000	9000	800	800	30	1630	7370
004	王静	工程部	女	高级	4568	2000	6568	457	457	30	944	5624
005	刘华	工程部	女	中级	3900	1000	4900	390	390	30	810	4090
006	张媛	工程部	女	中级	10000	1000	11000	1000	1000	30	2030	8970
007	沈辉	研发部	男	中级	3800	2000	5800	380	380	30	790	5010
008	王平	财务部	男	初级	5500	1000	6500	550	550	30	1130	5370
009	李兰	研发部	女	中级	2500	3000	5500	250	250	30	530	4970
010	陈静	研发部	女	初级	4687	1000	5687	469	469	30	967	4720

图 5-77 日期函数的使用

操作步骤如下。

（1）选择目标单元格 A1。

（2）在编辑框录入“="中关村发展公司"&YEAR(TODAY())&"年"&MONTH(TODAY())&"月份职工工资表"”，按 Enter 键，效果如图 5-78 所示。

中关村发展公司2011年5月份职工工资表

员工编号	姓名	部门	性别	职称	基本工资	岗位补贴	应发合计	养老保险	住房公积金	工会费	扣款合计	实发工资
001	方世强	总经办	男	中级	5000	1000	6000	500	500	30	1030	4970
002	李平	财务部	男	中级	3000	1000	4000	300	300	30	630	3370
003	葛优	市场部	男	高级	8000	1000	9000	800	800	30	1630	7370
004	王静	工程部	女	高级	4568	2000	6568	457	457	30	944	5624
005	刘华	工程部	女	中级	3900	1000	4900	390	390	30	810	4090
006	张媛	工程部	女	中级	10000	1000	11000	1000	1000	30	2030	8970
007	沈辉	研发部	男	中级	3800	2000	5800	380	380	30	790	5010
008	王平	财务部	男	初级	5500	1000	6500	550	550	30	1130	5370
009	李兰	研发部	女	中级	2500	3000	5500	250	250	30	530	4970
010	陈静	研发部	女	初级	4687	1000	5687	469	469	30	967	4720

图 5-78 日期函数使用效果图

7. 文本函数的使用

Excel 2007 提供很多文本函数的使用，例如，获取文本的长度，从身份证号获取出生年月日等。如现在需要从“中关村发展公司"&YEAR(TODAY())&"年"&MONTH(TODAY())&"月份职工工资表”从的身份证号字段获取所有员工的出生年月日，操作步骤如下。

（1）选择目标单元格 G3。

（2）在编辑框录入“=MID(F3,7,8)”，按 Enter 键，效果如图 5-79 所示。MID 函数有三个参数，第一个参数表示等待处理文本，第二个参数表示从哪个字符开始处理，第三个参数表示共处理几个字符。

=MID(F3,7,8)

B	C	D	E	F	G	H
					中关村发展公司2011年5月份	
名	部门	性别	职称	身份证号	出生日期	基本工资
世强	总经办	男	中级	330123197401111001	=MID(F3,7	5000
平	财务部	男	中级	123456198502052223	19850205	3000
优	市场部	男	高级	563145196523245687	19652324	8000
静	工程部	女	高级	563145196523245687	19652324	4568
华	工程部	女	中级	563145196523245687	19652324	3900
媛	工程部	女	中级	563145196523245687	19652324	10000

图 5-79　日期函数使用效果图

5.3.3　数据排序

输入数据时，数据表中的记录有可能是无序的，但是，在使用中往往希望数据按照某种特定的顺序排序。例如，工资表中数据输入是按照员工编号的顺序输入，希望按照部门查看工资记录，可以使用排序的方法重排数据。

下面对数据按部门顺序排序。为方便查看，将 D 列至 J 列隐藏，如图 5-80 所示。

1. 单列排序

（1）在要排序的数据表中选定单元格区域 A2:K10。进行排序的表格最好是比较规范的表格，不要包括合并单元格，例如不包括报表的标题“职工工资表”。

（2）选择“数据”选项卡上的“排序和筛选栏目”中的“排序”命令，打开一个如图 5-81 所示的对话框。

A	B	C	K	L
职工工资表				
员工编号	姓名	性别	实发工资	工资等级
001	方世强	男	4410	普通
002	李平	女	2410	普通
003	葛优	男	6610	高薪
004	王静	女	4978	普通
005	刘华	女	3310	普通
006	张媛	女	8410	高薪
007	沈辉	男	4210	普通
008	王平	男	4910	普通
009	李兰	女	3910	普通
010	陈静	女	4097	普通

图 5-80　隐藏列

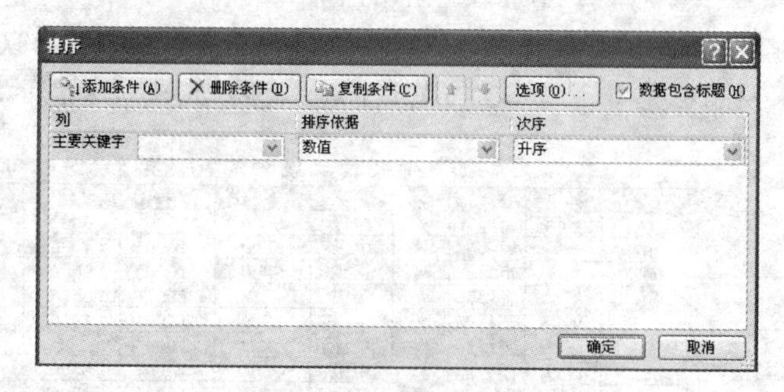

图 5-81　“排序”对话框

（3）打开“主要关键字”列表，显示选定单元格区域的第一行，即表格的标题行，从中选择关键字“部门”。

（4）选定“升序”或“降序”选项按钮以指定该列值的排序次序。此处，选择“升序”。

（5）因为选定的单元格区域的第一行是标题行，不参加排序，因此在“排序”对话框中选择“数据选择标题行”。

（6）单击“确定”按钮，排序结果如图 5-82 所示。

2. 多列排序

如果希望按照“部门”排序后，对同一部门的记录按照“实发工资”的顺序由高到低再排序，即多列来排序，则要在选择“主要关键字”的同时再选择“次要关键字”，最多可以选择 3 个关键字排序。

在“主要关键字”列表，选择关键字“部门”，对部门按“升序”排序；在次要关键字列表中选择“实发工资”，对实发工资按照“降序”排序；最后选择“数据选择标题行”。排序结果如图 5-83 所示。

	A	B	C	K	L
1	职工工资表				
2	员工编号	姓名	部门	实发工资	工资等级
3	002	李平	财务部	2410	普通
4	008	王平	财务部	4910	普通
5	004	王静	工程部	4978	普通
6	005	刘华	工程部	3310	普通
7	003	葛优	市场部	6610	高薪
8	006	张媛	研发部	8410	高薪
9	007	沈辉	研发部	4210	普通
10	009	李兰	研发部	3910	普通
11	010	陈静	研发部	4097	普通
12	001	方世强	总经办	4410	普通

图 5-82　单行排序结果

	A	B	C	K	L
1	职工工资表				
2	员工编号	姓名	部门	实发工资	工资等级
3	008	王平	财务部	4910	普通
4	002	李平	财务部	2410	普通
5	004	王静	工程部	4978	普通
6	005	刘华	工程部	3310	普通
7	003	葛优	市场部	6610	高薪
8	006	张媛	研发部	8410	高薪
9	007	沈辉	研发部	4210	普通
10	010	陈静	研发部	4097	普通
11	009	李兰	研发部	3910	普通
12	001	方世强	总经办	4410	普通

图 5-83　多列排序结果

3. 使用工具排序

要将数据排序时，除了能够使用“排序”命令外，还可以利用工具栏上的两个排序按钮 A↓Z 和 Z↓A，其中“A→Z”代表升序，“Z→A”代表降序。

使用工具排序的步骤如下：

（1）选取要排序的范围。

（2）在“升序”或“降序”按钮上单击，即可完成排序工作。

4. 排序数据顺序的恢复

对表中内的数据在经过多次排序后，恢复原来的排列的次序将很困难，可以事先在数据表中加上一个空白列，用填充序列的方法添加编号：1、2、3…

需要恢复原来的排序顺序时，对添加的列按递增排序即可。

如果不希望此列显示，可以用隐藏命令将添加的列隐藏起来。

5. 关于排序的一些说明

（1）如果由某一列来做排序，那么有相同值的行将保持它们的原始次序。

例如，按照部门排序后，有 3 条记录为“工程部”，这 3 条记录之间按照原始表中的次序排列。

（2）不要在文本数据的前面或后面输入空格，这些空格会影响排序。另外为了避免在参加排序列中出现空白单元格，在排序列中有空白单元格的行会被放置在排序的数据清单的最后。

（3）在默认情况下，数据按照大小进行排列，英文按照字母顺序排序。Excel 对于汉字排序，是按汉字拼音的顺序进行排序的。因此，按照部门递增排序的结果是“工程部”、“市场部”、“研发部”（汉语拼音头一个字母分别为“g”、“s”、“y”）。

（4）除了按照拼音排序之外，还可以按笔画顺序排列。除了按照列排序之外，还可以按照行排序。在图 5-81 所示的“排序”对话框中，单击“选项”按钮，打开“排序选项”对话框，如图 5-84 所示，做相应的设置。

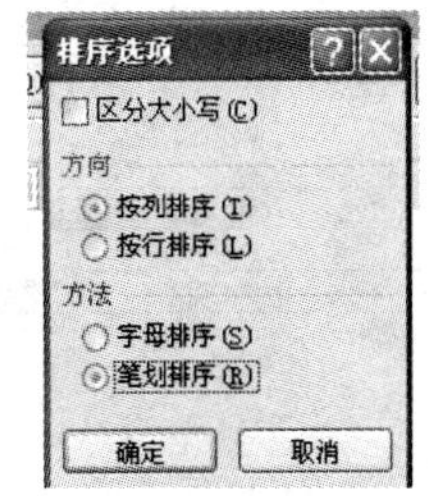

图 5-84　“排序选项”对话框

5.3.4 筛选数据

某些情况下，要查找符合条件的行，例如，要在“职工工资表”中查找所有“工程部”的记录，可以通过筛选功能来完成。筛选功能可以使 Excel 只显示出符合设定筛选条件的某一值或符合一组条件的行，而隐藏其他行。

在 Excel 中提供了“自动筛选”和“高级筛选”命令来筛选数据。一般情况下，“自动筛选”能够满足大部分的需要。不过，当需要利用复杂的条件来筛选数据清单时，就必须使用“高级筛选”才可以。

1. 自动筛选

例如，要筛选出所有“工程部”的记录。

（1）基本操作步骤。

① 在要筛选的数据表中选定单元格区域。

② 选择“数据”选项卡中的“筛选”命令，然后选择子菜单中的“自动筛选”命令。在数据表中列标题的旁边插入下拉箭头，如图 5-85 所示。

职工工资表

员工编	姓名	部门	基本工	岗位补贴	应发合计	养老保险	住房公积金	工会费	扣款合计	实发工资	工资等级
008	王平	财务部	5500	1000	6500	1000	560	30	1590	4910	普通
002	李平	财务部	3000	1000	4000	1000	560	30	1590	2410	普通
004	王静	工程部	4568	2000	6568	1000	560	30	1590	4978	普通
005	刘华	工程部	3900	1000	4900	1000	560	30	1590	3310	普通
003	葛优	市场部	8000	1000	9000	1800	560	30	2390	6610	高薪
006	张媛	研发部	10000	1000	11000	2000	560	30	2590	8410	高薪
007	沈辉	研发部	3800	2000	5800	1000	560	30	1590	4210	普通
010	陈静	研发部	4687	1000	5687	1000	560	30	1590	4097	普通
009	李兰	研发部	2500	3000	5500	1000	560	30	1590	3910	普通
001	方世强	总经办	5000	1000	6000	1000	560	30	1590	4410	普通

图 5-85 “自动筛选”列表

③ 单击“部门”列中的箭头，打开“设置筛选”对话框。

④ 选择“工程部”选项，结果如图 5-86 所示。

职工工资表

员工编	姓名	部门	基本工	岗位补贴	应发合计	养老保险	住房公积金	工会费	扣款合计	实发工资	工资等级
004	王静	工程部	4568	2000	6568	1000	560	30	1590	4978	普通
005	刘华	工程部	3900	1000	4900	1000	560	30	1590	3310	普通
006	张媛	工程部	10000	1000	11000	2000	560	30	2590	8410	高薪

图 5-86 筛选结果

（2）在筛选的结果集中进行筛选。如果要筛选出工程部中所有工资等级为“普通”的记录，可以接着进行筛选。

① 单击“工资等级”列中的箭头，打开下拉列表。

② 选择“普通”选项，结果如图 5-87 所示。

职工工资表

员工编	姓名	部门	基本工	岗位补贴	应发合计	养老保险	住房公积金	工会费	扣款合计	实发工资	工资等级
004	王静	工程部	4568	2000	6568	1000	560	30	1590	4978	普通
005	刘华	工程部	3900	1000	4900	1000	560	30	1590	3310	普通

图 5-87 在筛选结果集再次筛选

在数据表中，工资等级为普通的记录实际上不止 2 条，但是从图 5-87 中，可以看到接着进行筛选时，只筛选出 2 条记录。因此，再次筛选是从上一次的结果集中筛出符合条件的记录，而不是从数据表全集中筛选。

（3）自定义的“自动筛选”。还可以通过使用“自定义”功能来实现条件筛选所需要的数据。例如，要筛选出实发工资在 3 000 元到 5 000 元之间的记录，步骤如下。

① 在数据表中应用自动筛选功能。

② 单击“实发工资”列右侧的箭头，打开下拉列表，选择“数字筛选”→“自定义筛选”命令，如图 5-88 所示，打开自定义对话框。

在该对话框中选择“大于或等于”、“小于或等于”，输入“3 000”、“5 000”，两个条件之间用“与”相连，如图 5-89 所示。条件的设定表示大于或等于 3 000 和小于或等于 5 000 两个条件必须同时满足。

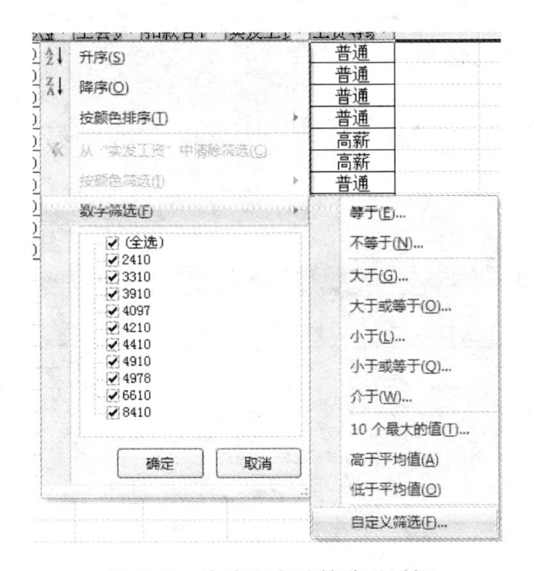

图 5-88　自定义自动筛选对话框

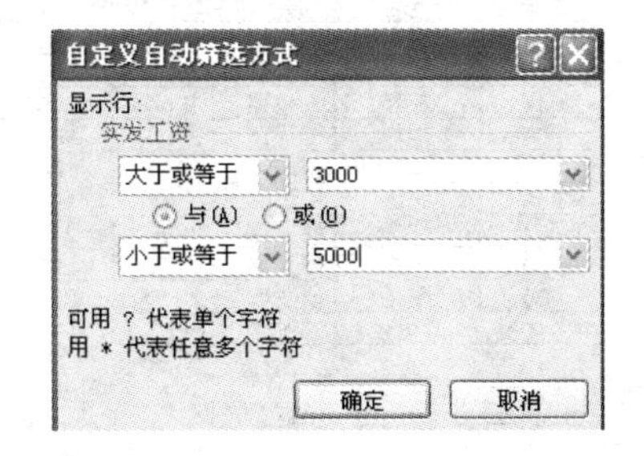

图 5-89　自定义自动筛选条件设置

③ 单击“确定”按钮，就可以看到如图 5-90 所示的筛选结果。

职工工资表

员工编号	姓名	部门	性别	职称	基本工资	岗位补贴	应发合计	养老保险	住房公积金	工会费	扣款合计	实发工资
001	……	……	……	……	……	……	……	……	……	……	……	4970
002												3370
005												4090
009												4970
010												4720

图 5-90　自定义自动筛选结果

（4）取消筛选。再次单击“数据”选项卡中的“排序和筛选”栏目的“清除”命令，则取消了对数据表的筛选。

2. 高级筛选

自动筛选适合条件较简单的筛选，高级筛选适合条件复杂的筛选。

下面以“职工工资表”为例，说明高级筛选的操作方法。筛选条件是：除“市场部”以外的部门、基本工资大于 5 000 元、工资等级为“普通”的记录。

（1）高级筛选的步骤。

① 在工作表的任一空白区域。输入筛选条件。

例如，在 B20：D21 六个单元格组成的区域中输入如图 5-91 所示的筛选条件。

部门	基本工资	工资等级
<>市场部	>5000	普通

图 5-91　筛选条件

② 选择“数据”选项卡中的“筛选”命令，再选择子菜单中的“高级筛选”命令，打开“高级筛选”对话框，如图 5-92 所示。

职工工资表

员工编号	姓名	部门	基本工资	岗位补贴	应发合计	养老保险	住房公积	工资等级
008	王平	财务部	5500	1000	6500	1000	560	普通
002	李平	财务部	3000	1000	4000	1000	560	普通
004	王静	工程部	4568	2000	6568	1000	560	普通
005	刘华	工程部	3900	1000	4900	1000	560	普通
003	葛优	市场部	8000	1000	9000	1800	560	高薪
006	张媛	工程部	10000	1000	11000	2000	560	高薪
007	沈辉	研发部	3800	2000	5800	1000	560	普通
010	陈静	研发部	4687	1000	5687	1000	560	普通
009	李兰	研发部	2500	3000	5500	1000	560	普通
001	方世强	总经办	5000	1000	6000	1000	560	普通

高级筛选

方式

在原有区域显示筛选结果(F)

将筛选结果复制到其他位置(O)

列表区域(L):　$A$2:$L$12

条件区域(C):　.2!$H$15:$J$16

复制到(T):

选择不重复的记录(R)

确定　取消

部门	基本工资	工资等级
<>市场部	>5000	普通

图 5-92　高级筛选设置

③ 单击“压缩对话框”按钮，选择“数据区域”为 A2:K12，选择“条件区域”为 B20:D21，单击“确定”按钮，完成操作。

显示筛选的结果，如图 5-93 所示。

职工工资表

员工编号	姓名	部门	基本工资	岗位补贴	应发合计	养老保险	住房公积金	工会费	扣款合计	实发工资	工资等级
008	王平	财务部	5500	1000	6500	1000	560	30	1590	4910	普通

部门	基本工资	工资等级
<>市场部	>5000	普通

图 5-93　高级筛选结果

筛选出一条符合要求的记录。

（2）高级筛选的条件。高级筛选的基本方法、步骤都是一样，难点在于如何写筛选条件。

高级筛选通过在条件区域中设置多个条件，完成复杂的筛选。

筛选条件区域内实际是一个条件表，表的第一行中写要筛选的项目，表中第二行、第三行……是要满足的条件。下面通过几个例子来介绍筛选条件表的写法。

例 1：筛选出市场部和工程部的记录，筛选条件表如图 5-94 所示。

例 2：筛选出部门为市场部，并且基本工资大于 5 000 元记录，筛选条件表如图 5-95 所示。

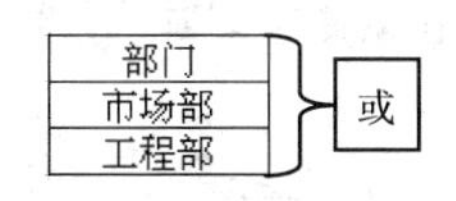

图 5-94 例 1 筛选条件表

部门	基本工资
市场部	>5000

图 5-95 例 2 筛选条件表

如果还有更多的条件，关系为“或”的就沿着列的方向写，关系为“与”的就沿着行的方向写。

例 3：筛选出所有市场部的员工和工程部中基本工资在 5 000 元以上的员工的记录，筛选条件表如图 5-96 所示。

例 4：筛选出市场部中工资等级为“普通”的记录和所有工程部中档案工资在 5 000 元以上、工资等级为“普通”的记录，筛选条件表如图 5-97 所示。

部门	基本工资
市场部	
工程部	>5000

图 5-96 例 3 筛选条件表

部门	基本工资	工资等级
市场部		普通
工程部	>5000	高薪

图 5-97 例 4 筛选条件表

5.3.5 分类汇总

对职工工资表，可以进一步的进行分析，例如，按照部门，对各个部门实发工资合计统计，如图 5-98 所示。

	A	B	C	D	E	F	G	H	I	J
1	职工工资表									
2	员工编号	姓名	部门	档案工资	岗位补贴	应发合计	养老金保险	工会会费	扣款合计	实发工资
3	002	王镜	工程部	780.5	4500	5280.5	78	2	80	5200.5
4	004	张明远	工程部	690.66	3600	4290.66	69	2	71	4219.66
5	006	邵昆	工程部	400	2100	2500	40	2	42	2458
6			工程部 汇总							11878.2
7	001	李平	市场部	690.66	3400	4090.66	69	2	71	4019.66
8	003	刘华	市场部	500	2100	2600	50	2	52	2548
9	005	何应	市场部	690.66	1800	2490.66	69	2	71	2419.66
10			市场部 汇总							8987.32
11	007	王树平	研发部	500	1900	2400	50	2	52	2348
12	008	李蓝	研发部	690.66	4500	5190.66	69	2	71	5119.66
13			研发部 汇总							7467.66
14			总计							28333.1

图 5-98 分类汇总

完成这项操作可以使用“分类汇总”的方法。

分类汇总是对数据表的数据进行分析的一种方法，是 Excel 的一个重要的功能。

1. 分类汇总的基本思路

分类汇总就是将相同类别的数据分别整理到一起，然后进行汇总统计。因此进行分类汇总应当包括两步：分类和汇总。

（1）分类。在汇总之前，必须按照分类字段将杂乱的数据按特定顺序整理好，通过排序可以完成。例如，要按照部门，对各个部门实发工资合计统计。因此，“部门”就是分类字段，应当按照“部门”首先排序，将数据整理好。

图 5-99 是分类汇总的示意图，为了便于观察，这里隐藏了其中几列。

职工工资表

员工编号	姓名	部门	实发工资
002	李平	财务部	2410
008	王平	财务部	4910
004	王静	工程部	4978
005	刘华	工程部	3310
006	张媛	工程部	8410
003	葛优	市场部	6610
007	沈辉	研发部	4210
009	李兰	研发部	3910
010	陈静	研发部	4097
001	方世强	总经办	4410

排序后汇总→

职工工资表

员工编号	姓名	部门	实发工资
002	李平	财务部	2410
008	王平	财务部	4910
		财务部 汇总	7320
004	王静	工程部	4978
005	刘华	工程部	3310
006	张媛	工程部	8410
		工程部 汇总	16698
003	葛优	市场部	6610
		市场部 汇总	6610
007	沈辉	研发部	4210
009	李兰	研发部	3910
010	陈静	研发部	4097
		研发部 汇总	12217
001	方世强	总经办	4410
		总经办 汇总	4410
		总计	47255

图 5-99　分类汇总的示意图

（2）汇总。数据按照分类字段整理好后，进行求和、求平均等统计。

2. 分类汇总的基本步骤

以对职工工资表按照部门分类汇总为例。执行步骤如下。

（1）按要进行分类汇总的列进行排序，在本例中按“部门”排序。

（2）在职工工资表中有数据的地方单击一下。表示将对该数据清单进行分类汇总。

（3）选择“数据”选项卡中的“分级显示”栏目中的“分类汇总”命令，打开如图 5-100 所示的“分类汇总”对话框。

（4）选择“分类字段”为“部门”；选择“汇总方式”为“求和”。

（5）“选定汇总项”为“实发工资”。

（6）选择“替换当前分类汇总”和“汇总结果显示在数据下方”复选框。

（7）单击“确定”按钮，实现汇总。

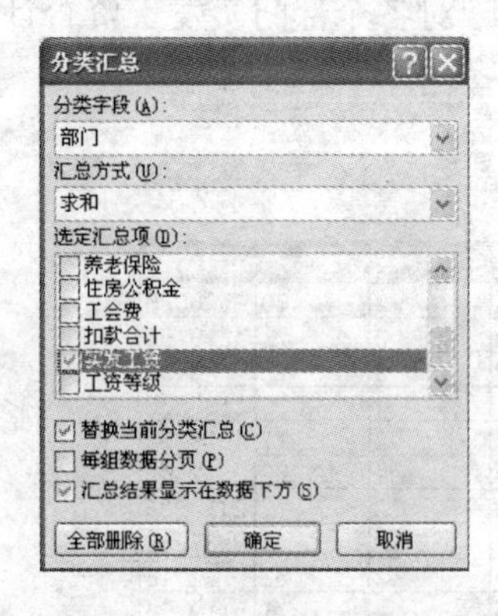

图 5-100　“分类汇总”对话框

3. 关于分类汇总的说明

（1）分类汇总多列。还可以对多项指标汇总，例如，汇总“应发工资”、“扣款合计”、“实发工资”。只要在分类汇总基本步骤的第（5）步中，在“选定汇总项”列表框中选中“应发工资”、“扣款合计”、“实发工资”。多列汇总后的结果如图 5-101 所示。

职工工资表

员工编号	姓名	部门	应发合计	养老保险	住房公积金	工会费	扣款合计	实发工资
002	李平	财务部	4000	1000	560	30	1590	2410
008	王平	财务部	6500	1000	560	30	1590	4910
		财务部 汇总	10500				3180	7320
004	王静	工程部	6568	1000	560	30	1590	4978
005	刘华	工程部	4900	1000	560	30	1590	3310
006	张媛	工程部	11000	2000	560	30	2590	8410
		工程部 汇总	22468				5770	16698
003	葛优	市场部	9000	1800	560	30	2390	6610
		市场部 汇总	9000				2390	6610
007	沈辉	研发部	5800	1000	560	30	1590	4210
009	李兰	研发部	5500	1000	560	30	1590	3910
010	陈静	研发部	5687	1000	560	30	1590	4097
		研发部 汇总	16987				4770	12217
001	方世强	总经办	6000	1000	560	30	1590	4410
		总经办 汇总	6000				1590	4410
		总计	64955				17700	47255

图 5-101 多列汇总后的结果

（2）以多种方式汇总。还可以用多种方式对数据清单汇总。例如，要对各部门汇总，求实发工资的平均值和求和值。

① 首先执行分类汇总的步骤，以“求和”为汇总方式，进行汇总。

② 再次执行上面的步骤，以“平均值”为汇总方式，进行汇总。

③ 取消“替换当前分类汇总”前的对勾，只选择“汇总结果显示再数据下方”复选框，单击“确定”按钮，结果如图 5-102 所示。

职工工资表

员工编号	姓名	部门	应发合计	养老保险	住房公积金	工会费	扣款合计	实发工资
002	李平	财务部	4000	1000	560	30	1590	2410
008	王平	财务部	6500	1000	560	30	1590	4910
		财务部 平均值	5250				1590	3660
		财务部 汇总	10500				3180	7320
004	王静	工程部	6568	1000	560	30	1590	4978
005	刘华	工程部	4900	1000	560	30	1590	3310
006	张媛	工程部	11000	2000	560	30	2590	8410
		工程部 平均值	7489.33333				1923.333	5566
		工程部 汇总	22468				5770	16698
003	葛优	市场部	9000	1800	560	30	2390	6610
		市场部 平均值	9000				2390	6610
		市场部 汇总	9000				2390	6610
007	沈辉	研发部	5800	1000	560	30	1590	4210
009	李兰	研发部	5500	1000	560	30	1590	3910
010	陈静	研发部	5687	1000	560	30	1590	4097
		研发部 平均值	5662.33333				1590	4072.333
		研发部 汇总	16987				4770	12217
001	方世强	总经办	6000	1000	560	30	1590	4410
		总经办 平均值	6000				1590	4410
		总经办 汇总	6000				1590	4410
		总计平均值	6495.5				1770	4725.5
		总计	64955				17700	47255

图 5-102 以多种方式汇总

（3）分类汇总分级显示。在分类汇总结果集的左上方可以看到“分级显示”按钮 1 2 3，按“1”，显示总值，按 2，显示分类值，按“3”则全部展开，如图 5-103 所示。

（4）移去所有自动分类汇总。对不再需要的或错误的分类汇总，可以将它取消，其操作步骤如下。

① 在分类汇总数据清单中选择一个单元格。

② 执行“数据”选项卡中的“分类汇总”命令，打开“分类汇总”对话框。

③ 单击“全部删除”按钮即可。

行号									
1				职工工资表					
2	员工编号	姓名	部门	应发合计	养老保险	住房公积金	工会费	扣款合计	实发工资
23			总计平均值	6495.5				1770	4725.5
24			总计	64955				17700	47255

(a)

行号									
1				职工工资表					
2	员工编号	姓名	部门	应发合计	养老保险	住房公积金	工会费	扣款合计	实发工资
6			财务部 汇总	10500				3180	7320
11			工程部 汇总	22468				5770	16698
14			市场部 汇总	9000				2390	6610
19			研发部 汇总	16987				4770	12217
22			总经办 汇总	6000				1590	4410
23			总计平均值	6495.5				1770	4725.5
24			总计	64955				17700	47255

(b)

图 5-103　分类汇总分级显示

5.3.6　数据透视表

数据透视表是一个交互式工作表表格，可用它汇总和分析已有序列或表格的数据。在数据透视表报表中，用户可以旋转行或列来查看源数据，并做各种汇总，还可以做类似于多级分组的操作，通过对行、列的选择来筛选数据。

例如：如图 5-104 就是在基本表基础上生成的数据透视表，用来统计不同部门、不同性别职称的人数。它最明显的特点就是对原来数据的行、列可以进行旋转，便于得到统计结果。

A	B	C	D	E	F	G	H	I	J
	男			男 汇总	女			女 汇总	总计
行标签	初级	高级	中级		初级	高级	中级		
财务部	1			1			1	1	2
工程部						1	2	3	3
市场部		1		1					1
研发部			1	1	1		1	2	3
总经办			1	1					1
总计	1	1	2	4	1	1	4	6	10

图 5-104　数据透视表

建立数据透视表时使用“数据透视表向导”。

（1）选择“插入”选项卡中表栏目的“数据透视表”命令，显示“创建数据透视表”对话框，如图 5-105 所示。

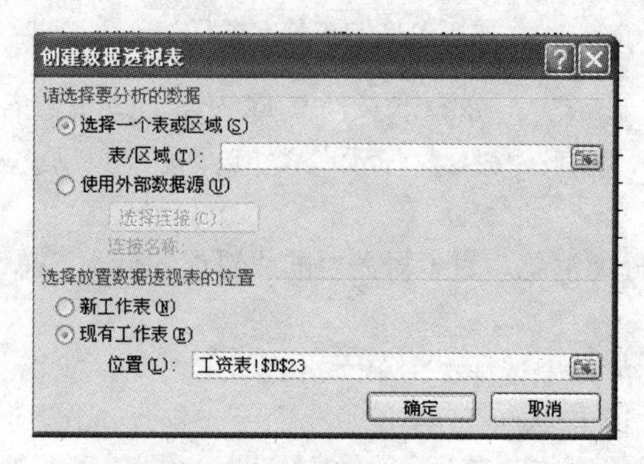

图 5-105　数据透视表和数据源视图向导－5 步骤之 1

（2）选择源数据的数据区域。如图 5-106 所示的“数据透视表和数据源视图向导—5 步骤之 2”对话框中单击按钮，选定区域 A2:J10。单击“下一步”按钮继续。

职工工资表

员工编号	姓名	部门	性别	职称	基本工资	岗位补贴	应发合计	养老保险	住房公积金	工会费	扣款合计	实发工资
001	方世强	总经办	男	中级	5000	1000	6000	1000	560	30	1590	4410
002	李平	财务部	女	中级	3000	1000	[illegible]	[illegible]	[illegible]	[illegible]	[illegible]	2410
003	葛优	市场部	男	高级	8000	1000	[illegible]	[illegible]	[illegible]	[illegible]	[illegible]	6610
004	王静	工程部	女	高级	4568	2000	[illegible]	[illegible]	[illegible]	[illegible]	[illegible]	4978
005	刘华	工程部	女	中级	3900	1000	[illegible]	[illegible]	[illegible]	[illegible]	[illegible]	3310
006	张媛	工程部	女	中级	10000	1000	11000	2000	560	30	2590	8410
007	沈辉	研发部	男	中级	3800	2000	5800	1000	560	30	1590	4210
008	王平	财务部	男	初级	5500	1000	6500	1000	560	30	1590	4910
009	李兰	研发部	女	中级	2500	3000	5500	1000	560	30	1590	3910
010	陈静	研发部	女	初级	4687	1000	5687	1000	560	30	1590	4097

创建数据透视表
工资表!$A$2:$M$12

图 5-106　数据透视表和数据源视图向导—5 步骤之 2

（3）选择放置数据透视表的位置。可以单独建立一个工作表显示数据透视表的数据，也可以在原有工作表的指定位置显示数据透视表。如图 5-107 所示的“数据透视表和数据源视图向导—5 步骤之 3”对话框中选择数据透视表显示的位置。本例选择“新建工作表”。

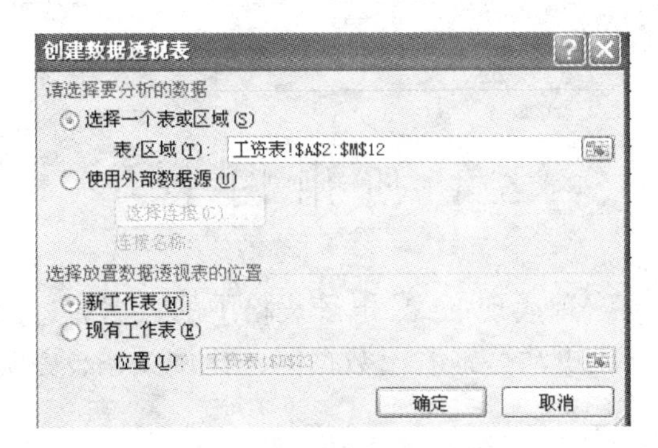

图 5-107　数据透视表和数据源视图向导—5 步骤之 3

（4）排版设置。创建数据透视表时，需指定用作行标签、列标签的数据，以及表中数据区要汇总的数据。排版中包含的字段和项决定 Excel 在数据透视表中如何放置显示数据。

在本例中：将“部门”拖动到“行标签”；将“性别”和“职称”拖动到“列标签”，将“档案工资”拖动到“数值”区域，如图 5-108 所示。

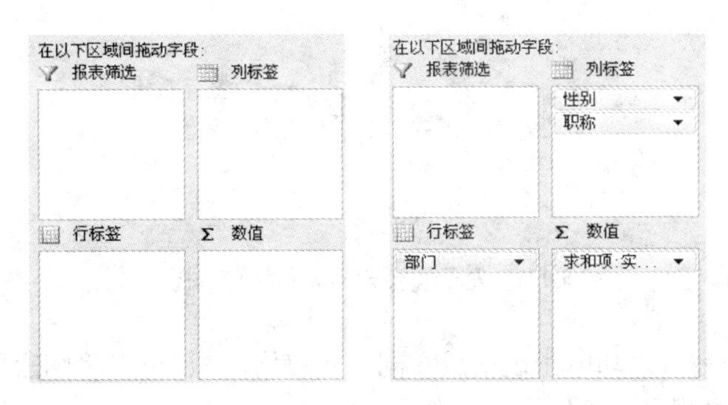

图 5-108　数据透视表和数据源视图向导—5 步骤之 4

（5）值字段设置。可以根据需要，改变字段值的汇总方式，例如，可以选择“计数”方式来汇总，这样就可以将各部门的不同性别的不同职称的人数统计出来了，如图 5-109 所示。

通过以上几个步骤，就可以将工资表中的数据按照需要，制作成透视表的形式，如图 5-110 所示。

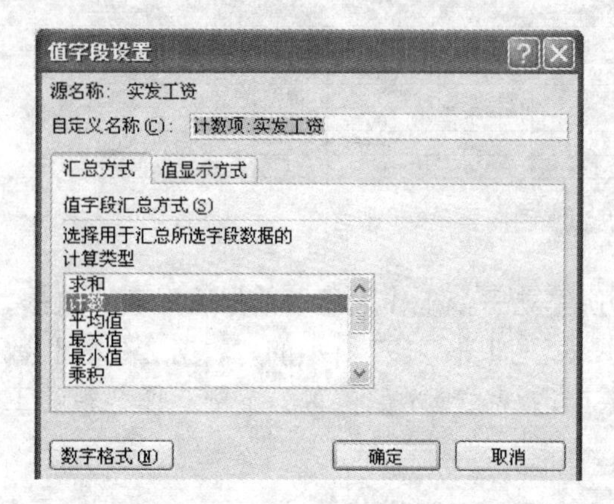

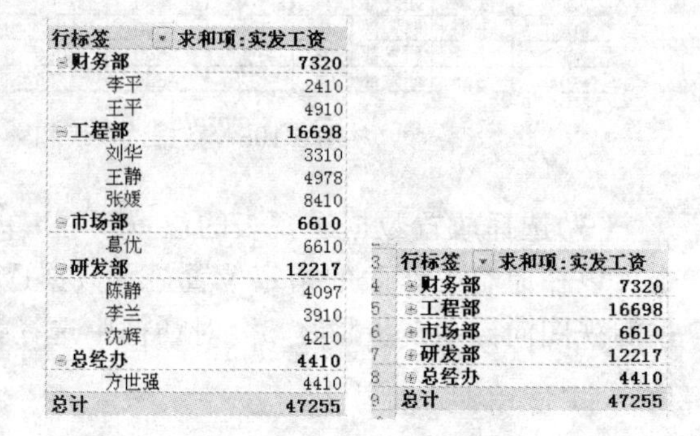

行标签	求和项:实发工资
财务部	7320
李平	2410
王平	4910
工程部	16698
刘华	3310
王静	4978
张媛	8410
市场部	6610
葛优	6610
研发部	12217
陈静	4097
李兰	3910
沈辉	4210
总经办	4410
方世强	4410
总计	47255

行标签	求和项:实发工资
财务部	7320
工程部	16698
市场部	6610
研发部	12217
总经办	4410
总计	47255

图 5-109　数据透视表和数据源视图向导－5 步骤之 5　　图 5-110　数据透视表和数据源视图向导结果图

5.4　使 用 图 表

图表是电子表格的另一种表现形式。电子表格中的数据通过图表可以更加形象和直观地表现出来。有时候可以更清楚地看出数据间的比例关系，更明显地反映数据的发展趋势。

Excel 2007 提供了十几种图表类型，如柱形图、条形图、折线图、饼图、面积图以及圆环图等。每种类型的图表又有若干种子类型，总共提供的图表有四五十种，可以基本上满足各种需要，如图 5-111 所示。

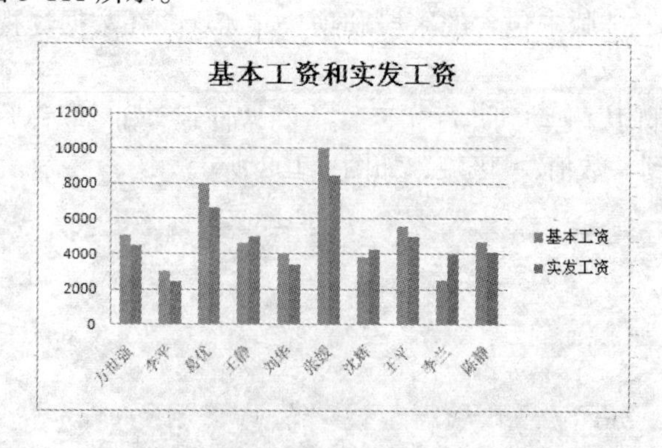

图 5-111　基于工资表格制作相应的图表

Excel 生成的图表可以和电子表格放在同一张表格内，也可以将图表单独地放在一张工作表中，形成所谓的“图表工作表”。

图表和电子表格的数据是相互关联的。当对电子表格的数据进行修改时，图表会显示出相应的变化。而对图表进行修改时，电子表格的数据也会显示出相应的变化。

5. 4. 1　使用“图表向导”生成图表的基本步骤

在用来生成图表的数据表要有表标题、行标题、列标题，在图表中，这些名称将用作图表水平轴或垂直轴的名称。

生成图表的基本步骤如下。

（1）选择图表类型。选择“插入”选项卡上“图表”命令，打开“插入图表”对话框，如图 5-112 所示。进入图表向导的第一步：选择图表类型。

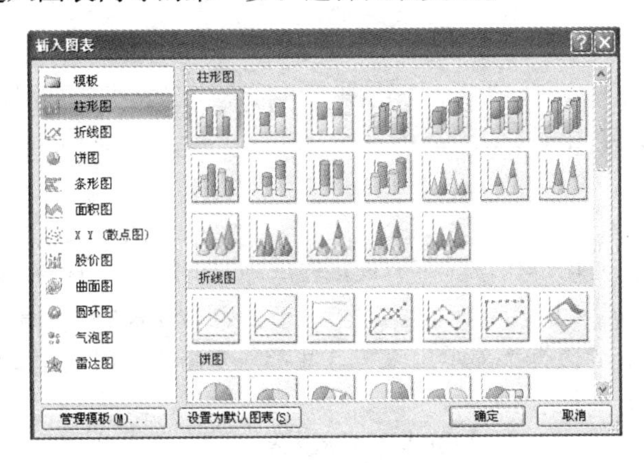

图 5-112　“插入图表”对话框

从图 5-112 中可以看到，可以选择柱状图、饼状图、股价图等 11 种图形，现在选择“柱形图”图形。

（2）选择数据区域。选择数据就是选择要在表格中显示的数据，首先选中“图表区”，单击“选择数据”命令，打开“选择数据源”对话框，选择要在图表显示的数据。例如，在上面的图表中，要显示员工的姓名、基本工资和实发工资，所以要选择“姓名”、“基本工资”和“实发工资”三列，即不相邻单元格区域“B3:B12,F3:F12,M2:M10”， 如图 5-113 所示。

图 5-113　选择数据源

选择的方法：在拖动鼠标的同时，应按下 Ctrl 键。先选择 B3:B12，然后，在按下 Ctrl 键的同时，选择 F3:F12，最后，在按下 Ctrl 键的同时，选择 M2:M10。

（3）确定数据系列（纵坐标和横坐标）。选择图表中的图例项（纵坐标）和分类项（横坐标），编辑图例项内容，修改某一图例项的名称等。单击“确定”按钮后，完成图表的制作，如图 5-114 所示。

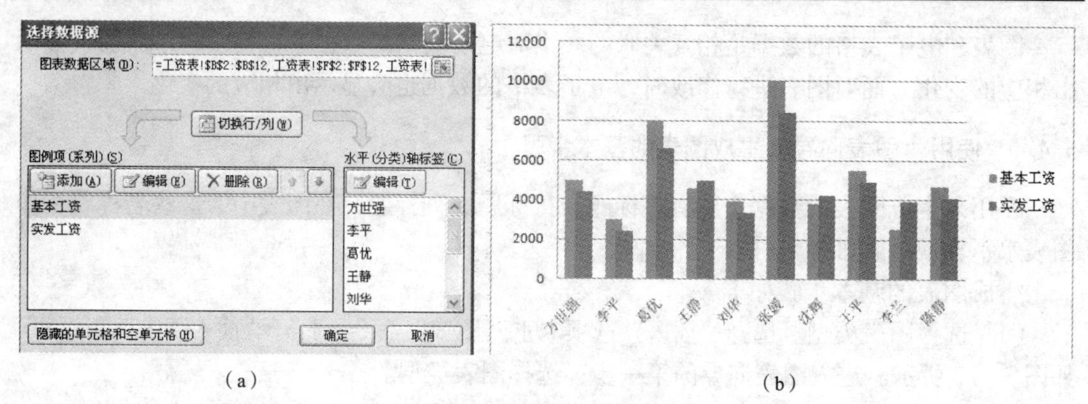

图 5-114　确定坐标选项

（4）设置图表标题，选择“设计”选项卡，打开“图表布局”对话框，可以根据需要设置图表标题，如图 5-115 所示。

5.4.2　修改图表

利用“插入图表”对话框可以非常方便地完成图表的制作，但是，某些图表元素的设置可能不符合用户的需要，如图 5-115 所示的图表中图表部分太小，文字部分太大，效果很不好。另外，没有将所有的数据都显示出来，这些都需要修改，以便使图表有更好的效果。

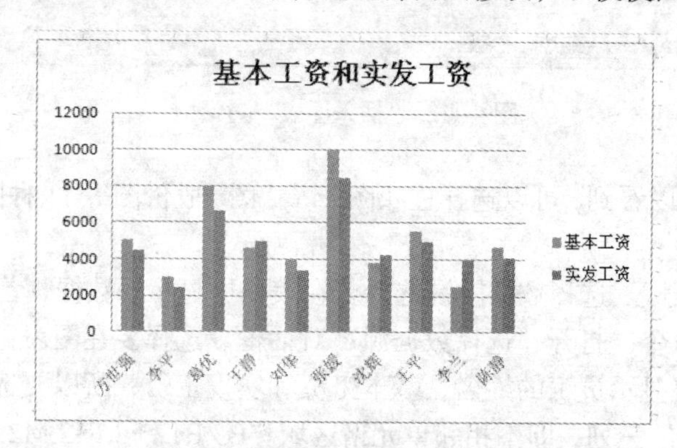

图 5-115　基本工资和实发工资图表

下面以修改“基本工资和实发工资图表”为例，讲述修改图表的方法。

1. 修改图表大小

修改图表大小的方法如下所述。

（1）在图表区单击选中图表，此时，图表周围调整框。

（2）向所需方向拖动小方块，调整图表的大小，使它显示所有数据。

2. 修改图表区格式

图表区格式包括图表区域的样式、字体和图表属性，修改的方法如下。

（1）在图表区右击，在弹出的图 5-116 中快捷菜单里选择“设置图表区域格式”命令，打开“设置图表区格式”对话框，如图 5-117 所示。

（2）单击“设置图表区格式”对话框中的各个选项卡，调整其中的有关选项，就可以修改图表区的格式。例如，在“边框样式”选项卡中选择边框为圆角。

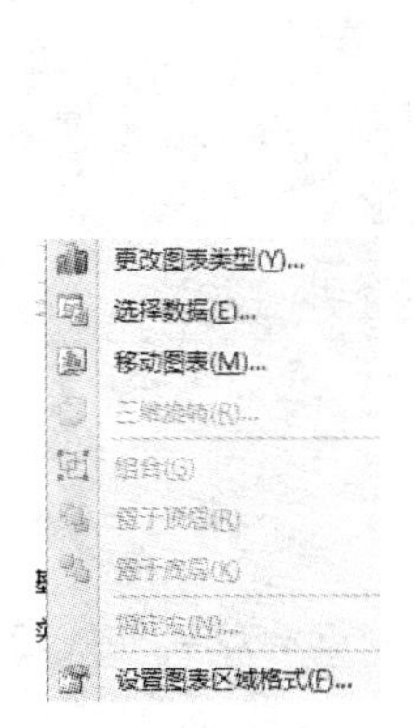

图 5-116　图表快捷方式

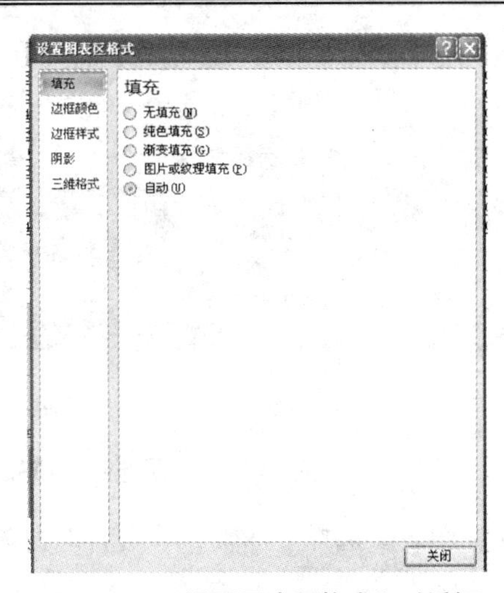

图 5-117　“设置图表区格式”对话框

（3）单击“确定”按钮，完成修改图表区格式的操作，结果如图 5-118 所示。

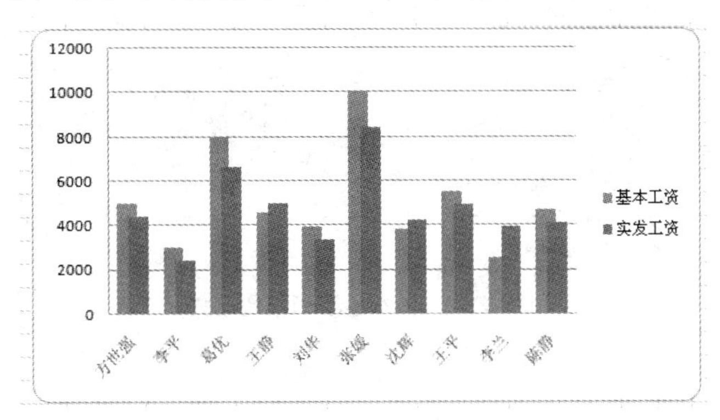

图 5-118　完成修改的图表

3. 修改其他信息

（1）在图表区单击右键，选择“更改图表类型”，打开“更改图表类型”对话框，可以修改图表类型。

（2）在图表区选择“实发工资”图表框，单击右键，选择“添加数据标签”选项，如图 5-119 和图 5-120 所示。

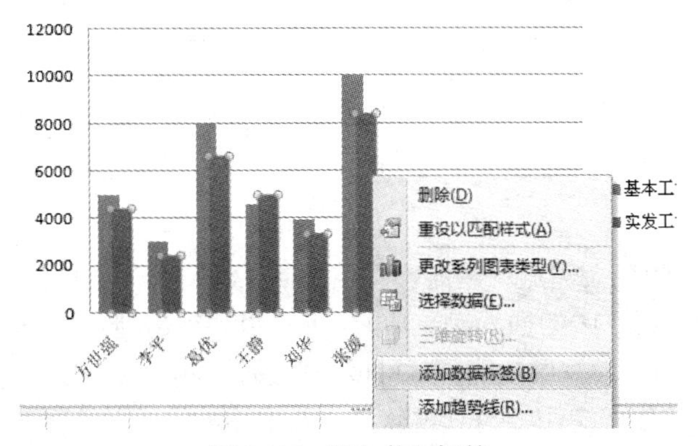

图 5-119　添加数据标签

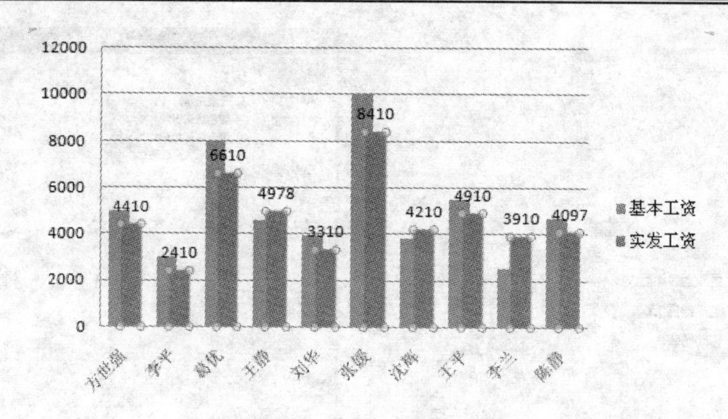

图 5-120　完成添加数据标签

（3）在图表区选择坐标轴，单击右键，选择“添加主要网格线格式”选项，如图 5-121 和图 5-122 所示。

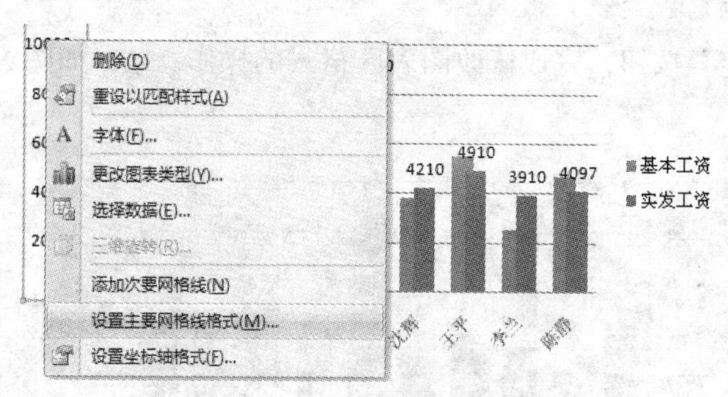

图 5-121　添加主要网格线格式

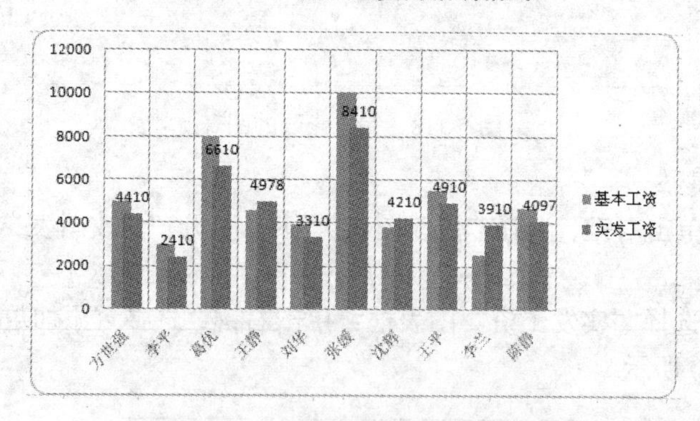

图 5-122　完成添加主要网格线格式

5.5　Excel 与其他应用软件的集成应用

Office 系列软件的一大优点就是能够互相协同工作，不同的应用程序之间可以方便地进行内容交换。使用 Word 中的插入对象功能，就可以很容易地在 Word 中插入 Excel 文档。同样，使用 Excel 中的插入对象功能，就可以很容易地在 Excel 中插入 Word 文档。下面只介绍 Excel 与 Word 的集成应用，与其他软件相互引用的方法基本类似。

5.5.1　在 Word 中插入 Excel 表格

（1）在 Word 中直接插入 Excel 表格。在 Word 中可以将 Excel 的表格和图表插入在文档中，这样就可以使用 Excel 制作表格的强大功能。使用“插入”—“对象”命令，在“对象”对话框中选择“新建”选项卡，选择 Microsoft Excel 工作表或图表，如图 5-123 所示。可以在 Word 文档中新建 Excel 工作表或图表。

选择“由文件创建”选项卡，通过浏览方式，选择 Excel 工作表，如图 5-124 所示。可以在 Word 文档中插入已有的 Excel 工作表或图表。单击“确定”按钮，在 Word 中插入了一个 Excel 工作表，如图 5-125 所示。

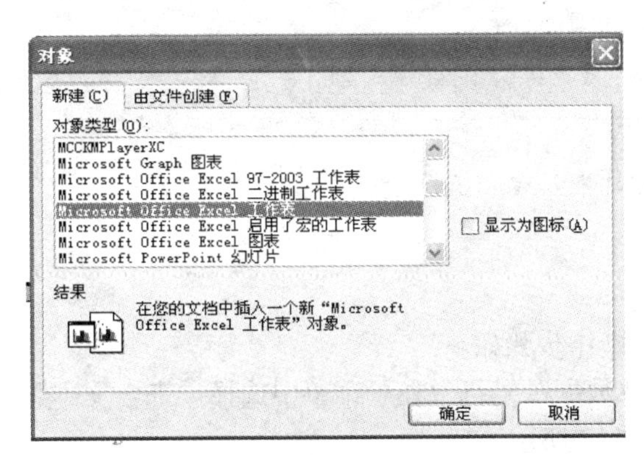

图 5-123 “新建”选项卡

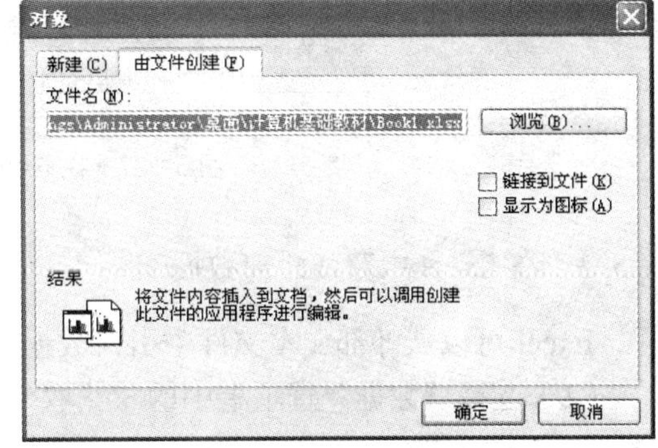

图 5-124 “由文件创建”选项卡

双击工作表，此时 Word 的菜单、工具栏、格式栏都变成了 Excel 的相应内容。可以同在 Excel 中一样进行各种数据的输入和处理。

当表格处理结束，使用鼠标单击工作表方框之外的任何位置，可以退出 Excel，重新返回到 Word 中进行编辑。

（2）将 Excel 表格的内容粘贴到 Word 中。在 Excel 中选定一个单元格区域，选择“复制”命令，打开 Word 文件，选择选择“粘贴”命令。将 Excel 表格的内容粘贴到 Word 文档中，变成 Word 表格，如图 5-126 所示。此时，可以按照 Word 表格的编辑方法进行编辑。

行标签	求和项:实发工资
财务部	7320
李平	2410
王平	4910
工程部	16698
刘华	3310
王静	4978
张媛	8410
市场部	6610
葛优	6610
研发部	12217
陈静	4097
李兰	3910
沈辉	4210
总经办	4410
方世强	4410
总计	47255

图 5-125　导入数据图

行标签	求和项:实发工资
财务部	7320
李平	2410
王平	4910
工程部	16698
刘华	3310
王静	4978
张媛	8410
市场部	6610
葛优	6610
研发部	12217
陈静	4097
李兰	3910
沈辉	4210
总经办	4410
方世强	4410
总计	47255

图 5-126　内容粘贴

5.5.2　在 Excel 中插入 Word 文档

在 Excel 中选择“插入”选项卡中“对象”命令，在“对象”对话框中选择“新建”选项卡，选择 Word 文档或图片，可以在 Excel 工作表插入 Word 文档或图片，结果如图 5-127 所示。双击插入的内容，可以对它进行编辑。

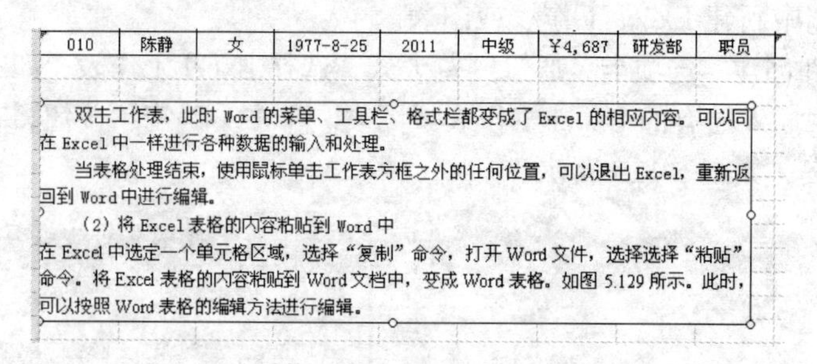

图 5-127　在 Excel 中插入 Word 文档

5.5.3　在 Excel 中获取外部数据

Excel 可以从外部文本文件中引入数据，操作步骤如下。

（1）选择“数据”选项卡中的“获取外部数据”栏目，在子菜单中选择“来自文本”命令，显示“文本导入向导-步骤 1”，如图 5-128 所示。

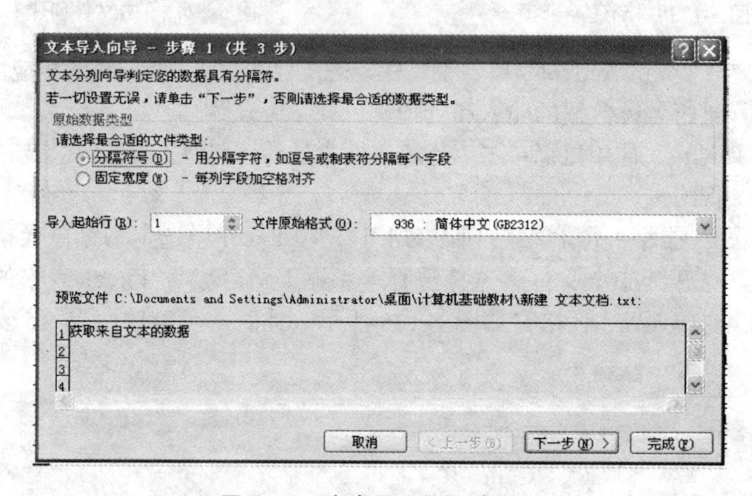

图 5-128　文本导入向导-步骤 1

（2）打开文本文件，选择文本文件的分隔符，如图 5-129 所示。

（3）在“文件的分隔符”的对话框中预览分隔文本的情况，如果分隔的列不符合要求，可以拖动列之间的竖线调整位置。

（4）通过“列数据格式”设置每一列的数据类型，如图 5-130 所示。

选择数据的存放位置，这样，可以将以文本格式保存的数据以 Excel 的格式保存，如图 5-131 所示。

图 5-129　文本导入向导-步骤 2

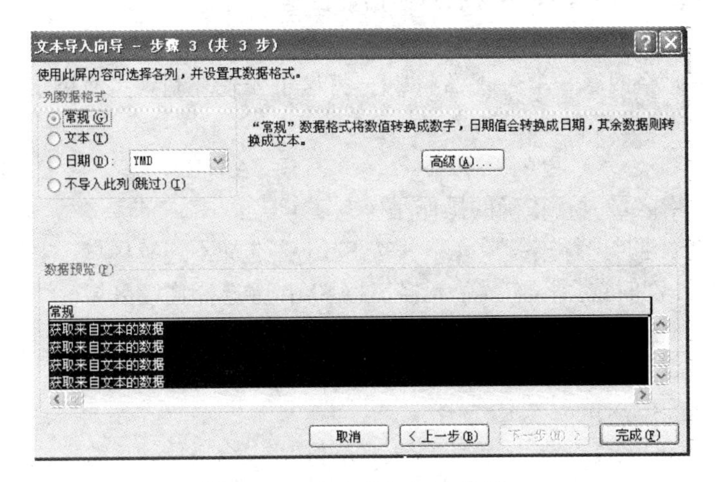

图 5-130　文本导入向导-步骤 3

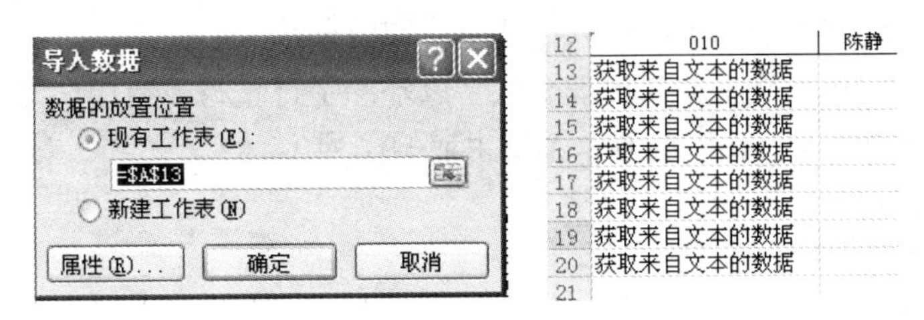

图 5-131　导入数据的位置

习　　题

一、选择题

1. 如果要按文本格式输入电话号码 01062322630，以下输入操作中正确的是（　）。

A．"01062322630"　　B．01062322630

C．'01062322630'　　D．'01062322630

2. 如果要同时复制单元格的格式和内容，应该在“开始”选项卡的“粘贴”命令中选择的命令（　）。

A. 选择性粘贴　B. 粘贴为超级链接　C. 粘贴　D. 对象

3. 用“选择性粘贴”命令，不可以完成的操作是（　）。

A. 粘贴公式或数值　B. 粘贴内容或格式

C. 粘贴单元格或批注　D. 粘贴一部分单元格内容

4. 以下关于 Excel 工作表和工作簿的说法中，正确的是（　）。

A. 一张工作表可以包含多个工作簿

B. 一个工作簿可以包含多张工作表

C. 对工作表的顺序进行调整，会引起工作表中数据的改变

D. 一个工作簿可以最多包含 255 张工作表

5. 单元格区域 A10：B11 包含的单元格数目是（　）。

A. 2 个　B. 4 个　C. 6 个　D. 无法确定

6. 在 D4 单元格内有一个公式 A4+B4，将这个公式复制到单元格 E5 后，单元格 E5 的公式是（　）。

A. A4+B4　B. B4+C4　C. A5+B5　D. B5+C5

7. 选择单元格区域时，正确的操作是（　）。

A. 按 Ctrl 键时选择连续单元格，按 Shift 键选择不连续区域

B. 按 Ctrl 键时选择不连续单元格，按 Shift 键选择连续区域

C. 按 Ctrl 键时选择连续单元格，按 Alt 键选择不连续区域

D. 按 Ctrl 键时选择不连续单元格，按 Alt 键选择连续区域

8. 下面正确的说法是（　）。

A. 数字数据默认“右对齐”，文本数据默认 “左对齐”

B. 直接输入分数 2/3，Excel 会理解为 2 月 3 日

C. Excel 的文本数据中不可以包括空格和回车符

D. Excel 的单元格中如果出现了数字以外的字符，将被当作文本数据使用。

9. 用鼠标拖动生成填充序列时，可以生成的序列（　）。

A. 一定是等差序列

B. 一定是等比序列

C. 只能填充相同数据

D. 可以是等差序列、等比序列，也可以填充相同数据

10. 下面正确的说法是（　）。

A. 在单元格中输入公式，可以不以“=”开始

B. 在 A3 到 A10 单元格区域内求和，使用公式 SUM(A3+A10)

C. 求 A3 到 A10 单元格区域的均值，使用公式 COUNT(A3:A10)

D. 判断 A3 单元格中的数据是否大于 90，如果大于 90，返回值为“优秀”，否则返回值为“及格”，应当用公式 IF（A3>90，“优秀”，“及格”）

11. 单元区域的表示方法中不正确的是（　）。

A. 表示 A3 单元格至 G5 单元格之间的区域，使用“A3:G5”

B．表示第 2 行，使用“2，2”

C．表示第 B 列，使用“B:B”

D. 表示 A3 单元格至 B5 单元格之间的区域和 F7 单元格至 G9 单元格之间的区域，使用“A3:B5, F7:G5”

二、简答题

1．什么是电子表格？

2．结合日常生活中的实际，举出在哪些方面可以使用 Excel 表格？

3．什么是工作簿？什么是工作表？它们之间的关系是怎样的？

4．说明“B25”的含义？

5．Excel 屏幕的基本组成是什么？

6．简述选择不连续单元格区域的方法。

7．简述条件格式化的作用。

8．简述在 Excel 中输入一个等差序列 1，5，9，13，…的方法。

9．简述粘贴和选择性粘贴的不同。

10．Excel 中，如何调整单元格的宽度和高度？

11．什么情况下使用高级筛选？简述高级筛选的操作步骤。

12．Excel 中，输入函数公式有几种方法？各是什么？

13．Excel 对数据有何操作？

14．多列数据如何排序？如何汇总？

15．简述分类汇总的作用。

三、实例

1．建立一个新文件，在文件中按图 5-132 输入数据，并以“工作表.XLS”为名存储。

2．打开已建立的文件。

3．在文件中建立公式和函数项，学习函数 SUM 的使用。

4．为 A1:B3 区域命名为“工作表”。

5．将图 5-132 例表在同一工作表的空白区域做一备份（提示：区域复制）。

	名称	B	C	D	E	F	G	H	I	J
1				销售报表						
2										
3	日期	编号	产品名称	型号	数量	单价	总计	成本	利率	经办人
4	3/2/94	GB-56	打印机	5454	2	4000	8000	7400	120	王成
5	3/3/94	3-386	微机	386-ADX	3	6000	18000	16000	920	李红
6	3/4/94	3-469	微机	AST486	2	9500	19000	16789	1071	张欢
7	3/5/94	8-40	语音卡	48	1	6500	6500	4600	1510	张因
8	3/5/94	A-88	网卡	WS	3	1200	3600	3200	184	郑小泳
9	3/6/94	2B-2	打印机	1600K	1	3800	3800	3000	572	李为国
10										
11			税收率	0.06						
12		合计					58900		4377	
13										

图 5-132　第 5 题的图

6．将列名“编号”改为“产品编号”。

7．在“利润”栏后，增加一列，列名为“销售部门”，并输入相应数据。

8．用替换功能将经办人“张欢”改为“张小欢”。

9．将列隐藏。

10．保护原工作表区域，在保护区和非保护区分别输入数据，观察系统的反映。

11．用鼠标拖动法和菜单法分别改变行高、列宽。

12．将图 5-132 例表中的“单价”、“总计”、“利润”3 列数据保留两位小数，并加上货币符号。

13．改变图 5-132 例表的日期显示方式。

14．改变表头的字形和字号，并配以背景图案。

15．同时打开两个 Excel 文件，并将文件窗口以“垂直并排”方式，显示在屏幕上。

16．将文件工作表.XLS 中的 A1:B4 区域的数据复制到新文件中的空白区域。

17．将文件工作表.XLS 中的 sheet1 工作表移至 sheet5 工作表后（请用菜单法完成）。

18．将文件工作表.XLS 中的 sheet2 工作表复制到文件 2 的 sheet3 工作表后（请用鼠标拖动法完成）。

19．将文件工作表.XLS 中的 sheet1 和 sheet3 工作表组成分组，在 sheet1 中输入表头“销售年报”，并定义 A 列格式为保留小数两位，观察 sheet3 中表头的设置，并在列标入数据（注意格式变化）。

20．拖动分割框，对窗口进行分割，并冻结窗口的标题栏。

21．熟悉打印机安装和设置功能。假设，打印纸改用型号且用手工送纸方式，请你调整打印机参数设置。

22．为打印报表设置页号。

23．将打印报表水平置中。

24．自定义报表的页眉和页脚。

25．打印报表的第二页。

26．人工设置分页线，打印报表。

27．依据你的工作表数据，生成一张嵌入图和独立图（图表类型自选）。

28．对所做的图加上图表标题和 X，Y 轴标题。

29．对图表格式化，将图形区加上背景色，将标题以醒目的就、颜色显示。

30．使用记录单的方法在数据中增加一条记录，然后，再删除它。

31．在数据库中，查找产品名称是“打印机”的记录。

32．请使用排序工具按钮和排序菜单，对数据排序（排序关键字自定）。

33．请筛选出销售打印机的记录。

34．请在图 5-132 工作表中筛选出产品名称为“计算机”，利润大于“1000”的记录。

35．按“产品名称”分类汇总“利润”值。

第 6 章　PowerPoint 2007

在 Office 系列软件中，PowerPoint 一直占有比较重要的地位，这是因为 PowerPoint 扩展了 Word 和 Excel 仅仅处理文字和表格的范围。PowerPoint 最大的特点就是在于其简单的动画制作功能。在 PowerPoint 中，不仅可以制作简单的幻灯片、幻灯片等单一的图片，而且还可以通过以不同的方式播放一组图片来产生简单的动画效果。此外，PowerPoint 还允许在生成的动画中加入声音解说、文字或是其他的艺术形式，通过制作作者精心编排，产生了出一个有声有色的多媒体幻灯片。

6. 1　利用 PowerPoint 2007 制作幻灯片

利用 PowerPoint 创建的幻灯片称为“电子幻灯片”，通常是一张张的电子幻灯片组成的，对电子幻灯片可以做如下操作。

（1）屏幕演示。为电子幻灯片所创建的幻灯片可以包含文本、图表、绘制对象、形状，以及其他程序创建的剪贴画、影片、声音和艺术对象等。可以随时修改幻灯片，使用幻灯片切换、定时和动画控制它的放映方式。可以运行单独播放幻灯片，也可以通过网络在多台计算机上放映幻灯片，召开幻灯片会议。

（2）打印文稿。可以把幻灯片在打印机上打印出来。

（3）制作投影机幻灯片。利用专用的设备将电子幻灯片印成黑白或彩色的胶片，可以创建投影机放映的幻灯片。

（4）制作备注、讲义和大纲。可以提供观众讲义，即幻灯片的小型张，将两张、三张、四张或九张幻灯片打印到一页上，或者将演讲者备注打印给观众。也可以打印大纲，包括幻灯片标题和重点。观众既可以观看屏幕，也可以阅读文字材料。

（5）制作因特网文档。可以针对因特网设计幻灯片，再将它存放各种与 Web 兼容的格式，例如，HTML 文本，在因特网上传播。

6. 1. 1　PowerPoint 2007 启动

1. *启动* PowerPoint 2007

单击“开始”→“所有程序”→“Microsoft Office PowerPoint 2007”图标，即可启动 PowerPoint 2007 后出现图 6-1 所示的“新建演示文稿”对话框。

在“新建幻灯片”对话框中，可以在“模板”、“Microsoft Office Online”中选择需要的幻灯片模式，也可以选择“打开已有的幻灯片”，对已建立的幻灯片进行编辑。

2. “新建演示文稿”对话框选项

（1）在“模板”有“空白文档和最近使用的文档”、“已安装的模板”、“已安装的主题”等选项。

①“空白文档和最近使用的文档”可从不含内容和设计的空白幻灯片中制作幻灯片。

②“打开已有的幻灯片”将出现已创建的幻灯片文件名的窗口，供用户打开，以进行编辑。

（2）“Microsoft Office Online”有“特色”、“报告”、“贺卡”、“幻灯片背景”等选择后可以下载使用。

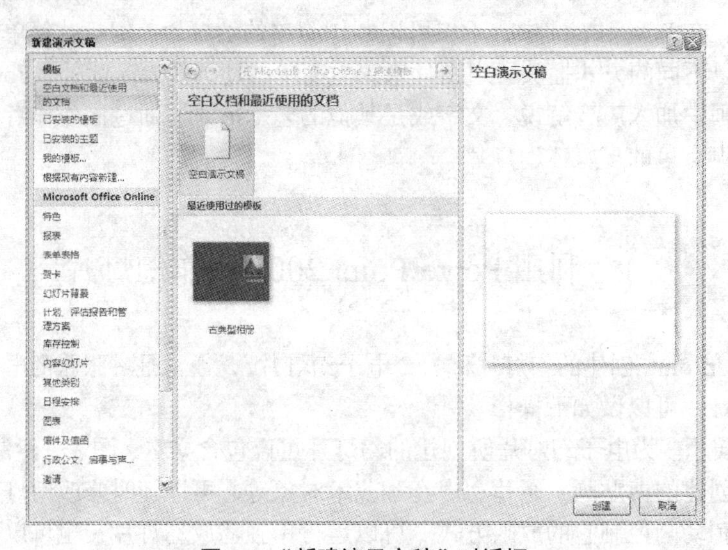

图 6-1 “新建演示文稿”对话框

6. 1. 2　PowerPoint 窗口介绍

PowerPoint 的工作窗口主要由标题栏、菜单栏、选项卡、编辑区、视图方式等组成，如图 6-2 所示。

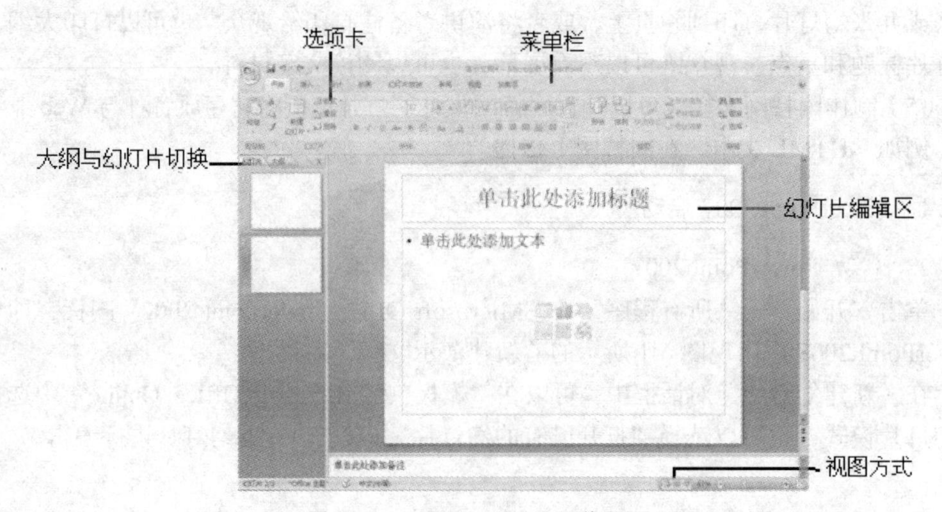

图 6-2　PowerPoint 2007 工作界面

1. 标题栏

位于屏幕第一行，显示了应用程序名“Microsoft PowerPoint”，以及幻灯片名字“[幻灯片 1]”，实际是一个独立的窗口，由于该窗口被最大化，因此将幻灯片的标题栏并入了应用程序标题栏中。

2. 菜单栏

在标题栏的下方。使用菜单栏的菜单项，可执行 PowerPoint 的命令。

3. 选项卡

PowerPoint 一些常用的命令用图标代替，并且将功能相近的图标集中到一起而形成选项卡中的工具组。如果要执行某个命令，只需单击相应的按钮。

4. 视图方式

演示文稿窗口的左下方有 3 个常用按钮，如图 6-3 所示，称为视图方式切换按钮，用于快速切换到不同的视图，从左至右依次为：“普通视图”、“幻灯片浏览”、“幻灯片放映”。也可在“视图”选项卡中“幻灯片视图”组中选择对应的视图方式。

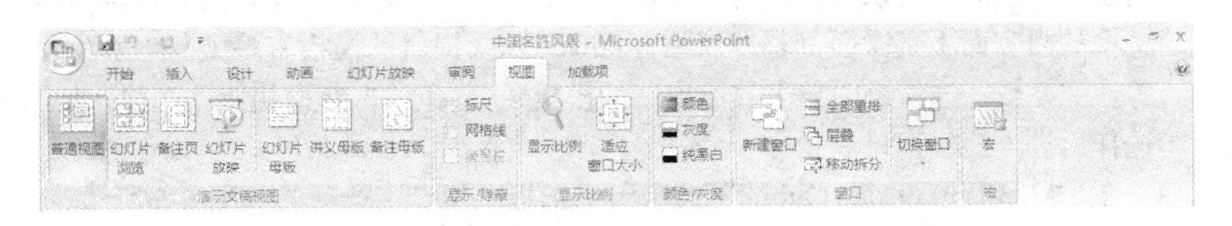

图 6-3 “幻灯片视图”设置

（1）“普通视图”按钮包含两种窗格：幻灯片和大纲窗格。这些窗格使用户可在同一位置使用幻灯片的各种特征。拖动窗格边框可调整其大小。

①“幻灯片”按钮：使用最为频繁，可以进行任何编辑和修改。可查看每张幻灯片中的文本外观，可在单张幻灯片中添加图形、影片和声音，并创建超级链接以及向其中添加动画。

②“大纲视图”按钮：幻灯片会以大纲形式显示，大纲由每张幻灯片的标题和正文组成。如要在 PowerPoint 中创建大纲，可使用内容提示向导，或从其他应用程序（如 Microsoft Word）导入大纲。

使用大纲是组织和开发幻灯片内容的最好方法，因为工作时可以看见屏幕上所有的标题和正文。可以在幻灯片中重新安排要点，将整张幻灯片从一处移动到另一处，或者编辑标题和正文等。

（2）“幻灯片浏览”按钮：在幻灯片浏览视图中，可在屏幕上同时看到幻灯片中的所有幻灯片，这些幻灯片是以缩图显示的，这样，就可以很容易地在幻灯片之间添加、删除和移动幻灯片以及选择动画切换。还可预览多张幻灯片上的动画，方法是：选定要预览的幻灯片，然后单击幻灯片左下角的小图标。

（3）“幻灯片放映”按钮：运行幻灯片放映，放映的顺序有两种：若在幻灯片视图中，以当前幻灯片开始放映；若在幻灯片浏览视图中，以所选幻灯片开始放映。

6.1.3　幻灯片的创建

1. 制作幻灯片的步骤

（1）在图 6-1 启动对话框中，在“模板”、“Microsoft Office Online”选项组中选择一种，建立幻灯片。

（2）创建了幻灯片后，可输入和编辑文本。可在幻灯片视图下，在每个页面设置的文本框中直接输入文本；也可在大纲视图下，处理整个幻灯片的文本。

（3）在幻灯片中加入图形、剪贴画、统计图表、组织结构图和表格等。

（4）设置幻灯片的外观，例如，改变幻灯片文本的格式、设置段落格式、更改幻灯片背景以及设置配色方案等。

（5）幻灯片在屏幕上以幻灯片的方式放映。

（6）以 PPT 的后缀保存幻灯片。

（7）在打印机上打印出幻灯片。

2. 用模板创建幻灯片

在创建第一个演示文稿时，若对文稿没有特别的构想，最好使用模板。模板能集中精力创建文稿的内容而不必操心其整体风格。PowerPoint 提供的模板有多类。

（1）在“模板”选项组中单击“已安装的模板”，选择“古典型相册”选项，如图 6-4 所示，选择后进入演示窗口。

（2）在“Microsoft Office Online”选项组中选择“贺卡”选项，如图 6-5 所示。

3. 创建空白幻灯片

若对建立幻灯片的结构和内容已经比较了解，可从空白的幻灯片开始设计，而不包括任何形式的样式，它提供了充分的灵活性。

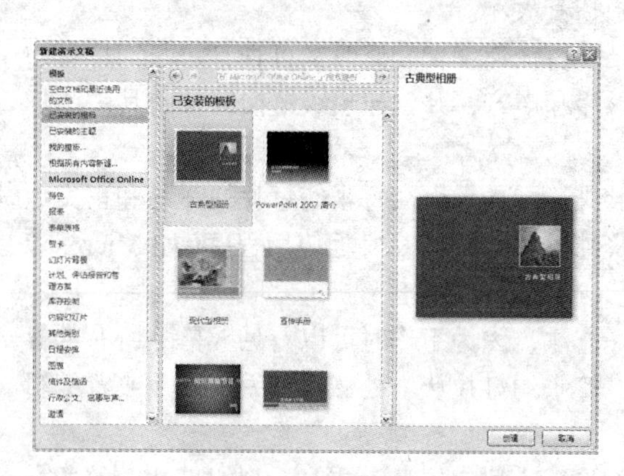

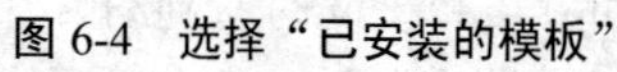
图 6-4　选择“已安装的模板”

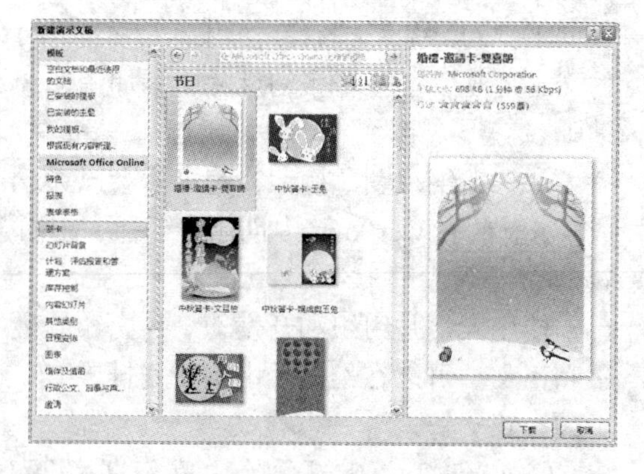

图 6-5　选择“贺卡”模板

（1）可选择“文件”选项卡中的“新建”命令，在“新建幻灯片”窗口中的“模板”中，单击“空白文档和最近使用的文档”命令，弹出“空白文档和最近使用的文档”对话框。选择“空白演示文稿”，单击“创建”按钮，然后进入到第一张幻灯片窗口。

（2）增加背景。在“设计”选项卡“主题”组中选择如图 6-6 所示的背景，进入编辑状态。也可在编辑后，添加背景。

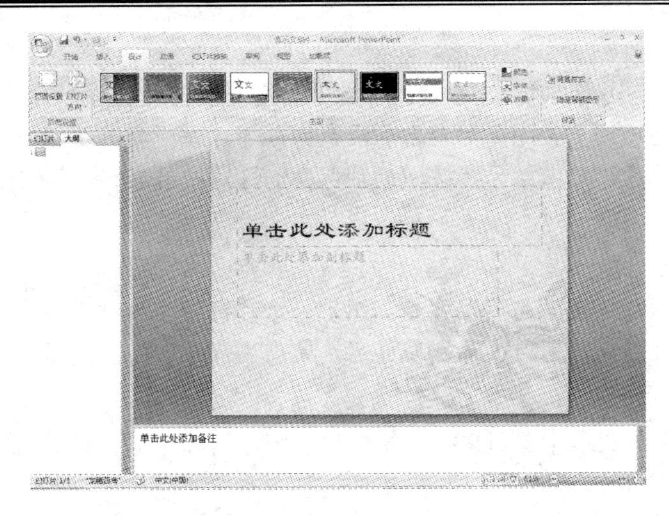

图 6-6　添加背景

具体方法为：在“设计”选项卡的“背景”组中，单击 “背景”右边箭头，弹出“设置背景格式”对话框，可选择“填充”命令，选择背景颜色，如图 6-7 所示。也可单击“图片”命令，选择背景图像的位置。然后单击“全部应用”按钮，背景图片自动添加。

4. 保存幻灯片

（1）保存未命名的幻灯片　选择 Office“文件”菜单中的“另存为”命令时，在“文件名”文本框中输入文件名，在“保存位置”中，选择文件夹。

注意： 如果想和 PowerPoint 98—2003 版的格式兼容，可以选择此项如图 6-8 所示。

（2）保存已命名的幻灯片　选择 Office 菜单中的“保存”命令或单击快速访问工具栏中的“保存”按钮，就会保存当前的幻灯片，并且可以继续进行编辑工作。

图 6-7　“设置背景格式”界面

图 6-8　“另存为”选项

5. 关闭幻灯片

选择 Office 菜单中的“关闭”命令，可以关闭当前屏幕上显示的幻灯片。如果对幻灯片进行了修改，在使用“关闭”命令之前没有保存幻灯片，会出现一个消息框，询问是否保存对幻灯片的修改。单击“是”按钮，则保存幻灯片；单击“否”按钮，则放弃此次对幻灯片的修改。

6. 打开幻灯片

选择 Office 菜单中的“打开”命令，出现一个“打开”的对话框，在“查找范围”中指明文件路径，在“文件名”中输入文件名。单击“打开”按钮，即可打开幻灯片。

7. 编辑幻灯片

在制作幻灯片的过程中，可以插入幻灯片、删除幻灯片以及复制幻灯片等。

（1）插入新幻灯片。

① 在幻灯片视图中，利用 PageUp、PageDown 键或鼠标拖动垂直滚动条切换到要插入新幻灯片之前的幻灯片。

② 选择“开始”选项卡中“新建幻灯片”命令，出现“版式库”列表框。

③ 在“版式库”列表框中选择一种版式。也可选择“复制所选幻灯片”命令。

④ 新的幻灯片就插入到幻灯片中，并显示在屏幕上。

⑤ 在幻灯片版式上可以增加编辑文本或其他对象。

（2）删除幻灯片。在幻灯片视图中，利用 PageUp、PageDown 键或鼠标拖动垂直滚动条切换到要删除的幻灯片，按 Delete 键。

（3）复制幻灯片。可将已存在的幻灯片复制到其他位置，便于直接修改、使用。

① 用鼠标切换到幻灯片浏览视图，单击一个幻灯片选中它。

② 按 Ctrl+C 组合键，将选中的幻灯片复制到剪贴板中，也可按右键选择“复制”命令。

③ 选中要插入的位置，按 Ctrl+V 组合键，即把复制到剪贴板中的幻灯片复制到此位置上，也可按右键选择“粘贴”命令。

6.2　幻灯片的编辑

在 PowerPoint 中，既可以在幻灯片视图、普通视图、大纲视图中输入和编辑文本，本节以“中国名胜风景”.ppt 案例，介绍制作过程。

6.2.1　输入和编辑

在幻灯片视图中，通常分为两个区域：标题区和主题区。标题区中含幻灯片标题文本，主题区内容用于进一步描述幻灯片标题。幻灯片上任何位置，都可插入各种各样的对象。除了用于描述幻灯片实际内容的文本、插图、多媒体对象外，还可为幻灯片增加特别的装饰性背景。

1. 在幻灯片视图中输入文本

最简易方式是直接将文本输入到占位符中。要在占位符外插入文本，需选择“插入”选项卡中的“文本框”命令。

在占位符中输入文本　单击文本占位符的任何位置，选择文本占位符，此时虚线边框将被粗的斜线所取代。该占位符的示例文本将消失，占位符内出现一个闪烁的插入点，表明可以输入文本了。

2. 在幻灯片视图中编辑文本

首先在文本区域中，单击左键以放置插入点，然后按箭头键将插入点移到要编辑的部分。按 Backspace 键删除插入点左边的内容，按 Delete 键删除插入点右边的内容。如果要插入文本，只需要在插入文本的位置单击左键，然后输入文本即可。

3. 设置文本格式

在幻灯片中输入文本时，文本的字体格式取决于当前模板所指定的格式。为了使幻灯片更加美观、易于阅读，可以先选中文本 ，然后单击菜单中的“格式”选项卡 ，在调出的“格式工具”格式中设置文本的格式，如图 6-9 所示。

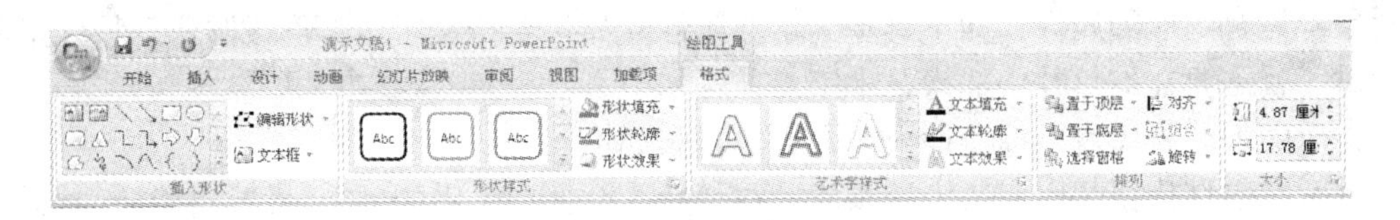

图 6-9 “格式工具”格式

4. 制作幻灯片步骤:

① 单击“开始”→“程序”→“Microsoft Office PowerPoint 2007”，即可启动 PowerPoint 2007，出现选项对话框。可选择“文件”选项卡中的“新建”命令，在“新建幻灯片”窗口中的“模板”中，单击“空白文档和最近使用的文档”命令，将弹出“空白文档和最近使用的文档”对话框。选择“空白演示文稿”，单击“创建”按钮，将进入到第一张幻灯片窗口。

② 添加幻灯片的背景。在“格式”选项卡中“主题”组，单击“主题”上方的箭头选择“龙腾四海”背景，如图 6-10 所示。

图 6-10　添加幻灯片的背景

③ 在标题框中输入“中国名胜风景”的字样，如图 6-11 所示。改变字体的方法与在 Word 程序中一样。

④ 选择 Office 菜单中的“保存”命令，输入文件名为“中国名胜风景”，存盘。

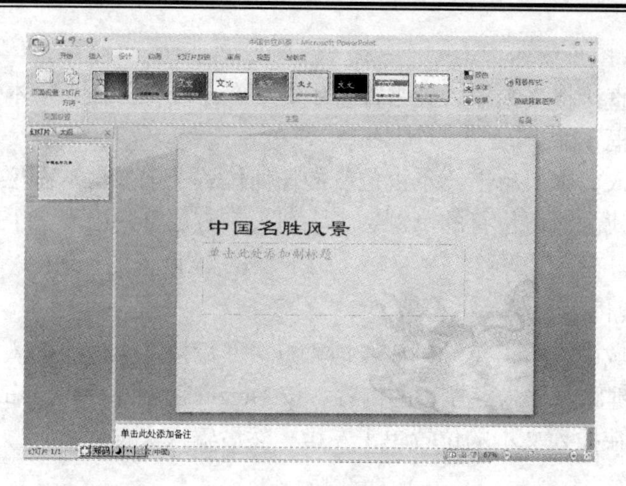

图 6-11　标题幻灯片

6.2.2　在幻灯片中设置艺术字

艺术字是一种既能表达一些文字信息，形式又比较生动活泼的表现手法。这是一种图形对象，具有图形的属性，而不具备文本的属性。如果希望文字以弧形或圆形等特殊形状显示时，就需要在幻灯片中插入艺术字。

在“中国名胜风景”标题插入艺术字，步骤如下。

（1）在幻灯片视图中，选中标题后，在“插入”选项卡中的 “文本”组中的 “艺术字”命令，如图 6-12 所示。出现“艺术字库”选择“填充文本 2 轮廓背景 2”。

（2）调节文字大小。

（3）在“绘图工具”选项卡中的“形状样式”选择“细微效果强调颜色 2”，如图 6-13 所示。得到如图 6-14 所示的效果。

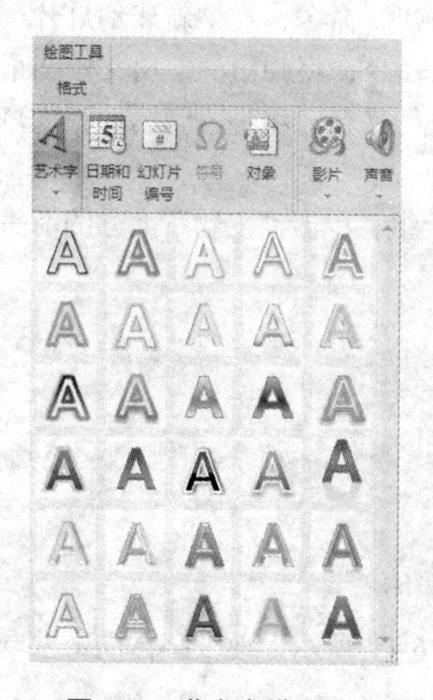

图 6-12　艺术字样式

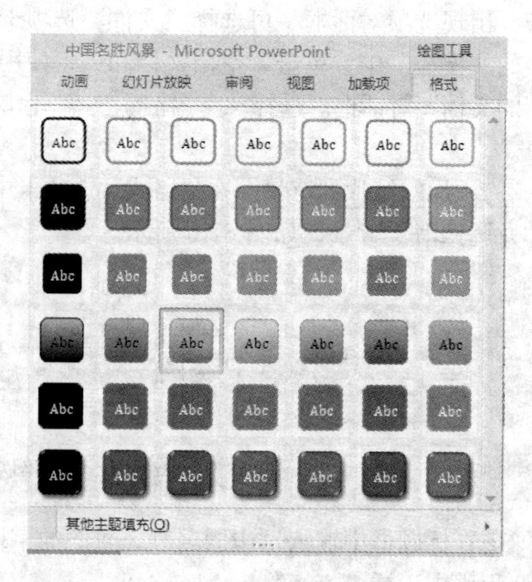

图 6-13　形状样式

图 6-14　设置艺术字

6.2.3　在幻灯片中插入图片

在“中国名胜风景”将 3 张风景图像插入到幻灯片中。

1. 插入图片

（1）在幻灯片视图中，显示要插入图片的幻灯片。

（2）选择“插入”选项卡中 “插图”组中的“图片”命令，如图 6-15 所示。

（3）在出现的“插入图片”对话框中，找到包含图片文件的驱动器和文件夹，单击文件列表中的文件名，单击“插入”按钮，即可将该图片插入到幻灯片中。

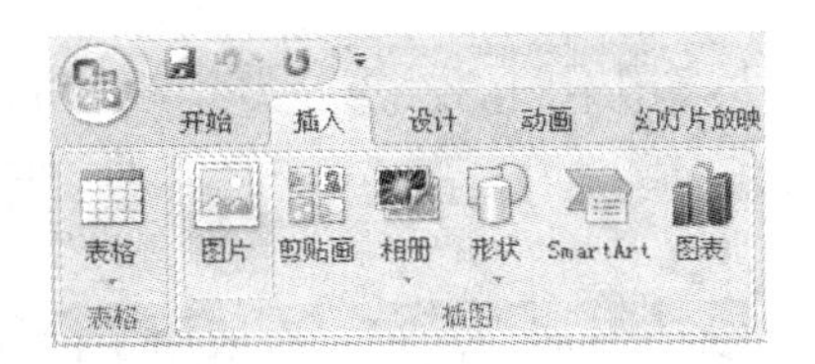

图 6-15 “插入”→“图片”

2. 设置图片形状和位置

（1）选中图片后单击“图片工具格式”选项卡中如图 6-16 所示。

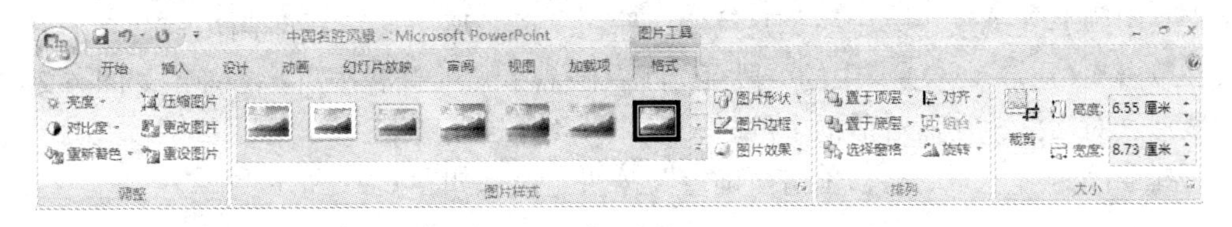

图 6-16 “图片工具格式”选项卡

（2）选择“排列”组中的“旋转”命令，弹出“大小和位置”对话框，如图 6-17 所示。

（3）修改“旋转”输入“−25° ”。

（4）在“图片样式”中选择“双框架黑色”，完成第一张图片设置的图片框。

（5）分别再设置其他两张图像，效果如图 6-18 所示。

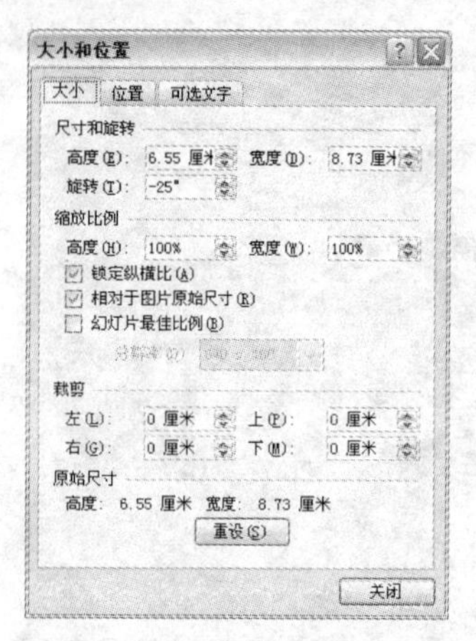

图 6-17 “大小和位置”对话框

图 6-18 图片设计

6.2.4 幻灯片的段落编排

虽然 PowerPoint 2007 定位于幻灯片的制作，但它同样具有强大的文字处理功能，在 PowerPoint 中同样可以对选定的文本采用不同的段落格式，利用“开始”选项卡中的“段落”组中，可以在设定段落前后的间距，可以设定首行缩进的格式，还可以在文本中添加制表符，如图 6-19 所示。

1. 文本的对齐

可以为幻灯片中不同的文本采用不同的对齐方式，具体的操作方法与 Word 中是比较类似的，只要选中需要对齐的文本，然后单击“格式”工具栏中的各种对齐按钮就可以了。下面介绍一下这几种对齐方式。

① 中间对齐方式，所有的文本都居中对齐，一般用于标题

② 右对齐方式，所有选中文本都向右对齐，最右边的一个字处于同一列上。

③ 左对齐方式，所有选中文本最左边的一个字处于同一列上。

④ 要想在段落中另起一行，可以在按住 Shift 键的同时按 Enter 键。

2. 改变段前段后空间

在“中国名胜风景”第 1 页幻灯片中，输入“风景那边独好”的字样，选定此字设置格式，单击 “开始”选项卡中的“段落”工具栏右下角的扩展按钮，弹出如图 6-20 所示“段落”对话框，在该对话框中可以设定“对齐方式”、“缩进”、“间距”等，在“设置值”选择“固定值”36.2 磅，单击“确定”按钮。效果如图 6-21 所示。

图 6-19 “段落”工具栏

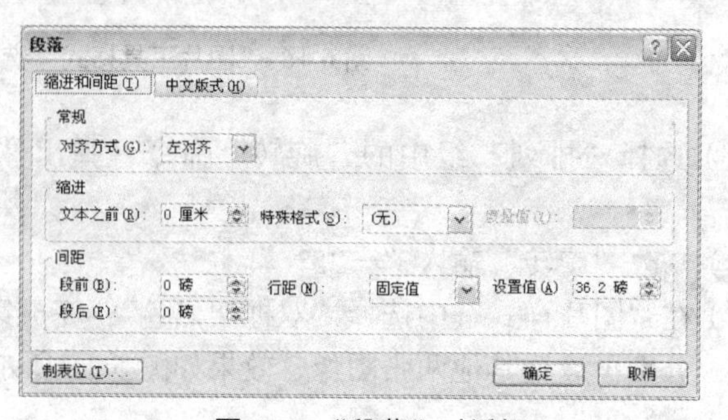

图 6-20 “段落”对话框

用同样的方法再制作第 2 页幻灯片，效果如图 6-22 所示。

图 6-21　第 1 页效果

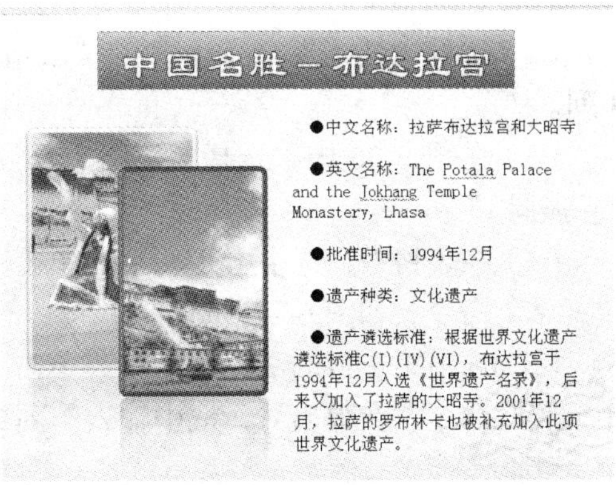

图 6-22　第 2 页效果

6. 2. 5　制作含有表格和图表的幻灯片

在“中国名胜风景”第 3 页制作含有表格和图表的幻灯片。

1. 在幻灯片中插入形状

（1）打开一个在“中国名胜风景”幻灯片，切换到幻灯片视图中在最后一页。

（2）在“开始”选项卡中的“新建幻灯片”组中单击“两栏内容”命令。

（3）在如图 6-23 所示中，选择“插入”选项卡中的“插图”组中的“形状”命令。

（4）弹出“形状”菜单，选择“星与旗帜”中的“横卷形”形状样式，如图 6-24 所示。

图 6-23 “插入”选项卡

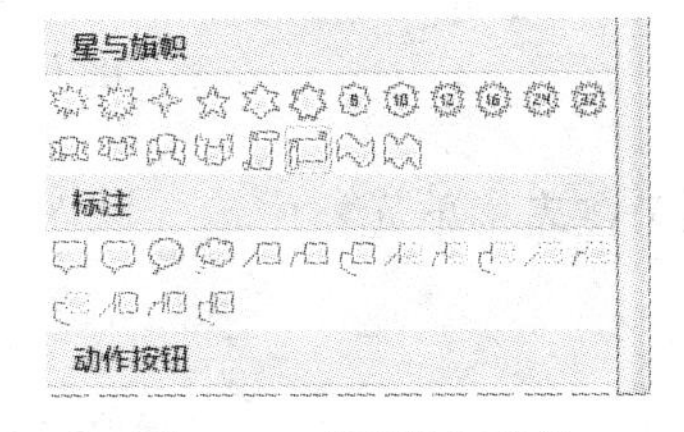

图 6-24 “形状”菜单

（5）调节形状大小和颜色，并在形状中，输入“中国名胜—新疆”并设置艺术字体，效果如图 6-25 所示。

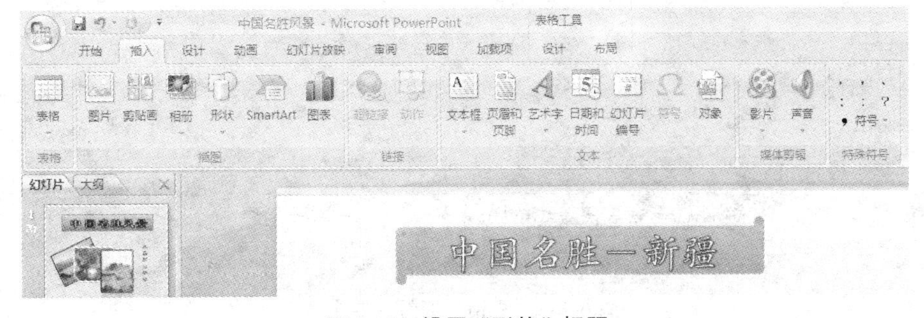

图 6-25　设置“形状”标题

2. 在幻灯片中插入表格

（1）在“中国名胜风景”第 3 幻灯片，切换到幻灯片视图中。

（2）选择“插入”选项卡中的“表格”命令。弹出“输入表格”对话框，输入 8 行 4 列。

（3）在图 6-26 中，选择“表格工具设计”中的“表格样式”命令，选择“中度样式 2—强调 1”样式。

（4）在表格中，选中第 1 行后，单击“表格工具布局”选项卡“合并”组中的“合并单元格”命令，如图 6-27 所示。

（5）选中第 2 行的 3 列和 4 列，单击“表格工具布局”选项卡“合并”组中的“拆分单元格”命令，在弹出对话框中输入 1 列 2 行。

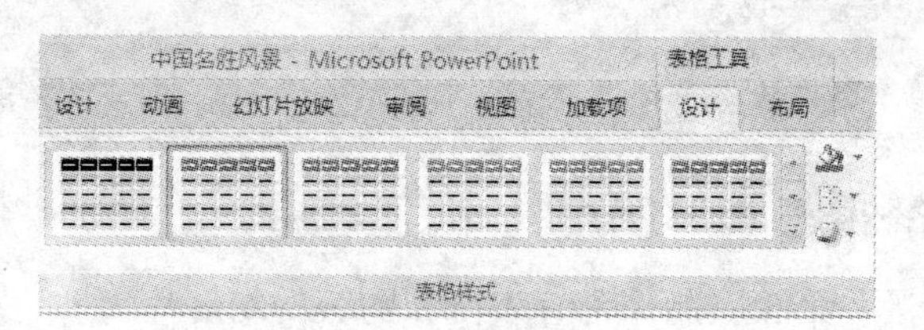

图 6-26 “表格工具设计”选项卡

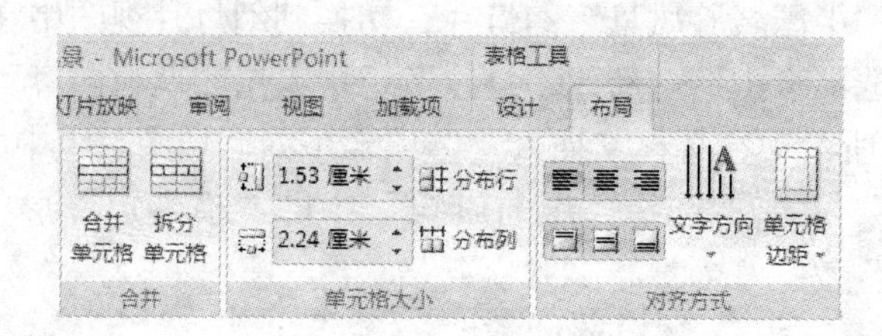

图 6-27 “表格工具布局”选项卡

（6）在表格单元格中输入如图 6-28 所示对应的内容，并设置字体大小和对齐方式。

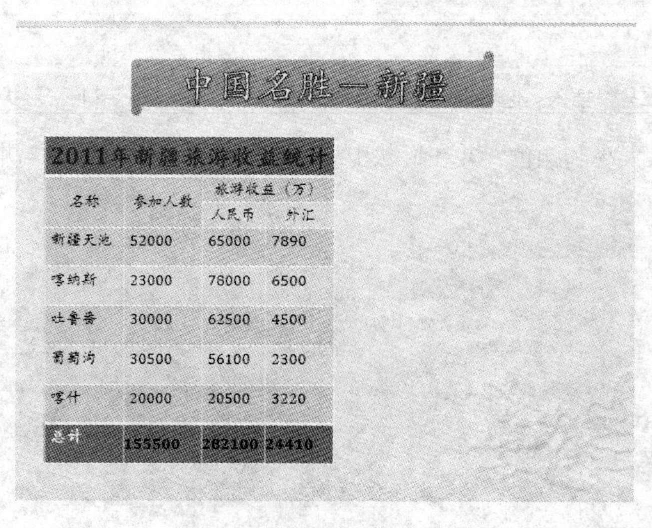

2011年新疆旅游收益统计			
名称	参加人数	旅游收益（万）	
		人民币	外汇
新疆天池	52000	65000	7890
喀纳斯	23000	78000	6500
吐鲁番	30000	62500	4500
葡萄沟	30500	56100	2300
喀什	20000	20500	3220
总计	155500	282100	24410

图 6-28 “表格”幻灯片效果

3. 在幻灯片中插入图表

（1）在图 6-28 所示的右边，单击“插入”选项卡中“插图”组中的“图表”命令。

（2）弹出“插入图表”对话框，如图 6-29 所示。选择“族状柱形图”，单击“确定”按钮。

（3）幻灯片右边出现 Excel 编辑窗口，将幻灯片右边的表格第 1 列和第 2 列的数据选中，复制到 Excel 编辑中，将 3、4 列的数据删除，如图 6-30 所示。

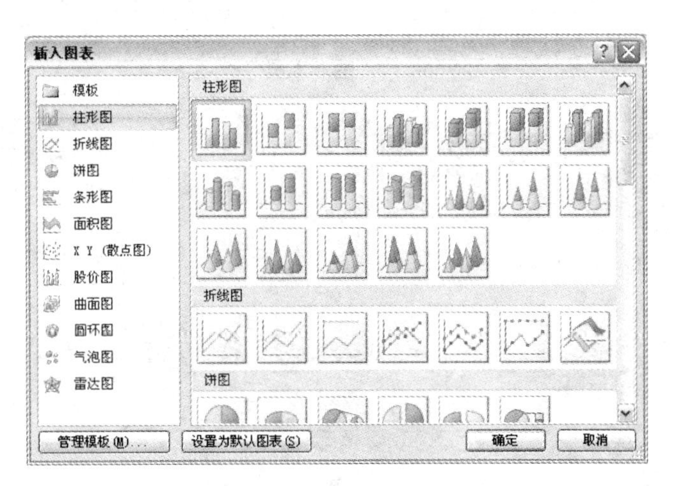

图 6-29 “插入图表”对话框

（4）在图表占位符内，就会出现一个三维柱形图表，数据表出现在图表上方的单独窗口中。

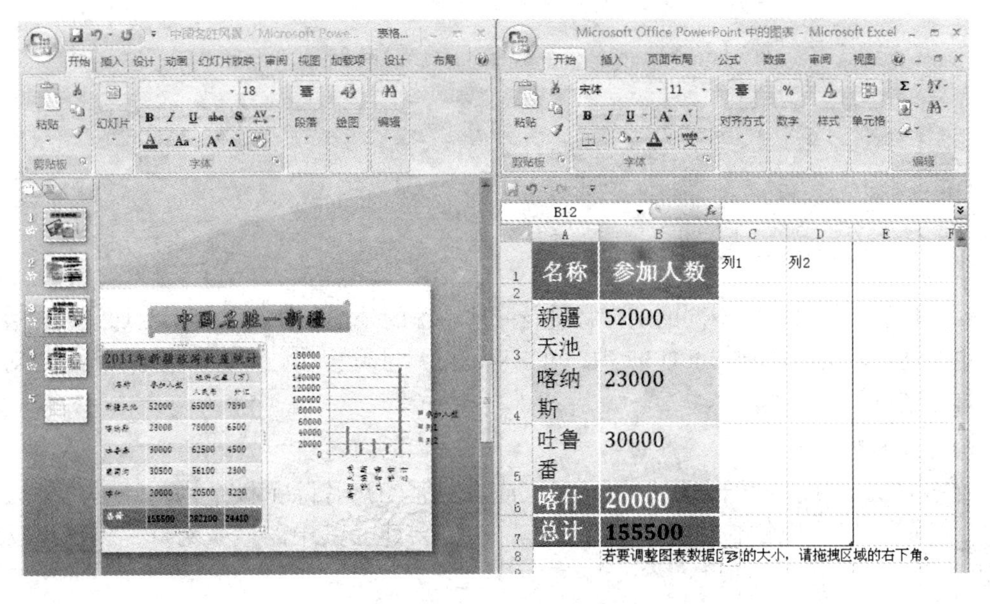

图 6-30 “Excel”编辑窗口

（5）在图 6-31 中选择“图表布局”，设置图表样式，修改图表中的文字和数据，就可得到需要的图表，效果如图 6-32 所示。

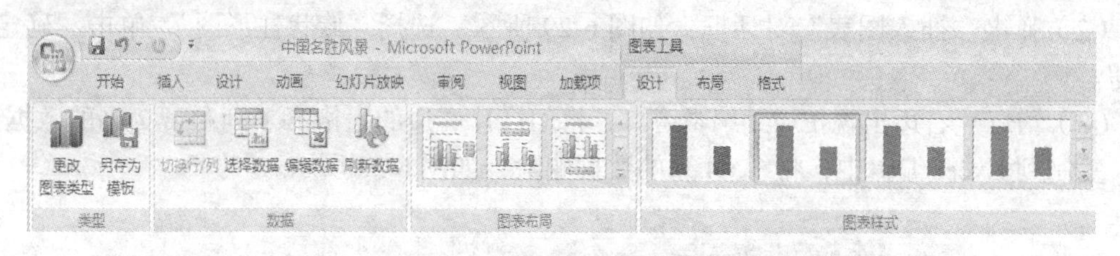

图 6-31 “图表工具”选项卡

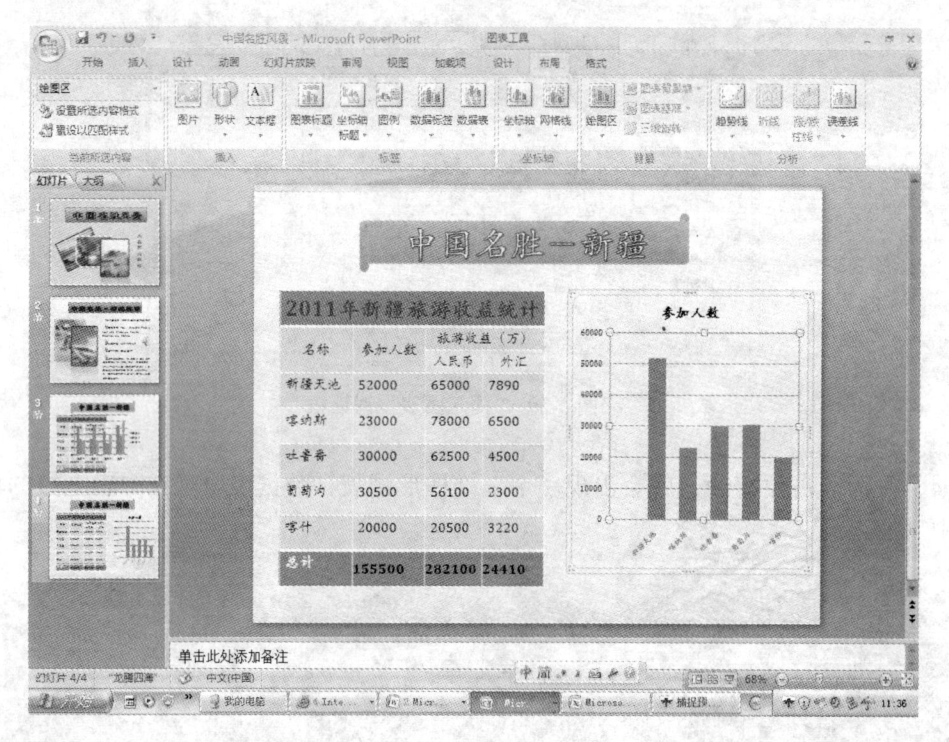

图 6-32 “图表”效果

6. 2. 6　幻灯片的调整与特殊处理

幻灯片的调整可以对不同的幻灯片进行一些特殊的处理，使得其外形更加一致，表现主题更加鲜明。在 PowerPoint 2007 中，可以对幻灯片进行移动、复制和删除，还可以对多张幻灯片进行重新排列。

幻灯片的移动与复制

在多张幻灯片上可能有相似的元素，或者两张幻灯片除了极个别的地方之外大致相同，这时可以使用复制功能来简化工作。只需要建立其中的一张幻灯片，可以反复使用它。

可以在一个演示文稿内部使用“复制所有幻灯片”，这样对于有许多相似的幻灯片的幻灯片来说是非常有用的，可以大大提高人们的工作效率。

插入一张幻灯片的副本操作十分简单，其方法如下。

（1）在“开始”选项卡“新建幻灯片”中选择“复制所有幻灯片”选项，如图 6-33 所示。

（2）需要复制的幻灯片，单击右键选择 “复制幻灯片”命令，如图 6-34 所示，同样，可以在原来的幻灯片之下插入该幻灯片的副本了。

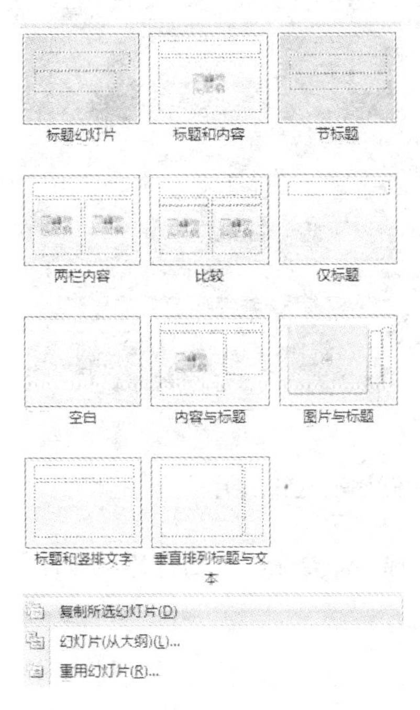

图 6-33　复制幻灯片方法 1

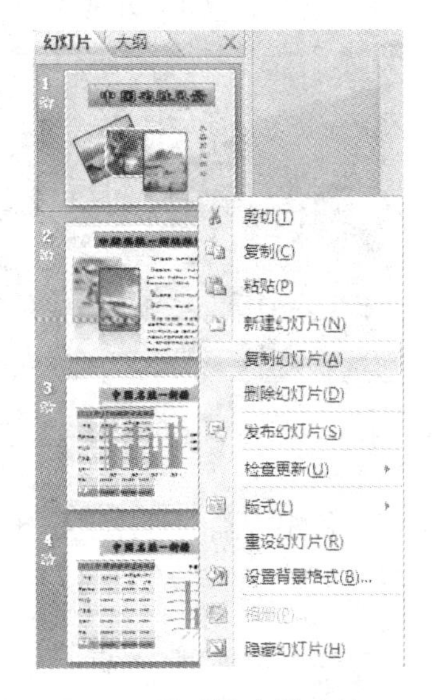

图 6-34　复制幻灯片方法 2

此外还可以将幻灯片从一个幻灯片移动或是复制到另外一个幻灯片。具体的操作方法与在资源管理中移动文件的方法是类似的。

（1）分别打开两个演示文件。

（2）在“视图”选项卡中的“幻灯片浏览”按钮，（或者单击工作区左下方的“幻灯片浏览视图”按钮），将视图模式切换到幻灯片浏览模式，以便同时看到幻灯片中所有的幻灯片。

（3）从“窗口”菜单中选择“全部重排”命令，将这两份幻灯片窗口水平排列，选择“普通视图”，如图 6-35 所示。

（4）选择右边的幻灯片复制的一张幻灯片副本移动到左边幻灯片中去。

也可以使用在资源管理器中拖动文件的方法，选中一张幻灯片后，一直按住鼠标左键，将选中的幻灯片从一个幻灯片窗口拖动到另外一个幻灯片窗口。如果同时移动多张幻灯片，在选择的时候按住 Shift 键就可以了。

同在资源管理器中的情况十分类似，如果希望移出幻灯片的幻灯片在该幻灯片移出后还留有该幻灯片，也就是说将一张幻灯片从一份幻灯片复制到另一份演示文稿中，这时我们可以在拖动鼠标的过程中按住 Ctrl 键，此时的操作就变成为复制而不是移动了。

图 6-35 显示两份幻灯片并在它们之间交换幻灯片

从幻灯片中删除幻灯片也是比较容易的，只要选中需要删除的幻灯片，然后按 Delete 键就可以了。

6.3 幻灯片放映

PowerPoint 2007 最强大的功能，就在于能够使用多种灵活的方式来放映幻灯片中的演示文稿，而且可以加入各式各样的效果。所谓“放映”实际上是将一系列的幻灯片进行排列组合，然后按照一定的方式，一张一张地在计算机中展示出来，就像实际的幻灯片放映机所做的工作一样。此外，幻灯片还可以添加声音、音乐和影片等多媒体效果，还可以加上动画的播放效果、排练幻灯片时间等，直接在计算机上播放这些幻灯片，使幻灯片声色俱佳。

6.3.1 设置动画幻灯片

可为幻灯片上的文本、形状、声音、图像和其他对象设置动画效果，这样可突出重点，增加趣味性。

1. 设置幻灯片动画效果

在“中国名胜风景”案例中对每页设置动画，具体操作步骤如下。

（1）选中第 1 页，选择“动画”选项卡中的“切换到此幻灯片”组，如图 6-36 所示。

（2）单击“其他”命令，弹出“切换动画”窗口，选择“圆形”选项，此时窗口同时有浏览功能效果。

（3）同时在第 2 页和第 3 页，分别设置“向下揭开”和“向左下揭开”动画效果。

图 6-36　“幻灯片放映”→“预设动画效果”

2. 自定义动画效果

在“中国名胜风景”案例中，对每页中的图片和文字，设置动画效果具体操作步骤如下。

（1）在第 1 页，选中“中国名声风景”标题，选择“动画”选项卡中的“动画”组。

（2）单击“自定义动画”命令，弹出“自定义动画”对话框，如图 6-37 所示。

（3）在“自定义动画”对话框中选择“添加效果”→“进入”→“百叶窗”动画样式，此时在标题边出现效果编号。也可以在如图 6-38 所示中选择添加效果。

图 6-37　“自定义动画”对话框

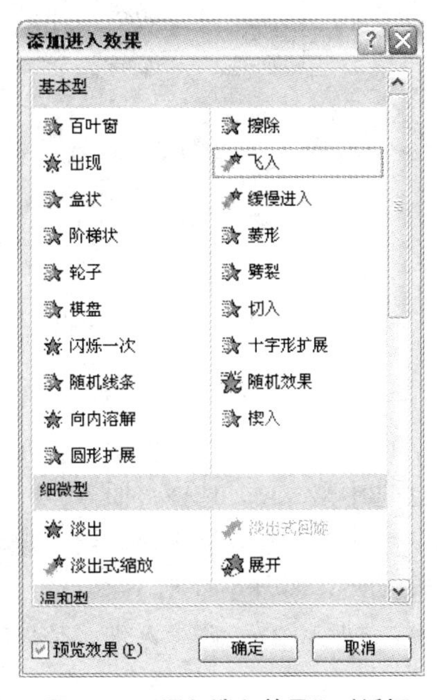

图 6-38　“添加淡入效果”对话框

（4）分别在 3 张图片，添加不同的效果，如图 6-39 所示，可以在“自定义动画”中调节动作顺序和按“播放”按钮，浏览设计效果。

（5）在“切换到此幻灯片”组中的“切换方式”，选择“单击鼠标时”选项，在浏览时单击鼠标时，动画动作执行。

图 6-39　设置“动画”顺序

6.3.2　在幻灯片中添加声音或音乐

1. 在幻灯片中插入声音

在“中国名胜风景”案例中在每页添加声音，具体操作步骤如下：

（1）选中第 1 页，选择“动画”选项卡中的“切换到此幻灯片”组，如图 6-40 所示。

（2）单击“切换声音”命令，弹出“切换声音”对话框，选择“风铃”效果。

（3）单击“切换速度”命令，弹出“切换速度”对话框，选择“中速”效果。

图 6-40　“切换到此幻灯片”设置

2. 在幻灯片中添加影片动画

在“中国名胜风景”案例中第 2 页添加影片，具体操作步骤如下。

（1）选中第 2 页，选择“插入”选项卡中的“文本”组。

（2）单击“影片”按钮，选择“剪贴管理器中的影片”选项，弹出“剪贴”对话框，选择一个动画，如图 6-41 所示。

（3）将动画小球，调整大小，复制在相关位置，浏览观察效果。

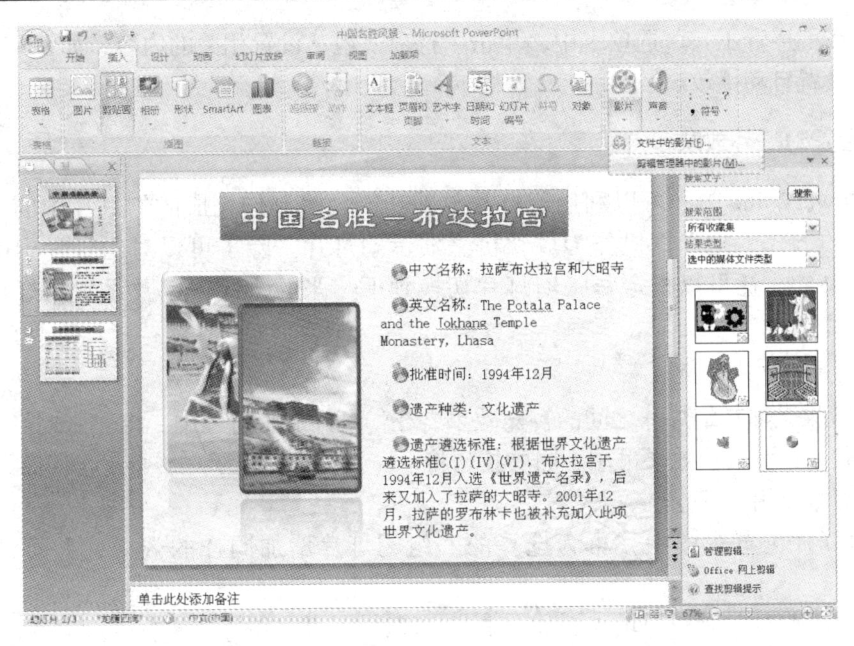

图 6-41　添加影片和声音

3. 在幻灯片添加音乐

在“中国名胜风景”案例中第 2 页添加音乐，具体操作步骤如下。

（1）选中第 2 页，选择“插入”选项卡中的“文本”组。

（2）单击“声音”按钮，选择“文件中声音”选项，弹出“插入声音”对话框，选择声音位置，单击“确定”按钮。

（3）在幻灯片上出现一个小喇叭图标，如图 6-42 所示。

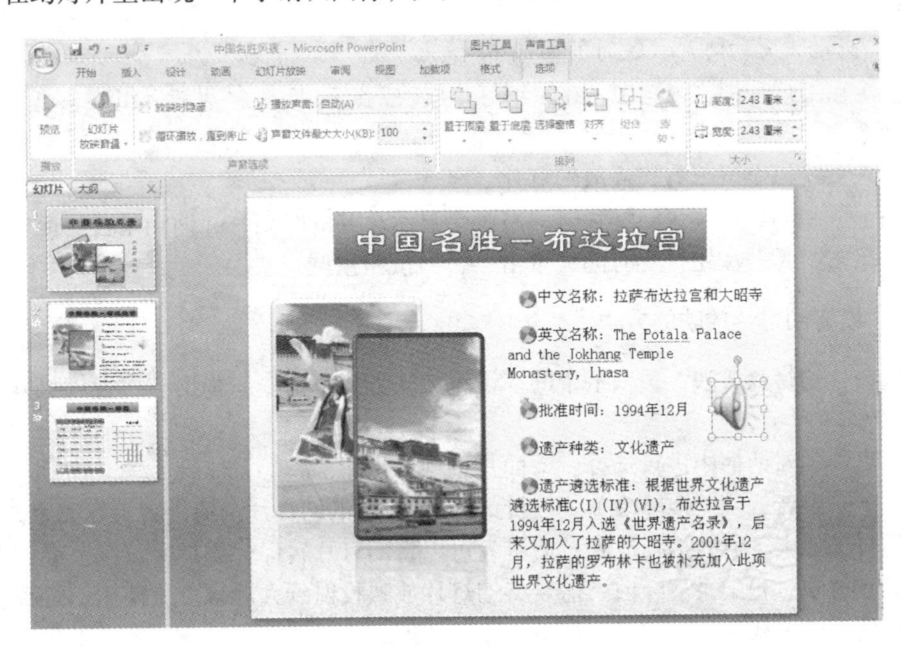

图 6-42　在幻灯片中插入声音和影片

（4）在“声音工具”选项卡中，单击“选项”组，设置相关的内容，如调节幻灯片放映音量和设置自动播放。

6.3.3 设置幻灯片放映

在 PowerPoint 中，可以利用幻灯片放映功能，将制作完成的幻灯片中的幻灯片以一张一张的方式，把计算机作为放映机来演示幻灯片。除了可以对幻灯片中的对象设置动画效果外，还可以指定每张幻灯片切换到下一张的方式，以及设置幻灯片本身的背景声音。

1. 设置幻灯片切换效果

切换效果是加在幻灯片之间的特殊效果。在幻灯片放映过程中，由一张幻灯片切换到另一张幻灯片时，切换效果可用不同的技巧将下一张幻灯片显示在屏幕上。例如，“向右下插入”、“盒状展开”等。

在幻灯片浏览视图中，可为选择的一组幻灯片增加同样的效果，并可浏览切换效果。

单击“幻灯片放映”选项卡，如图 6-43 所示。可设置幻灯片放映。

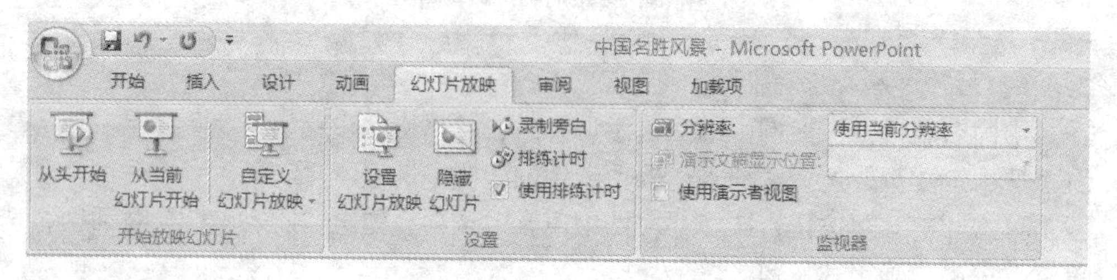

图 6-43 “幻灯片放映”选项卡

2. 自动设置幻灯片放映时间间隔

（1）在幻灯片浏览视图中，在“幻灯片放映”选项卡中 “设置”组中，单击“排练计时”命令。

（2）系统以全屏幕方式播放幻灯片。

（3）放映到最后一张幻灯片时，系统会显示总共的时间，并询问是否要使用新定义的时间。单击“是”按钮接受时间，单击“否”按钮重试一次。

6.3.4 设置幻灯片放映的方式

选择“幻灯片放映”选项卡中的“设置放映方式”命令，弹出“设置放映方式”对话框如图 6-44 所示。

在出现的对话框中进行选择。下面是选项的说明。

（1）演讲者放映（全屏幕）。可运行全屏幕显示的幻灯片。演讲者具有完整的控制权，可采用自动或人工方式运行放映；演讲者可以将幻灯片暂停，添加会议细节或即席反应；还可以在放映过程中录下旁白。需要将幻灯片放映投射到大屏幕上或使用幻灯片会议时，也可以使用此方式。

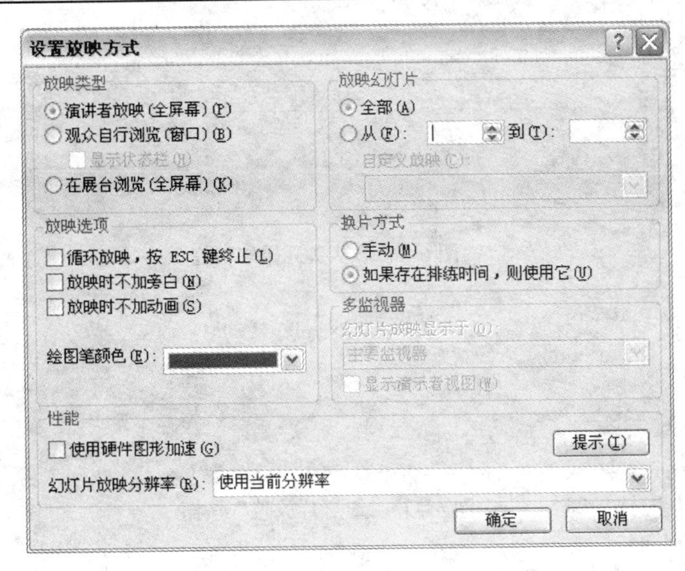

图 6-44 “设置放映方式”对话框

（2）观众自行浏览（窗口）。可运行小规模的演示。这种幻灯片会出现在小型窗口内，并提供命令在放映时移动、编辑、复制和打印幻灯片。在此方式中，可以使用滚动条从一张幻灯片移到另一张幻灯片，同时打开其他程序。

（3）在展台浏览（全屏幕）。可自动运行幻灯片。如果在摊位、展台或其他地点需要运行无人管理的幻灯片放映可以将幻灯片设置为这种方式，运行时大多数的菜单和命令都不可用，并且在每次放映完毕后重新启动。

6.3.5　启动幻灯片放映

1. 放映指定范围的幻灯片

在放映幻灯片时，系统默认的设置是播放幻灯片中的所有幻灯片，也可以只播放其中的一部分幻灯片。如果放映指定范围的幻灯片，操作步骤如下。

（1）打开要放映的幻灯片。

（2）选择“幻灯片放映”选项卡中的“设置放映方式”选项，出现“设置放映方式”对话框。

（3）在“幻灯片”框中指定要放映的幻灯片范围：①“全部”全部放映；②“从”、“到”框中指定开始到结束的幻灯片编号。

（4）单击“确定”按钮。

2. 启动幻灯片放映

在 PowerPoint 中启动幻灯片放映的方法有如下几种。

（1）单击幻灯片窗口左下角的“幻灯片放映”按钮（从左边起第 3 个），如图 6-45 所示。

图 6-45 “幻灯片放映”按钮

（2）选择“幻灯片放映”选项卡中的“从头开始”命令，如图 6-46 所示。

（3）选择“视图”选项卡中的“幻灯片放映”命令，如图 6-47 所示。

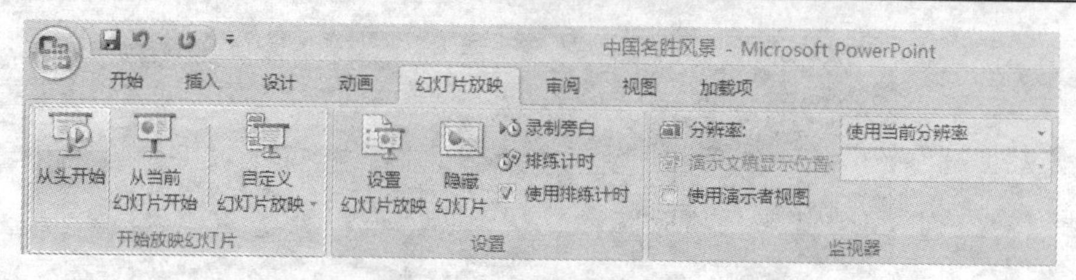

图 6-46 “从头开始”按钮

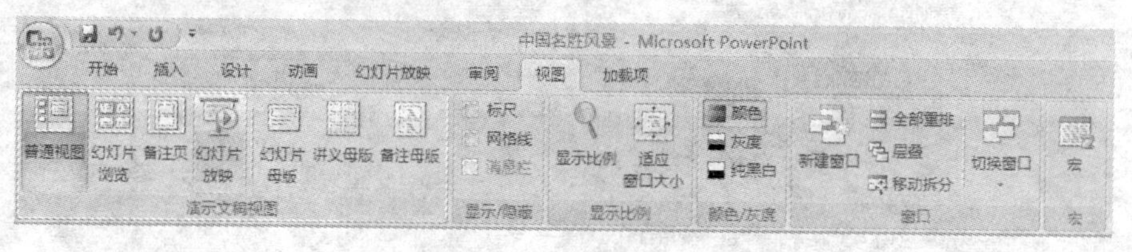

图 6-47 “幻灯片放映”按钮

6.3.6　建立带有分支的演示

PowerPoint 灵活的幻灯片播放功能，可以通过自定义放映带有分支的演示见一些带有共性的部分可以反复使用的。例如，在“中国名胜风景”案例中每 2 页跳到“其他幻灯片”，具体操作步骤如下。

（1）单击“插入”选项卡中的“形状”命令，如图 6-48 所示。

（2）在“形状”窗口中，选择一个“动作按钮”按钮。

（3）回到幻灯片视图下，此时鼠标指针变成为十字形，用来在幻灯片上需要按钮出现的地方画一个方形的按钮，这时自动打开如图 6-49 所示的“动作设置”对话框。

（4）设置鼠标的单击事件，在“超链接到”列表框中选择“第一张幻灯片”选项。此外，也可以设置鼠标移过事件，只要在如图 6-49 所示的“动作设置”对话框中，选中“鼠标移过”标签就可以了，具体的设置方法与鼠标的单击事件是一样的。

（5）也可在图 6-49 所示中的“超链接到”列表框中选择其他 Power Point 幻灯片，弹出“超链接其他 Power Point 幻灯片”窗口，输入幻灯片的文件名，出现“超链接幻灯片”显示出每页的幻灯片，可选择其中一页，如图 6-50 所示。

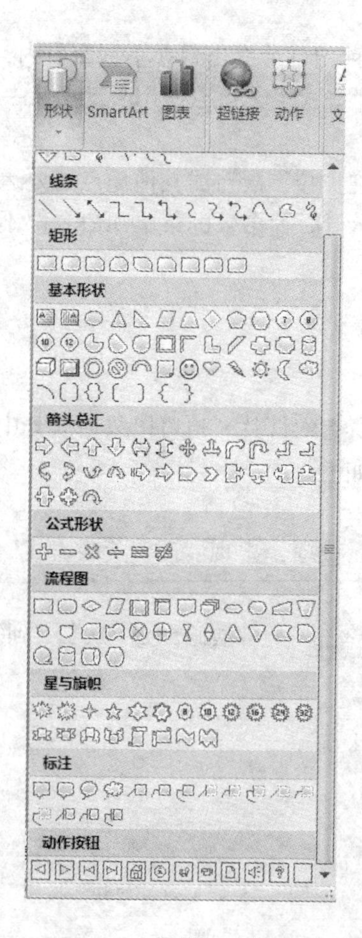

图 6-48 “形状”对话框

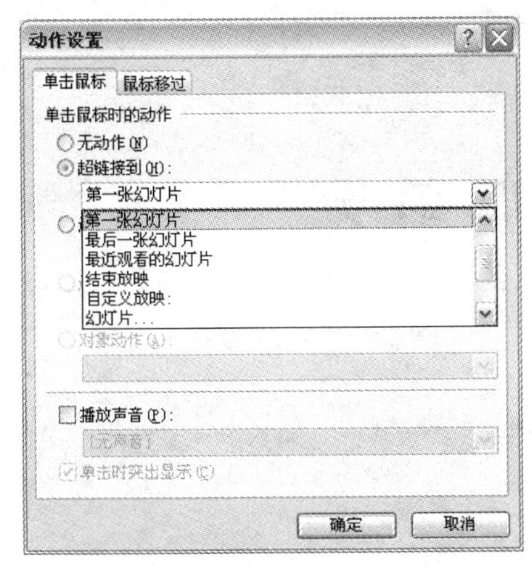

图 6-49　“动作设置”对话框

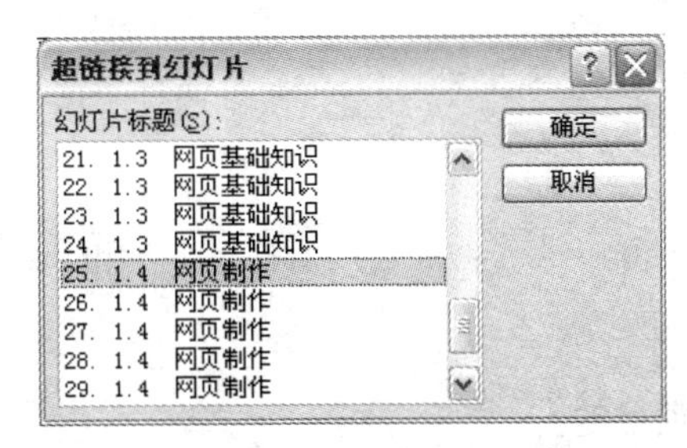

图 6-50　“超链接到幻灯片”对话框

习　　题

填空题

1．PowerPoint 的主要功能是________。

2．普通视图包含两种窗格，分别为________。

3．在普通视图的大纲窗格中，幻灯片以大纲形式显示，大纲由每张幻灯片的________和________组成。

4．在幻灯片浏览视图中，可以在屏幕上同时看到幻灯片中的所有幻灯片，这些幻灯片是以________显示的。

5．按下“幻灯片放映”按钮，可以运行幻灯片放映，如果在幻灯片视图中，以________开始放映；如果在幻灯片浏览视图中，以________开始放映。

6．在 PowerPoint 2007 中以________的后缀保存幻灯片。

7．PowerPoint 2007 提供的模板有________类。

8．PowerPoint 2007 提供了________种自动版式供选择。

9．在幻灯片视图中，向幻灯片插入图片，选择________菜单的________命令。

10．在幻灯片视图中，要在幻灯片中插入艺术字，选择________菜单的________命令，从级联菜单中选择________命令，出现________对话框。

第7章 实训部分

实训一 文件管理

【实训目的】

（1）熟悉 Windows 操作系统。

（2）掌握 Windows 文件的查找、复制、重新命名和删除的方法。

【实训内容】

（1）在 D 盘建立如图 7-1 所示的文件目录结构，便于对硬盘的资料进行整理和存储。

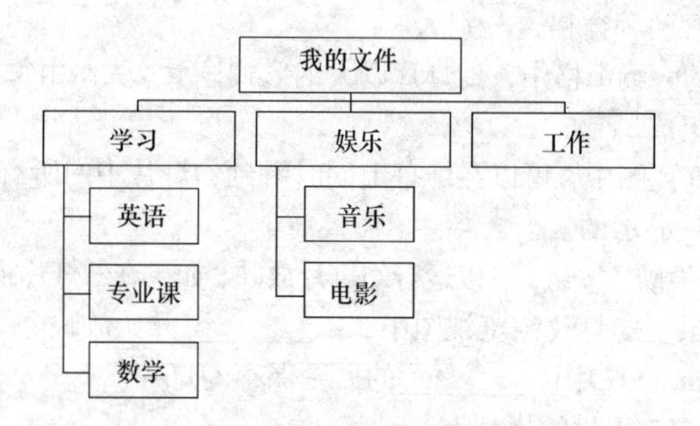

图 7-1 文件目录结构

可通过单击右键在快捷菜单中选择，建立文件夹。

（2）搜索 C 盘中以 sys 作为扩展名的文件，将搜索到的前两个复制到“我的文件”中，重命名为“a1.sys”和“a2.sys”。然后删除“a2.sys”。

执行“开始”→“搜索”命令，在“搜索”框中输入“*.sys”。用鼠标右键单击文件，复制、重命名和删除。

（3）在桌面上建立打开“我的文件”的快捷方式。

（4）从“回收站”中找回被删除文件并还原。

【巩固练习】

C 盘根目录建立如图 7-2 所示的文件夹结构。

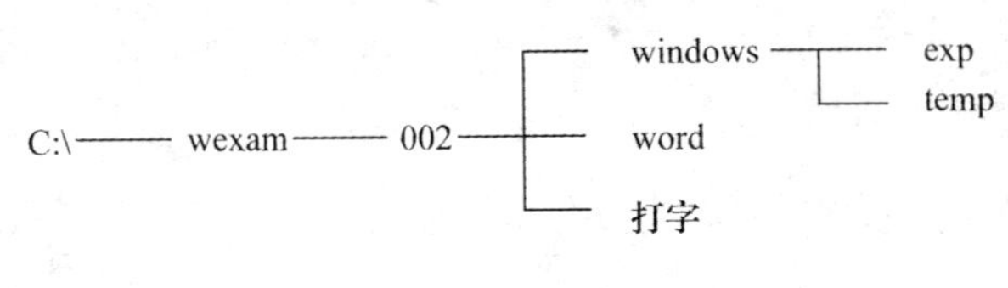

图 7-2　文件夹 1

（1）在 exp 文件夹中新建两个文本文件“excel.txt”、“powerpoint.txt”。
（2）将 exp 文件夹中的 excel.txt 和 powerpoint.txt 复制到 word 中。
（3）将 exp 文件夹中 powerpoint.txt 改名为 internet.ppt。
（4）将 word 文件夹中的 powerpoint.txt 文件移动到“打字”文件夹中。
（5）删除 exp 文件夹中的文件 excel.txt 到回收站。
（6）在 temp 中建立文件 internet.ppt 的快捷方式名为“幻灯片”。
（7）将“打字”文件夹隐藏。
（8）将回收站中 excel.txt 还原。

【自测练习】（请记录实际完成的时间：_______分钟）

C 盘根目录建立如图 7-3 所示的文件夹结构。

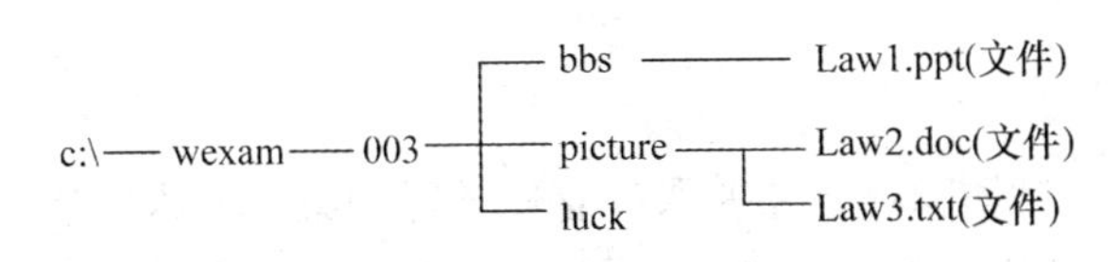

图 7-3　文件夹 2

（1）将 luck 文件夹隐藏。
（2）将 bbs 文件夹中的 law1.ppt 文件复制到同一文件夹中，文件命名为 law5.ttt。
（3）将 picture 文件夹中的 law3.txt 文件建立名为 fast 的快捷方式，并存放在 luck 下。
（4）在 luck 文件夹中创建名为 txuqb 的文件夹，并设置属性为只读。
（5）将 picture 中的 law2.doc 设置为隐藏属性。
（6）将 picture 中的 law2.doc 文件复制到 bbs 文件夹下。
（7）将 bbs 文件夹删除。

实训二　设置系统环境

【实训目的】

熟悉 Windows 常用的设置方法。

【实训内容】

（1）设置屏幕的分辨率为 1024×768，更改桌面的主题，更改桌面背景右击屏幕空白处，打开快捷菜单，单击“屏幕分辨率”、“个性化”进行设置。

（2）更改系统日期、时间为“2011 年 12 月 1 日零点”。进入“控制面板”并单击“时钟、语言和区域”图标。单击“更改时间、日期或数字格式”，选择“格式”选项卡，在“日期和时间格式”中选择对应的下拉菜单对时间日期的格式进行修改。

（3）简体中文双拼输入法。进入“控制面板”→“时钟、语言和区域”→“区域和语言”，选中“键盘和语言”标签，单击“更改键盘”。在“文本服务和输入语言”的“常规”中，选择“添加”。添加“简体中文双拼输入法”。

（4）更改用户账户名称为自己的姓名，设置密码为自己的学号。进入“控制面板”。单击“用户账户和家庭安全”。单击“用户账户”，选择“更改账户名称”更改账户名称。单击“用户账户”，选择“为您的账户创建密码”更改密码。

（5）安装的程序并卸载。从网上下载搜狗拼音输入法，按照安装向导知识完成安装。

进入“控制面板”。单击“程序”。单击“程序和功能”。选择“搜狗拼音输入法”程序，单击“卸载/更改”卸载程序。

【巩固练习】

（1）设置任务栏为自动隐藏，并抓取没有任务栏的桌面放入 1.BMP 图像文件中；并将文件存到 D 盘你自己的名字文件夹中。（方法：右击任务栏空白处，执行快捷菜单中的“属性”命令，勾选“自动隐藏任务栏”复选框，单击“确定”按钮；按下 Print Screen 键（屏幕打印键）→“复制”桌面；启动“画图”→“粘贴”桌面，执行“文件”菜单下的“保存”或“另存为”→选择存盘位置为 D 盘你自己的名字文件夹，文件名为 1.BMP，单击“保存”按钮）

（2）设置桌面屏幕保护程序为“三维文字”，并输入：“北京城市学院”作为三维文字，等待时间为 2 分钟；抓取设置对话框存于 2.BMP 图像文件中；文件仍然存到 D 盘你自己的名字文件中。（复制对话框按：Alt+ Print Screen（屏幕打印键））

（3）选择控制面板中“系统”图标，查看本机安装的操作系统及内存大小。

（4）对 D 盘进行磁盘碎片整理。

（5）用“画图”任意画一幅图画，将其保存到 C：\名为“我的图画.BMP”，将其设置为桌面墙纸。

【自测练习】（请记录实际完成的时间：________分钟）。

（1）利用键盘中的抓图按钮，实现抓图，保存到将其保存到 C：\名为“我的桌面.BMP”，将其设置为桌面墙纸。

（2）添加中文输入法。将“搜狗拼音输入法”作为系统唯一的中文输入法

（3）添加账户。添加账户：bcu，密码：bcu

（4）对 D 盘进行磁盘清理

实训三　Internet 上机操作

【实训目的】

（1）学会使用网络设备。

① 学习配置 ADSL 调制解调器的方法。

② 掌握上网方式。

③ 了解网络连接的属性设置。

（2）学会使用 IE 浏览器。

（3）利用网站提供的收发电子邮件的功能，发送、接收电子邮件的操作。

（4）学习建立自己的网上博客。

【实训内容】

1. ADSL 调制解调器连接方法

（1）硬件安装。首先要到电信局申请 ADSL 电话业务，从电话局购置 ADSL 设备和数字电话，并具备至少一台计算机和支持以太网的网卡。将 ADSL 路由器连接到计算机上，如图 7-4 所示。

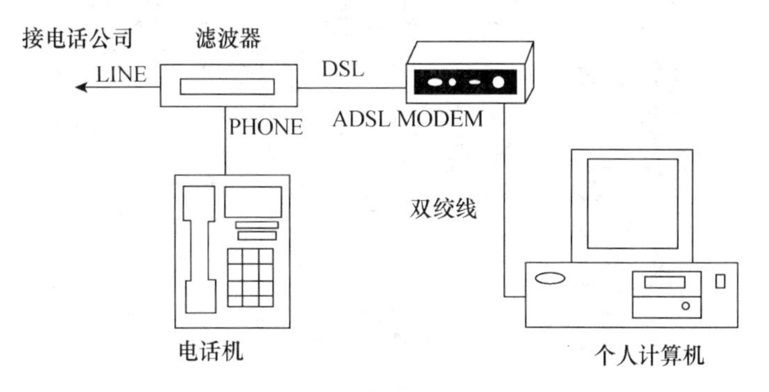

图 7-4　ADSL 安装拓扑图

（2）软件安装。ADSL 硬件连接好后，并不能马上上网，还要安装上网配置软件，一般在申请 ADSL 上网业务的同时，会得到一张安装光盘和上网用的合法用户名及密码，也可以使用系统中 Internet 连接应用程序配置，如图 7-5 所示。

（3）设置 IP 地址。在 Windows XP 系统中，右击“网上邻居”→“本地连接”出现“本地连接属性”对话框，如图 7-6 所示。

图 7-5 “连接 ADSL”对话框

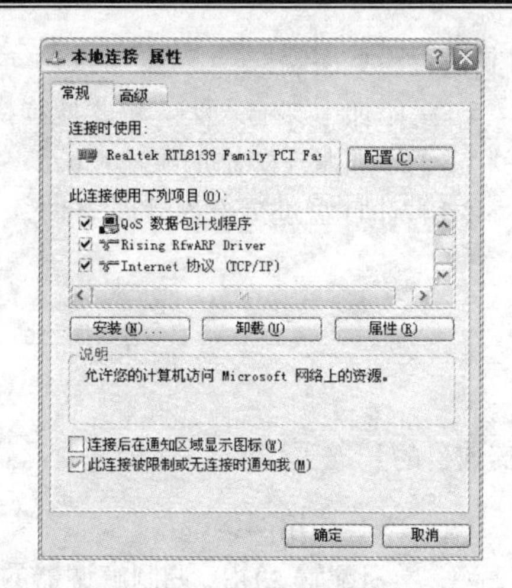

图 7-6 “本地连接属性”对话框

2. 创建连接

（1）账户信息的配置。客户端安装程序会在 PC 桌面上添加“宽带我世界”快捷方式，同时在“开始”→“所有程序”→“宽带我世界”目录，该目录里也有“宽带我世界”菜单项。

● 双击计算机桌面上的“宽带我世界”快捷方式，启动客户端登录界面。由于还没有设置接入账户，因此系统提示先添加接入账户，如图 7-7 所示。

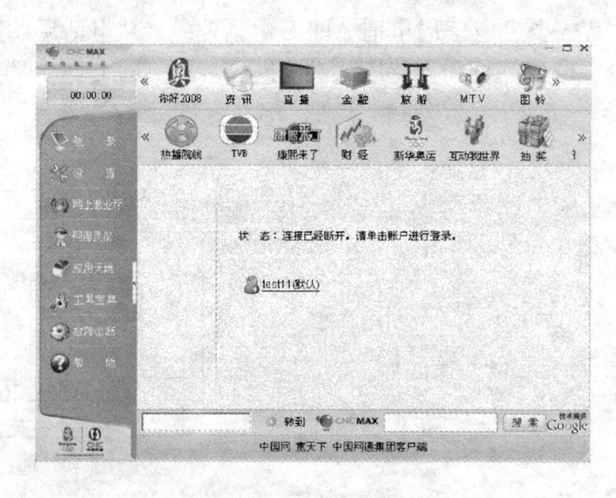

图 7-7 账户创建完毕

（2）填写接入账户信息。

● 输入 ADSL 账户的“账户名”和“密码”。

●“接入类型设置”，显示了目前的接入方式（PPPoE）。

●“选择网卡”选项，它会根据“接入类型”自动选择适合的网卡。

单击新创建的账户拨号，通过验证后就可以上网冲浪了，如图 7-8 所示。

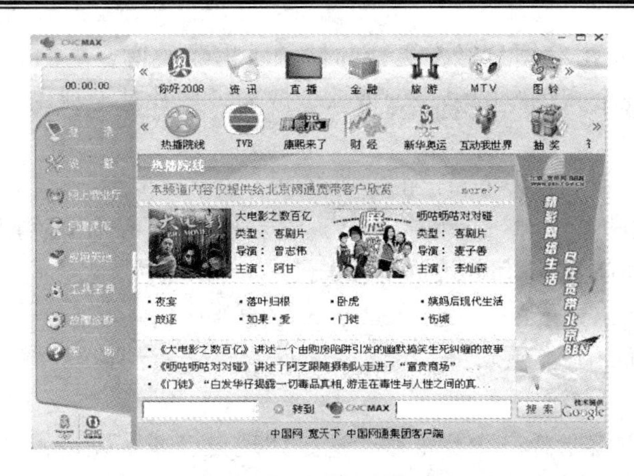

图 7-8　验证上网

3. 使用 IE 浏览器

（1）启动 IE 浏览器；

（2）在地址栏中输入网络地址：www.163.com 打开网页，进行浏览；

（3）查找铁路运输网上订票网站的网址，并将该网址添加到收藏夹中；

（4）设置脱机浏览。

4. 用 IE 实现文件下载和上传

下载测速网络速度的软件。

（1）在 www.baidu.com 进行搜索，找到相关的网站。

（2）查找和选择要下载的文件：在下载网址中沿相应路径选择所需要的文件，可以看到有关文件的简单介绍。

（3）下载所要的文件：单击要下载的文件，选择“将该程序保存到磁盘”命令，单击“确定”按钮，出现文件保存画面。

5. 收发 E-mail 操作

在搜狐网上申请 2 个电子邮箱：xinxiang1@163.com 和 xinxiang2@163.com（信箱用户名可自己选定）。

（1）在 Word 中输入信的内容，复制到 xinxiang1 的发邮件中，填好接收方的地址，发送。

（2）画一幅画，用 JPEG 格式保存，文件名为 AA.JPG，用附件的形式发到 xinxiang2 中。

（3）打开 xinxiang2 收看信件。

（4）将收到的信件的地址保存到地址簿中。

（5）将用附件发过来的文件保存在 D 盘。

6. 申请一个博客

“博客”是英文单词 Blog 的译音。Blog 是 Weblog 的简称，中文意思是“网络日志”。人们通常把撰写 Blog 的人称为 Blogger，也翻译为“博客”。因此，“博客”既可以指撰写网络日志这种行为，也可以指撰写网络日志的人。

博客是继 E-mail、BBS、ICQ 之后出现的第 4 种网络交流方式，一个博客其实就是一个网页，它通常是由简短且经常更新的帖子所构成，博客中的内容从知情人爆出的“新闻内幕”，到纯个人色彩的思想、诗歌、散文、照片甚至科幻小说、DV 作品，应有尽有。

博客网站很多，读者可根据自己的需要来申请。

（1）建立自己的博客。登录该网站网页，按步骤申请一个有效的用户名，即 ID；建议在新浪申请（其他也有很多，但新浪的博客人最多，名气最大，名人也最多，操作也简单），地址 http://login.sina.com.cn/hd/reg.php?entry=blog 直接申请。

（2）用新申请的用户名重新进入网站主页面，输入自己喜欢的博客日志标题和描述如图 7-9 所示。

（3）为自己的博客选择一个标准版。这是体现自己博客风格的第一个步骤。但是一般网站提供的页面模板大多比较单调，如果要有自己的风格，可以自己或请专业的朋友为自己的博客设计一个独一无二的、别具特色的页面。这样，就可以在自己的博客里畅所欲言了。

图 7-9　博客主页

【巩固练习】

（1）在网上查询近日计算机行情。

（2）在 263 上建立 1 个电子邮箱，制作贺卡，发送到这个电子邮箱。

（3）建立自己的博客，并进行管理和不断更新自己的内容。

（4）申请一个 QQ 账号。

【自测练习】（请记录实际完成的时间：________分钟）

下面练习请在 10 分钟之内完成。

（1）查询中国教育科学网，了解人民大学本科设置了哪些专业。

（2）发一封信给老师。

实训四　制 作 通 知

【实训目的】

通过制作通知，掌握以下操作的方法：

（1）在 Word 中录入文档；

（2）字体、段落格式的设置；

（3）项目符号的使用。

【实训内容】

制作如下所示的通知。

北京飞腾公司第八届“城市杯”羽毛球赛通知

为进一步推动全民健身运动的广泛开展，丰富教职工的业余生活，给广大羽毛球爱好者提供切磋技艺、交流学习的机会，北京飞腾公司工会定于 2011 年 5 月 28 日举行第八届“城市杯”羽毛球赛。

一、比赛时间、地点

比赛时间：2011 年 5 月 28 日

比赛地点：羽翔腾飞羽毛球馆

二、竞赛项目

本次羽毛球赛为男女混合团体赛

三、竞赛办法

（1）男女混合团体比赛分两个阶段：

第一阶段时间是 5 月 28 日上午，根据报名参赛队情况抽签分 4 个小组，进行小组循环赛，各小组前两名进入第二阶段比赛循环赛；第二阶段 5 月 28 日下午，晋级队进行淘汰赛。

（2）比赛采用三场两胜、每场采用三局两胜、每局 21 分，每球得分制。出场顺序为：男双、女双、混双。

四、参赛条件和要求

（1）凡我公司职工，身体健康者均可参加。

（2）以工会小组为单位，各单位限报一支代表队（6～12 人）。

（3）报名方式：请各工会组长将报名表发至：a123456@feiteng.com，

（4）报名截止时间：2011 年 5 月 23 日。

北京飞腾公司工会

2011 年 5 月 11 日

操作提示

（1）创建一个文档。单击“Office 按钮”，选择“保存”命令，打开“另存为”对话框，命名为“通知”。

（2）按样文输入文档内容，输入内容时先不要考虑排版，输入完成后一起编辑便于统一文档的风格，加快编辑文档的速度。

文字录入常用键：

Backspace 键	删除插入点前面的字符
Delete 键	删除插入点后面的字符
Insert 键	插入/改写
Ctrl+C 键	复制
Ctrl+V 键	粘贴
Ctrl+S 键	保存

（3）字体与段落格式的设置。选中相应的文字再进行设置。以下内容均在“开始”选项卡下设置。

① 设置字号：在“字体”组中，单击“字号”下拉列表框右侧的下三角按钮，从弹出的“字号”下拉列表框中，选择合适的字号。通知标题四号，其他五号。

② 设置字体：单击“字体”下拉列表框右侧的下三角按钮，从“字体”列表中选择合适的字体。通知标题黑体，其他宋体。

③ 设置字形：“字体”组中单击“加粗”按钮，即可为选中的文本应用加粗效果。通知标题加粗，正文中的标题也加粗。

④ 设置对齐方式：“段落”组中设置标题使用“居中”按钮；设置正文使用“左对齐”；设置落款使用“右对齐”。

⑤ 设置缩进：选中正文，单击“段落”组右下方的，弹出“段落”对话框。在“缩进”栏的“特殊格式”组合框中，选择“首行缩进”选项；在后边的“磅值”组合框中，输入“2 字符”。设置完成后，单击“确定”按钮。

⑥ 设置间距：单击“段落”组右下方的，弹出“段落”对话框。在“缩进和间距”选项卡的“间距”栏中，将“段前”设置为“0.5 行”，“段后”设置为“0.5 行”，“行距”为“多倍行距”，“设置值”为“1.25”。

⑦ 项目符号的使用：文中“一，二，三，四，…”以及“1，2，3，4，…”均为项目符号。选中相应文字，“段落”组中的项目符号按钮进行设置。

【巩固练习】

北京城市学院是经教育部批准成立的一所综合性普通高等院校，以本科教育为主，同时举办专科层次的高等职业教育。学院前身海淀走读大学，成立于 1984 年，是新中国第一所具有颁发国家承认学历资格的民办高校。建校以来，学院坚持党和国家的教育方针，以“改革探索、勤奋进取、艰苦创业、开拓前进”为校训，以市场需求为导向，致力于培养服务现代城市发展与管理的高素质人才，在探索中国高等教育体制改革和培养应用型人才方面取得了有目共睹的成绩与经验，从而在名校林立的首都迅速崛起，国务院授予全国职业教育先进单位称号，被誉为中国民办高校的一面旗帜。

输入以上文字后，做如下设置。

（1）将文字划分为四段。

（2）设置首字下沉，文本框距正文上、下、左、右均为 0.2 厘米，框内文字为楷体，初号，加粗。

（3）文本的选择、移动、复制、删除。

① 将第二段文字复制到文章最后，成为文章的第五段。

② 删除最后一段。

（4）边框和底纹。

① 为第二段第一句加上波浪下划线。

② 为第三段第一句设置底纹填充为红色。

（5）查找和替换：将正文中重复出现三次以上的某个词用红色显示。

（6）段落设置将标题下各段设置为悬挂缩进 1.5 厘米。

① 设置第一段的行距为 28 磅。

② 设置第二段的段前，段后间距分别为 8 磅和 10 磅。

【自测练习】（请记录实际完成的时间：_______分钟）

（1）在上述文档中插入一幅图片并设置图文混排格式为“四周型”。

（2）插入文本框并编辑文本框内文字“祝福世界各个角落”，文字设置为隶书，小二，加粗；并给文本框设置阴影，阴影样式自选，版式设为“四周型”。

（3）绘制自选图形并编辑自选图形中文字，图形和文字内容自选，要求图形要有填充颜色，版式设为“四周型”。

（4）页面设置。

① 将页面纸张方向设置为横向，纸张大小设置为 B5。

② 将页面设置为用宋体五号字，每页行数为可容纳最大行数，每行 40 个字符的格式。

③ 设置页眉文字为：“学号+姓名”并居中。

④ 设置页脚为页码。

实训五　制 作 表 格

【实训目的】

掌握在 Word 中制作表格，包括以下操作方法：

（1）设置表格边框、底纹；

（2）合并、拆分单元格；

（3）计算、排序；

（4）单元格属性设置。

【实训内容】

制作如表 7-1 表格，计算平均成绩，按照姓名降序排序。

表 7-1　学生信息、成绩表

基本信息				成绩信息		
姓名	通信地址	邮政编码	电子邮件地址	经济学	高等数学	英语
李曼	北四环中路 268 号	100083	liman@bcu.cn	90	89	77
刘斌	西土城路 5 号	100876	liubin@bcu.cn	77	78	87
王艳	北沙滩路 15 号	100192	wangyan@bcu.cn	87	95	86
何云路	展春园 20 号	100083	heyunlu@bcu.cn	88	87	69
平均成绩						

操作提示

（1）在“插入”组中，单击“表格”，选择“插入表格”，设置行数为 7，列数为 7。单击表格，此时出现“设计”、“布局”选项

（2）选择第一行前 4 个单元格，在“布局”选项的“合并”组单击“合并单元格”。并按照实训内容中的样表合并其他单元格。

（3）在表中输入内容。

（4）选中“平均成绩”单元格，在“设计”选项的“表样式”组单击“底纹”。选择颜色为“白色”，“背景 1”，“深色 15%”。

（5）选中整个表格，在“设计”选项的“表样式”组单击“边框”。在下拉列表中选择“边框和底纹”，在“边框和底纹”对话框“边框”选项卡中，设置表格的外边框“样式”为双线，内边框“样式”为单线。

（6）选中表格中所有单元格，单击“布局”选项卡“对齐方式”组中的“水平居中”按钮，使得文字全部居中。

（7）计算平均成绩：单击平均成绩右侧的第 1 个单元格，选择“布局”选项卡“数据”组中“公式”按钮，在“公式”对话框中输入“=AVERAGE(ABOVE)”，计算平均值。并计算表中其他的平均值。

（8）按姓名排序：选中第 2～6 行，单击“布局”选项卡“数据”组中“排序”按钮，在打开的“排序”对话框中选择“有标题行”单选项，选择“主关键字”为“姓名”，按照拼音“降序”排序。

【巩固练习】

（1）新建空白文档，插入一个 6 行 4 列的表格，并按下表输入文字。

（2）给表格加标题：“辅助生产费用分配表”，要求：楷体、小二、粗体、红色，字符缩放：130%。

（3）要求表格单元格的文字位置水平、垂直居中。

（4）要求按如下表格中正文排列方向（横或竖）排放文字。

（5）表格中第一行单元格加背影色（填充）为黄色的底纹。

（6）表格外围边框为 3 磅，蓝色；内部框线为 3/4 磅，单、双线按如图 7-10 所示。

辅助生产费用分配表

辅助生产车间名称		供水车间	供电车间	合计
待分配辅助生产费用	“辅助生产”科目发生额			
	“车间经费”科目发生额			
	小计			
供应数量				
计划单位成本				

图 7-10　辅助生产费用分配表

（7）将编辑好的表格保存在 Word 文件夹下，命名为 zhlx22.doc，退出 Word 应用程序。

【自测练习】（请记录实际完成的时间：_______分钟）

（1）启动 Word 应用程序，新建一个空白文档。在“插入表格”对话框中指定列数为 4，行数为 7，单击“确定”按钮，在文档中插入 7 行 4 列的表格。在表格中输入如表 7-2 所示的内容。完成输入后，以文件名“学生成绩.doc”保存到 D 盘 Word 文件夹中。

表 7-2　学生成绩表

姓　　名	大 学 物 理	英　　语	Internet 应用
袁立	89	84	93
王昊	85	89	88
吴晓东	78	85	87
李雪峰	68	76	80
韩子云	93	86	92
张笑天	76	83	78

（2）将鼠标移动到表格的第一行的上方，使鼠标光标变成“🡇”形状，此时单击鼠标左键可以选定一列。将插入点移动到表格任意一行最右边的行结束标记“↵”处，选择菜单“表格”→“插入”→“列（在右侧）”，实现在“Internet 应用”列的右边插入一列，在新插入列的第一行输入“平均分”。

（3）将插入点定位到表格右下角的最后一个单元格中，按 Tab 键，在表格的最后增加一行。在新增行的第一列中输入“各科平均”。

（4）选定表格第一行，选择菜单“表格”→“表格属性”，在“表格属性”对话框中，选择行标签，将表格第一行的行高设置为固定值 1.5 厘米。再选择菜单“格式”→“字体”，将该行文字设置成粗体、小四号。单击“格式”工具栏中的“居中”按钮，使该行单元格中的内容在单元格中居中对齐。在选定的区域内单击右键，选择快捷菜单中的“单元格对齐方式”→“垂直居中”，使内容在单元格中垂直居中对齐。

将其余各行的行高设置为 1 厘米固定值，单元格内容垂直方向底端对齐，“姓名”列水平居中对齐，各科成绩及平均分靠右对齐。

（5）通过在单元格中插入公式计算个人的平均分。

（6）将表格中各列的宽度设置为最合适的列宽，并按各人的平均分从高到低排序表格。

（7）选定表格第一行，选择菜单“表格”→“插入”→“行（在上方）”，在表格第一行的前面插入一行。选定该行，选择菜单“表格”→“合并单元格”，将其合并为一个单元格。然后输入标题“成绩表”，将“成绩表”的字符格式设定为黑体、三号、水平居中对齐。

（8）将插入点定位到表格的下面一行，选择菜单“插入”→“域”，在“域”对话框的“类别”列表中选择“日期和时间”，在“域名”列表中选择“Date”，在“日期格式”列表中指定格式“yyyy 年 m 月 d 日”，单击“确定”按钮，将当前日期域插在表格下方。选定刚插入的日期域，设置格式为粗体、斜体、右对齐。

（9）选择菜单“格式”→“边框和底纹”，将表格的外框线设置成 1.5 磅的粗线，内框线为 1 磅单线，（提示：将整个表格分成两部分设置，先设置标题行，再选择除标题行以外的其他表格部分，按要求进行设置。）设置第二行的上、下边线和第一列的右框线为 1.5 磅的双线。然后将第二行和最后一行填充灰色－10%的底纹，在“应用于”列表中选择单元格。

（10）保存文件学生成绩.doc 到 D 盘 Word 文件夹中。

实训六　邮件合并应用

【实训目的】

通过利用 Word 中的邮件合并功能批量制作成绩通知单，掌握以下操作方法。

（1）创建主文档和数据源；

（2）选择数据；

（3）设置邮件合并和预览合并结果；

（4）打印和发送成绩单；

（5）批量制作信封。

【实训内容】

Word 的基本功能制作一份成绩通知单的主文档，然后建立合并用的数据文档，批量生成成绩通知单如图 7-11 所示，通过电子邮件发送并批量生成信封。

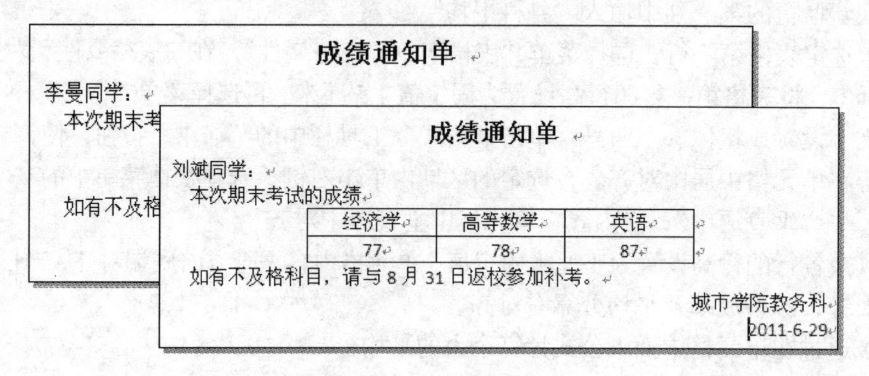

图 7-11　成绩通知单

操作提示

1. 准备数据源

数据源的文件类型可以是 Excel 工作簿、Word 文档，也可以是 Access 数据库，包括姓名、通信地址、邮政编码、电子邮件地址和各科成绩等字段。本例在 Word 中建立数据源文件。文件名为“数据源”，如表 7-3 所示。

表 7-3　学生信息表

姓　　名	通 信 地 址	邮 政 编 码	电子邮件地址	经　济　学	高等数学	英　　语
李曼	北四环中路 268 号	100083	liman@bcu.cn	90	89	77
刘斌	西土城路 5 号	100876	liubin@bcu.cn	77	78	87
王艳	北沙滩路 15 号	100192	wangyan@bcu.cn	87	95	86
何云路	展春园 20 号	100083	heyunlu@bcu.cn	88	87	69

“姓名”、“地址”和各科成绩字段将作为合并域插入到“成绩通知单”主控文档中，邮件合并完成后，将显示具体的内容；“通信地址”和“邮政编码”字段将作为合并域插入到信封封面中；“电子邮件地址”字段将在批量发送电子邮件时用到。

2. 建立“成绩单”主文档

建立新文档并保存为“成绩通知单.doc”。制作完成的如图 7-12 所示的成绩单。

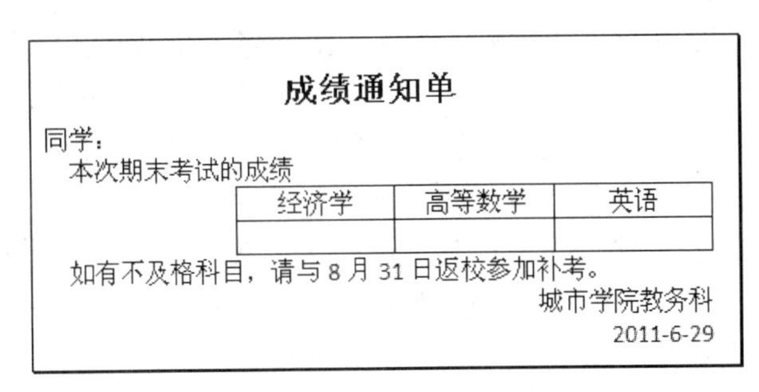
成绩通知单

同学：

本次期末考试的成绩

经济学	高等数学	英语

如有不及格科目，请与 8 月 31 日返校参加补考。

城市学院教务科

2011-6-29

图 7-12　成绩通知单模板

3. 邮件合并

（1）选择数据源。在“成绩单”Word 文档中，打开“邮件”选项卡。

在“开始邮件合并”组中，单击“开始邮件合并”右侧的下三角按钮，从弹出的菜单中，选择“信函”命令。

在“开始邮件合并”组中，单击“选择联系人”右侧的下三角按钮，从弹出的菜单中，选择“使用现有列表”命令，在弹出的“选择数据源”对话框中，选择数据源文件，也就是前面所创建的“数据源”文件。单击“打开”按钮。

此时“编写和插入域”组中的大部分按钮都被激活了。

（2）设置邮件合并。将光标定位于“成绩通知单”的 Word 文档中“同学”之前，在“编写和插入域”组中，单击“插入合并域”右侧的下三角按钮，从弹出的列表中，选择“姓名”选项。松开鼠标后，即可看到插入了“《姓名》”。

用同样方法插入其他合并域，结果如图 7-13 所示。

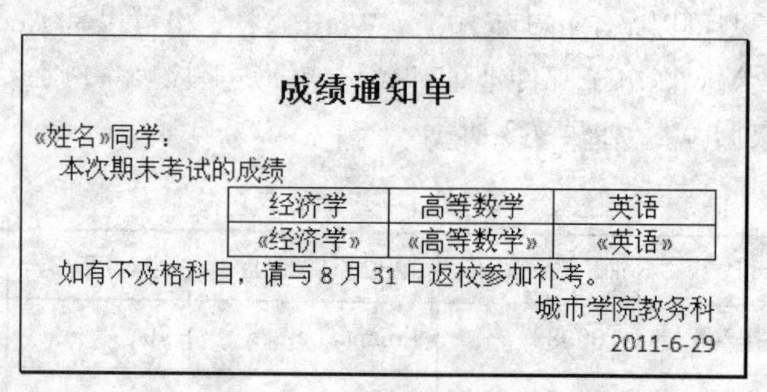

成绩通知单

«姓名»同学：

本次期末考试的成绩

经济学	高等数学	英语
«经济学»	«高等数学»	«英语»

如有不及格科目，请与 8 月 31 日返校参加补考。

城市学院教务科

2011-6-29

图 7-13　成绩通知单模板

（3）预览邮件合并结果。设置好邮件合并后，可以在“邮件”选项卡的“预览结果”组中，单击“预览结果”按钮进行预览；单击“首记录”、“上一记录”、“下一记录”、“尾记录”按钮，可以查看每一个合并的数据。

再次单击“预览结果”按钮，退出预览状态。

（4）完成邮件合并。在“完成”组中，单击“完成并合并”按钮，在弹出菜单中，选择“编辑单个文档”选项，在弹出的“合并到新文档”对话框中，设置合并的范围，此处保留默认设置。单击“确定”按钮。

4. 通过电子邮件发送

进行了邮件合并后，还可以通过电子邮件一次性将成绩单发送出去。在“成绩通知单”文档中，打开“邮件”选项卡，单击“完成”组中的“完成并合并”按钮，在弹出菜单中，选择“发送电子邮件”命令，弹出“发送电子邮件”对话框。单击“收件人”右侧的下三角按钮，从弹出的列表中，选择“电子邮件地址”选项。

在“主题行”文本框中输入主题；其余选项保留默认设置，然后单击“确定”按钮，即可自动启动 Outlook 应用程序，并根据数据源“通信录”工作表中所提供的“电子邮件地址”，将通知单发送出去。

5. 批量制作信封

新建一个 Word 文档，打开“邮件”选项卡，在“创建”组中，单击“中文信封”按钮，弹出的“信封制作向导”对话框。单击“下一步”按钮，打开对话框，把邮编、收件人姓名等信息打印在已有的信封上。按照向导逐步选择，批量生成信封。

【巩固练习】

利用邮件合并的功能制作婚宴邀请函，要求制作 50 张婚宴邀请函，做好婚宴邀请函的模板，利用邮件合并快速完成任务。

【自测练习】（请记录实际完成的时间：________分钟）

利用邮件合并的功能制作信用卡账单，要求制作 100 张信用卡账单，做好信用卡账单的模板，利用邮件合并快速完成任务。

实训七　自动生成目录

【实训目的】

利用 Word 中的样式快速排版长文档，并生成目录，掌握以下操作方法：

（1）样式的设置；

（2）自动生成目录；

（3）文档分节；

（4）页码设置。

【实训内容】

如图 7-14 所示，一篇文档分为两部分：目录和正文，分别有不同的编码。其中目录的页码为罗马数字，正文的页码为阿拉伯数字，两种页码都从“1”开始。并且能通过样式快速生成目录。

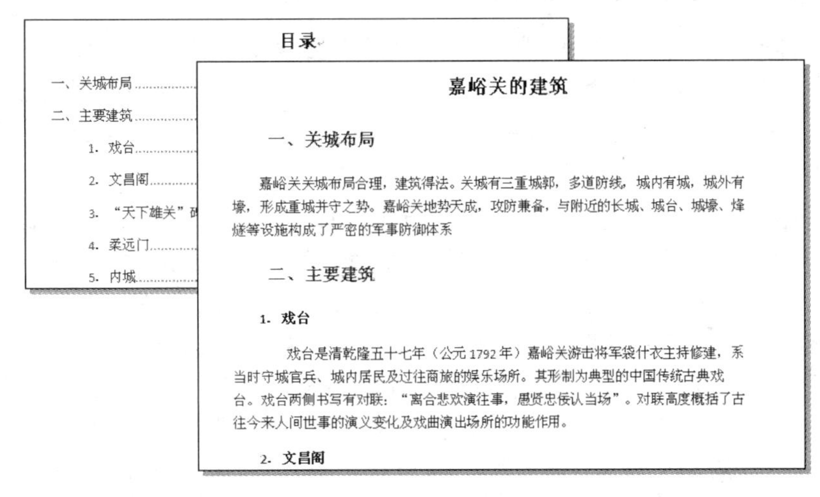

目录

一、关城布局……
二、主要建筑……
1. 戏台……
2. 文昌阁……
3. “天下雄关”碑……
4. 柔远门……
5. 内城……

嘉峪关的建筑

一、关城布局

嘉峪关关城布局合理，建筑得法。关城有三重城郭，多道防线，城内有城，城外有壕，形成重城并守之势。嘉峪关地势天成，攻防兼备，与附近的长城、城台、城壕、烽燧等设施构成了严密的军事防御体系

二、主要建筑

1. 戏台

戏台是清乾隆五十七年（公元 1792 年）嘉峪关游击将军袋什衣主持修建，系当时守城官兵、城内居民及过往商旅的娱乐场所。其形制为典型的中国传统古典戏台。戏台两侧书写有对联：“离合悲欢演往事，愚贤忠佞认当场”。对联高度概括了古往今来人间世事的演义变化及戏曲演出场所的功能作用。

2. 文昌阁

图 7-14　目录模板

操作提示

打开文档“嘉峪关的建筑”，以此为例。

1. 设置独立的两个节

在不同的节中可以独立编辑页码，因此首先将文档分为两个节。

（1）插入分节符。光标放置在文档标题“嘉峪关的建筑”前。选择“页面布局”选项卡“页面设置”中的“插入分页符和分节符”按钮，在下拉列表中选择“分节符”、“下一页”，将文档分成 2 节，其中第 1 节是空白页，用来设置目录，第 2 节是原来文档的内容。

（2）设置两个节独立。双击文档页脚位置，光标置于页脚，菜单位置出现“设计”选项卡，单击“导航”组“链接到前一条页眉”按钮，将会关闭页脚位置的“与上一节相同”，如图 7-15 所示。此时两个节可以独立编辑。

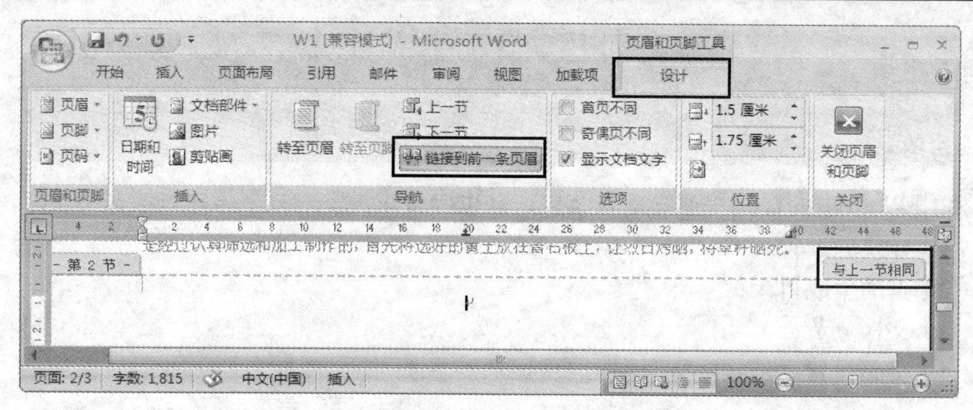

图 7-15 页眉页脚设置

（3）插入页码，目录页页码格式为 A，B，…，文章内容页的页码格式为 1，2，…

将光标置于在第 1 节页脚，单击“设计”选项卡的“页眉和页脚”组中“页码”下拉列表中“当前位置”，选择“罗马”选项；选择“页码”下拉列表中“设置页码格式”，选择“页码编号”的“起始页码”为“1”。

同样，将光标置于在第 2 节页脚，单击“设计”选项卡的“页眉和页脚”组中“页码”下拉列表中“当前位置”，选择“普通数字”；选择“页码”下拉列表中“设置页码格式”，选择“页码编号”的“起始页码”为“1”。

2. 设置并使用样式，自动生成目录。

（1）“开始”选项卡“样式”组中选择“正文”样式，单击右键，选择“修改”命令，将“正文”样式改为，楷体、小号、段落首行缩进 2 个字符，使其作用于全文。

（2）选中文中大标题“一、关城布局”，设置为宋体、加粗、四号、并在“开始”选项卡“段落”组的“段落”对话框中，设置“大纲级别”为“一级标题”。单击右键，在下拉列表中选择“样式”下的“将所选内容保存为新快速样式”，在打开的对话框中给新样式起名为“大标题 1”。选中文中小标题“1.戏台”，设置为宋体、蓝色、加粗、小四号，用相同的方法设置“大纲级别”为“二级标题”，并将样式命名为“小标题 1”。

（3）单击文中的其他大标题，再单击“开始”选项卡的“样式”中的刚设置的“大标题 1”，作用于文中相应的标题。用同样方法设置文中的其他小标题。

（4）在目录页生成目录：光标置于目录页，单击“引用”选项卡的“目录”组中的“目录”，在下拉列表中选择“插入目录”选项，在“目录”对话框选择“显示级别”为“2”，单击“确定”按钮。

【巩固练习】

（1）新建名为“中国信息化发展.doc”，上网查找信息，至少 10 页的内容。

（2）设置页眉和页脚。

（3）目录部分采用罗马数字。

（4）自动生成目录。

【自测练习】（请记录实际完成的时间：________分钟）

（1）新建名为“中国民办教育的发展”.doc，上网查找信息，至少 10 页的内容。
（2）设置页眉和页脚。
（3）目录部分采用罗马数字。
（4）自动生成目录。

实训八　工作表基本操作

【实训目的】

（1）通过本实训的练习，掌握工作簿及工作表的创建方法；
（2）学会工作表中数据的录入、编辑、处理和保存；
（3）学会工作表的格式设置；
（4）掌握调整单元格属性；
（5）公式和函数的简单应用。

【实训内容】

按照如图 7-16 所示创建“学生成绩”工作簿“2011 级学生成绩表”。

2011级学生成绩表

学号	姓名	性别	出生日期	高等数学	英语综合	C语言程序设计	多媒体技术	总分	平均分
07110501001	方世强	男	1974-1-1	78	90	85	67		
07110501002	张立波	男	1975-8-7	85	74	80	78		
0711050103	伊美	女	1975-8-9	60	80	80	85		
07110501004	钟晓红	女	1975-12-4	55	85	47	89		
07110501005	王琦	男	1978-8-4	85	55	95	100		
07110501006	李强	男	1973-5-7	65	75	74	84		
07110501007	马德功	男	1972-8-3	91	74	60	65		
07110501008	刘煦	女	1975-11-23	68	71	78	91		

图 7-16　学生成绩表

1. 创建学生成绩工作簿

启动 Excel，将系统自动创建的工作簿文件“book1”更名为“学生成绩”，保存于“我的文档”文件夹。

2. 在学生成绩工作簿中建立2011级学生成绩表

学生成绩工作簿创建后，将 Sheet1 更名为 2011 级学生成绩表。

3. 成绩表数据录入

依照样表的内容向工作表中录入数据，并进行保存。

4. 标题设置

将标题“2011 级学生成绩表”，做如下设置：行高：“22”；字体：“黑体”并“加粗”；字大小：“16”；图案：“橘黄色”。

5. 表头设置

将表头单元格中“学号”至“平均分”，做如下设置：行高：“15”；字体：“楷体”并

“加粗”；字大小：“12”；图案：“淡蓝色”；单元格对齐方式：水平和垂直方向都“居中”。

6. 数据及表格边框设置

将表中的数据单元格做如下设置：行高、字体、字大小、图案都保持默认值；对齐方式：水平和垂直方向都“居中”；最后给表格加上边框。

7. 利用公式计算“总分”

第一个学生“方世强”的“总分”，利用公式：=E3+F3+G3+H3 完成，其他学生的“总分”，利用“公式复制”填充完成。

8. 利用插入函数计算“平均分”

第一个学生“方世强”的“平均分”，利用函数向导：插入“AVERAGE”函数完成，其他学生的“总分”，利用“函数复制”填充完成。

操作提示

公式与函数

（1）公式计算“总分”：在 I3 单元格中输入公式：=E3+F3+G3+H3，然后单击确认按钮“✓”，完成“方世强”的“总分”计算。

公式复制（填充）：将鼠标移至“方世强”的“总分”单元格（I3）的右下角，当鼠标指针变为实心加号时按住鼠标左键，拖动至“刘煦”的“总分”单元格（I10），则所选区域公式被复制，结果也自动被计算出来。

（2）函数计算“平均分”：选中 J3 单元格，执行菜单“插入→函数”命令，在弹出的“函数”对话框中，选择“AVERAGE”函数，函数参数设置：“Number1”范围是“E3：H3”。函数复制（填充）：方法与公式复制（填充）相同。

创建形式如图 7-16 所示的成绩表，录入 15 条成绩，计算成绩并按要求进行统计（平时成绩十分制，其他为百分制）。保存在 Excel2.xls 中的 Sheet2 中，并将 Sheet2 命名为“成绩表”。

【巩固练习】

（1）某单位财务处为了在发工资时比较顺利，尽量用大面额的发，并且要有足够多的零钱。因此需要计算从银行提取的百元张数、五十元张数，直至一分的个数。如表 7-4 所示，是该单位的人员工资表，利用 Excel 解决，保存在 Excel2.xls 中的 Sheet1 中，并将 Sheet1 命名为“工资表”。

表 7-4　工资表

姓　名	方世强	王镜	刘华	张明远	何应	邵昆	王树平	李蓝
工　资	5 123.34	2 345.6	2 344.1	3 455.12	1 991	2 345.78	2 349.90	3 344.56

操作提示

遇到具体问题的时候，应当先理清思路。比较常用的方法是把一个问题分解成为多个小问题，各个击破，而这些小问题之间又往往会有一些共性。解决了其中一个，会对解决其他问题有所启发。在本例中有以下几点。

① 将求整个单位的，分解为先求出每个人工资对应各种面额的张数。然后再合计整个

单位工资对应各种面额的总张数。

② 用（工资/100）取整，求出百元的张数；然后求出低于百元的零头，并分离出十、个、角、分（见样文 3 中 O2～U2 列）。这样，就便于分解出各个面额对应的张数了。

例如，要分解出贰元的张数，用（$\dfrac{\text{个位数额}}{5}-5$ 元 × 张数）÷ 2，然后再取整，就可以得到。其他的用类似方法也可以求得。

③ 最后，按列求和得到最终值。

（2）制作步骤

① 建立如图 7-17 所示中的电子表格，依次录入人员姓名及工资。

A	B	C	D	E	F	G	H	I	J	K	L	M	N	O	P	Q	R	S	T	U
姓名	工资	百元	伍拾元	拾元	伍元	贰元	壹元	五角	贰角	壹角	伍分	贰分	壹分	低于百元	零头的整数	十	个	零头小数	角	分
方世强	5123.34																			

图 7-17　电子表格结构

② 按目标构造公式。公式中函数的运用是灵活的。只要能达到目标，用什么函数构造公式都可以。因此，答案不是唯一的。下面提示中用了 INT（取整函数）和 MOD（取余函数）。

注意：在不太熟练的情况下，有可能不知道应当用哪个函数，可以打开“插入”→“函数”下的“粘贴函数”对话框，浏览各个函数，了解它们的功能，选择合适的函数。

也有可能一开始公式写得不正确，可以一边调试，一边修改，最终创建出正确的电子表格。

下面给出公式，供参考：

C2 单元格“=INT(B2/100)”　求百元的张数

O2 单元格“=B2-C2*100”　求低于百元的零头部分

P2 单元格　“=INT(O2)”　求零头中的整数部分

Q2 单元格　“=INT(P2/10)”　求零头中的十位数

R2 单元格“=P2-Q2*10”　求零头中的个位数

S2 单元格“=(O2-P2)*100”　求零头中的小数部分

T2 单元格“=INT(S2/10)”　求零头中的角

U2 单元格“=S2-T2*10 ”　求零头中的分

D2 单元格“=INT(Q2/5)”　求五十元的张数

E2 单元格“= MOD(Q2,5)”　求十元的张数

F2 单元格“=INT(R2/5)”　求五元的张数

G2 单元格“=INT(MOD(R2,5)/2)”　求贰元的张数

H2 单元格“=R2-5*F2-2*G2”　求壹元的张数

I2 单元格“=INT(T2/5)”　求五角的张数

J2 单元格“=INT(MOD(T2,5)/2)”　求贰角的张数

K2 单元格“=T2-5*I2-2*J2”　求壹角的张数

L2 单元格“=INT(U2/5)”　求五分的个数

M2 单元格“=INT (MOD　(U2 , 5) / 2)”　　求贰分的个数

N2 单元格“=U2-5*L2-2*M2　　求壹分的个数

③ 复制公式。选中 C2 至 T2，用鼠标按住“＋”字形，一直拖动到 T9。所拖过的区域公式被复制过来，并且公式内的地址也被改为相应的地址，数据同步被计算出来。

④ 合计。B10 单元格输入“=SUM(B2:B9)”，复制公式到 C10 至 T10

⑤ 修饰表格。

隐藏第 O～T 列：O～T 列存放的是中间结果，应当隐藏（注意：不是删除）。

隐藏：选中第 O～T 列→“格式”→“列”→“隐藏”。

然后进行增加标题、修改单元格格式、增加边框等修饰工作。

⑥ 格式。

B～U 列单元格格式的数字设置为数值型，其中 B 列小数位数为 2，C～U 列小数位数为 0。

【自测练习】（请记录实际完成的时间：_______分钟）

下面练习，请在 10 分钟之内完成。

（1）按照如表 7-5 所示的形式，建立电子表格。

表 7-5　期末账户余额

金额单位：元

账 户 名 称	借 方 余 额	账 户 名 称	贷 方 余 额
现金	350	短期借款	61 000
银行存款	76 700	应付账款	4 050
应收账款	700	其他应付款	8 700
其他应收款	750	应付福利费	7 000
原材料	349 800	预提费用	4 100
生产成本	36 000	应交税金	20 650
产成品	50 400	累计折旧	230 500
待摊费用	1 000	本年利润	157 785
待处理财产损益	6 500	实收资本	721 000
固定资产	628 500	盈余公积	38 000
利润分配	95 785		
合计		合计	

（2）求借方余额合计和贷方余额合计。

实训九　排序、筛选与分类汇总和图表的使用

【实训目的】

（1）掌握 Excel 中升序和降序的排序方法；

（2）掌握筛选这种查找和处理数据清单中数据子集的快捷方式；

（3）掌握分类汇总的方法；

（4）充分理解排序、筛选与分类汇总对分析工作表中的数据产生的意义；

（5）图标的使用

【实训内容】

利用实训九得到的实训结果，保存于“学生成绩”工作簿中，如图 7-18 所示。

1. 复制并命名工作表

在“学生成绩”工作簿中，复制并插入 4 个工作表，分别更名为：“C 语言程序设计升序表”，“高等数学 90 分以上学生表”，“C 语言程序设计和平均分 80 分以上的女生表”，“按性别统计的各科平均值表”。

2011级学生成绩表

学号	姓名	性别	出生日期	高等数学	英语综合	C语言程序设计	多媒体技术	总分	平均分
07110501001	方世强	男	1974-1-1	78	90	85	67	320	80
07110501002	张立波	男	1975-8-7	85	74	80	78	317	79.25
0711050103	伊美	女	1975-8-9	60	80	80	85	305	76.25
07110501004	钟晓红	女	1975-12-4	55	85	47	89	276	69
07110501005	王琦	男	1978-8-4	85	55	95	100	335	83.75
07110501006	李强	男	1973-5-7	65	75	74	84	298	74.5
07110501007	马德功	男	1972-8-3	91	74	60	65	290	72.5
07110501008	刘煦	女	1975-11-23	68	71	78	91	308	77

图 7-18　实训结果

2. 构造“C 语言程序设计升序表”

“C 语言程序设计升序表”中，选择“C 语言程序设计”任意一单元格，然后按“升序”排序。

3. 构造“高等数学90分以上学生表”

在“高等数学 90 分以上学生表”中，利用自动筛选功能，进行筛选。

4. 构造“C 语言程序设计和平均分80分以上的女生表”

在“C 语言程序设计和平均分 80 分以上的女生表”中，利用高级筛选功能进行筛选。

5. 构造“按性别统计的各科平均值表”

在“按性别统计的各科平均值表”中，先按“性别”字段进行升序排序，再选择相应的课程进行分类汇总。

6. 制作内嵌图表

选择数据源为：“姓名”、“总分”及各科成绩。利用“图表向导”选择图表类型为“柱形图”，建立图表。

7. 编辑图表

利用图表工具，修改标题为黑体字，字号：“14”。图表中各“姓名”标识，设字号为：“8”，添加数据标签。

操作提示

（1）自动筛选：选择“高等数学90分以上学生表”任意一单元格，执行“数据”→“筛选”→“数字筛选”命令，按要求设置条件，然后进行筛选，如图7-19所示。

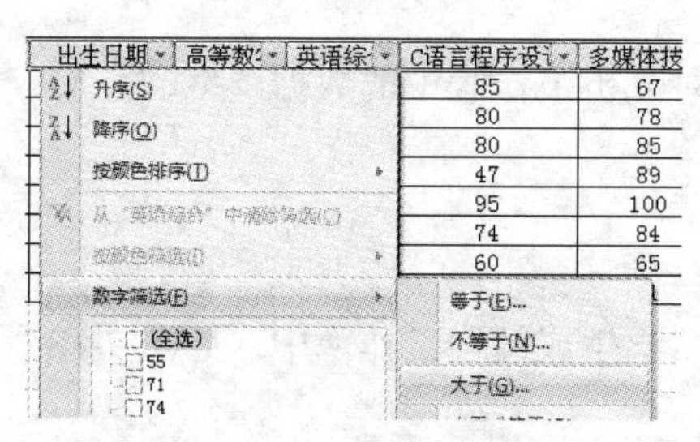

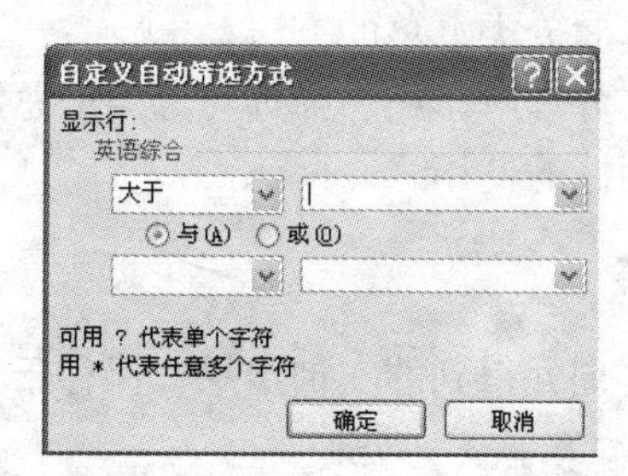

图7-19　设置筛选条件

（2）高级筛选：在“学生成绩”工作簿中，建立一“条件”工作表，内容如图7-20所示。

	A	B	C	D	E	F
1						
2			性别	程序设计	平均分	
3			女	>80	>80	

图7-20　“条件”工作表

在“C语言程序设计和平均分80分以上的女生表”中，执行“数据”→“筛选”→“高级筛选”命令。在“高级筛选”对话框的“条件区域”中，选取“条件”工作表的C2：E3区域，如图7-21所示，单击“确定”按钮。

（3）分类汇总：要进行某个字段上的分类汇总，就必须先以其作为关键字进行排序。在“按性别统计的各科平均值表”中，按“性别”进行升序排序。

选择“性别”字段任意一单元格，执行“数据”→“分类汇总”命令，在“分类汇总”对话框中，进行如图7-22所示的内容设置后，进行分类汇总。

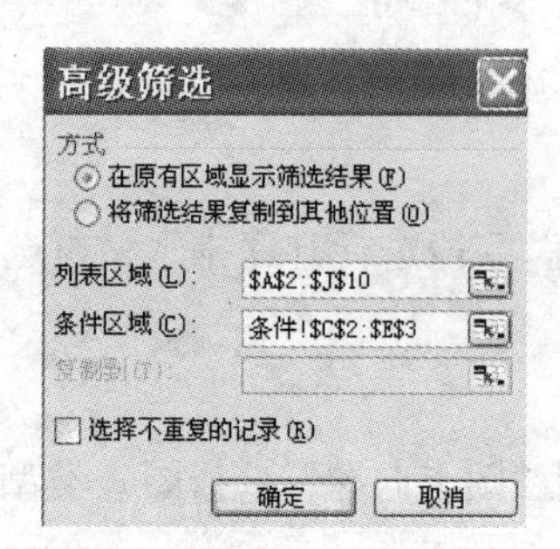

图7-21　“高级筛选”对话框

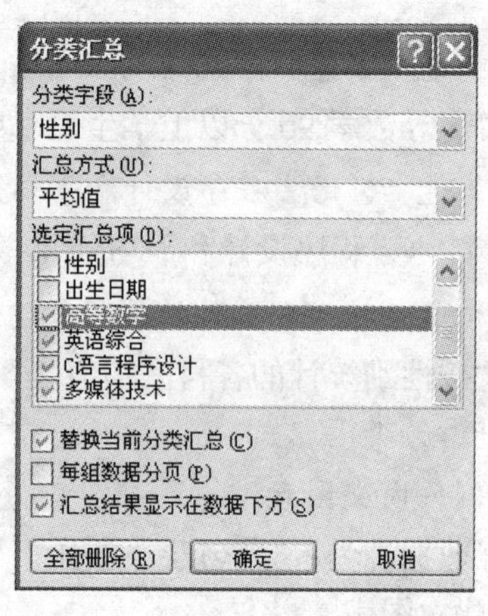

图7-22　“分类汇总”对话框

（4）利用 Excel 制作图表，主要有以下步骤，首先选择图表类型，然后选择数据源，如图 7-23 所示，就可以制作简单的图表，如图 7-24 所示的效果。

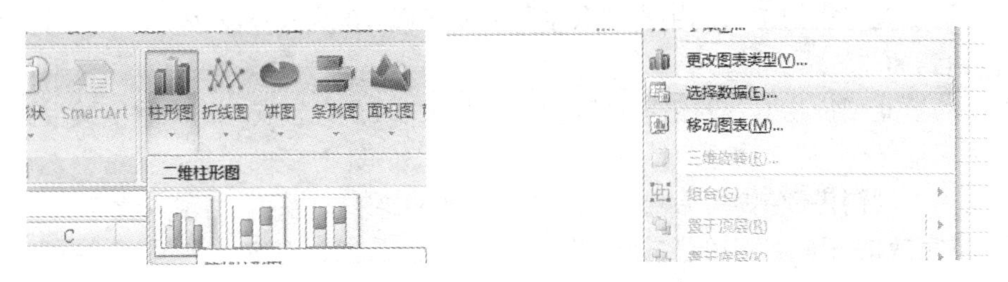

图 7-23　设置图表类型和数据源

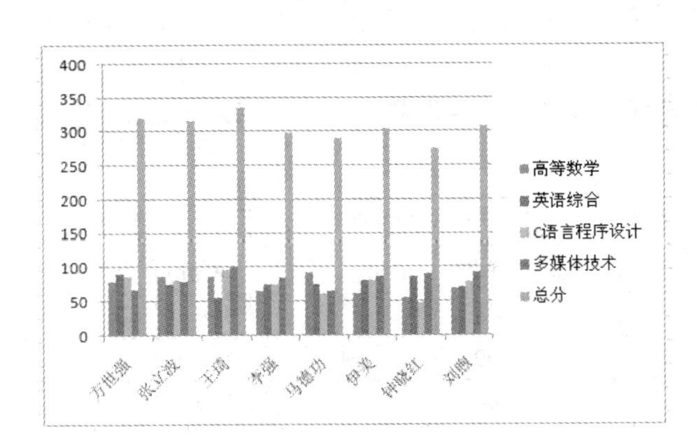

图 7-24　成绩对比表

（5）修改图表属性，添加标题，添加数据标签，如图 7-25 所示。

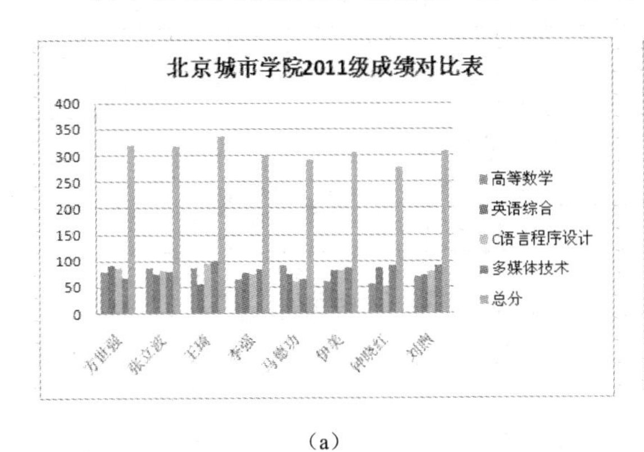

（a）

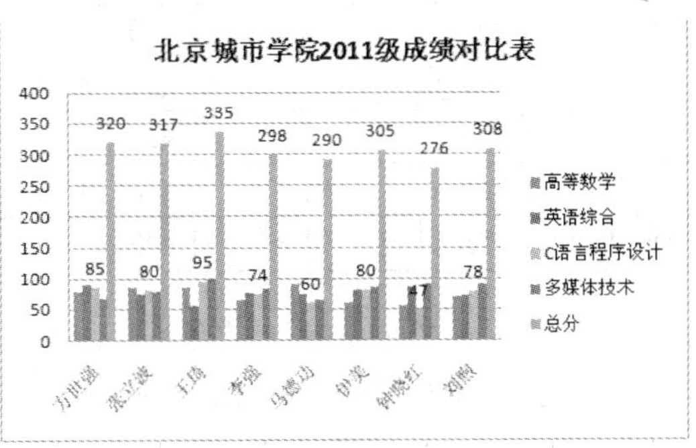

（b）

图 7-25　修改图表属性

【巩固练习】（请记录实际完成的时间：________分钟）

下面练习请在 25 分钟之内完成。

（1）在自己的文件夹下新建工作簿 student.xls，进行以下操作。

① 在 Sheet1 中输入如表 7-6 所示的数据，输入数据时注意观察数据规律，尽量使用自动填充的方法。

② 自动填充“货物 A”的销售“数量”，要求以 18 为起点，按步长 4，等差级数增长。

③ 自动填充“货物 B”的销售“数量”，要求以 10 为起点，按步长 2，等比级数增长，最多达到 80。

④ 自动填充“货物 C”的销售“数量”，要求以 80 为起点，每个季度减少 2。

⑤ 按“金额=单价 × 数量”计算货物 A、货物 B、货物 C 的销售“金额”。

⑥ 按“季度销售额=货物 A 金额+货物 B 金额+货物 C 金额”计算季度销售额。

（2）将完成的 Sheet1 中的数据全部复制到 Sheet2 中，对 Sheet2 中的数据进行以下操作。

① 给 Sheet2 中的表格添加表头：“各季度销售表”，跨列居中，隶书，26 磅。

② 将表格内文字设置成宋体 14 磅，水平居中，垂直居中。

③ 给表格添加表线，外表线为蓝色双线，内表线为黑色单线。

表 7-6 销售表

季度	货物 A			货物 B			货物 C			季度销售额
	单价	数量	金额	单价	数量	金额	单价	数量	金额	
Mar-97	200	18		400	10		100	80		
Jun-97	201			400			110			
Sep-97	202			400			120			
Dec-97	203			400			130			
Mar-98	204			400			100			
Jun-98	205			400			110			
Sep-98	206			420			120			
Dec-98	207			420			130			
Mar-99	208			420			100			
Jun-99	209			420			110			
Sep-99	210			420			120			
Dec-99	211			420			130			

（3）将完成的 Sheet1 中的数据复制到 Sheet3 中，对 Sheet3 中的数据进行以下操作。

① 使用自动筛选，筛选出“季度销售额”在 20 000 元以上的季度，将筛选结果复制到以 A20 为左上角的区域。

② 使用高级筛选，筛选出“货物 A、B、C”中金额均在 5 000 元以上的季度，将筛选结果复制到以 A30 为左上角的区域。

（4）将完成的 Sheet1 中的数据复制到 Sheet4 中，按 Sheet4 中的数据以“季度“为分类轴，货物 A、B、C 的“金额”及“季度销售额”为数值轴，生成嵌入式图表，要求如下。

① 图表标题：97～99 销售图表，黑体，36 磅，蓝色；分类轴标题：季度；数值轴标题：金额。分类轴和数值轴标题均为楷体，26 磅，红色字；分类轴和数值轴数据为宋体，16 磅。

② 图例位置“靠右”，楷体，12 磅，黄色。图例名称为：“金额 A”、“金额 B”、“金额 C”。

【自测练习】（请记录实际完成的时间：_______分钟）

下面练习请在 25 分钟之内完成。

（1）如表 7-7 所示，输入电子表格。

（2）公式计算：计算合计人数。

（3）数据排序：按到各个国家的合计人数递减排序。

（4）数据筛选：筛选出亚洲的有关记录。

（5）建立数据透视表：以“洲”为分页，以“国家”为列字段建立数据透视表。以各月份为“数据”求和，得到[数据透视表]所示结果。

（6）建立图表：用一月份的数据生成饼图，分类标志为国家；标题为“旅行人数分析图”；图中显示百分比。

表 7-7　电子表格

新亚旅行社旅游人数第一季度统计表

单位：人

国家	洲	类别	一月	二月	三月	合计
美国	北美洲	入境	110	120	78	
美国	北美洲	出境	120	30	78	
加拿大	北美洲	入境	390	232	209	
加拿大	北美洲	出境	290	142	190	
荷兰	欧洲	入境	341	312	234	
荷兰	欧洲	出境	223	89	211	
瑞士	欧洲	入境	222	231	167	
瑞士	欧洲	出境	134	98	210	
法国	欧洲	入境	456	421	532	
法国	欧洲	出境	247	464	344	
合计						

实训十　PowerPoint 2007 上机操作

【实训目的】

（1）学会幻灯片基本制作方法：选择模板、背景、使用艺术字、设计字体、插入图片。

（2）掌握幻灯片的切换、动画和声音效果的制作。

【实训内容】

1. 制作一个含有4张幻灯片的演示文稿名为“唐诗欣赏”

（1）制作第1张幻灯片。启动PowerPoint 2007以后，选择空演示文稿，执行“设计”→“背景”，选择一个背景图案。在标题占位符处输入“唐诗欣赏”在“插入”→“文本”→“艺术字”命令，选择加阴影。在幻灯片左边插入一张图片，然后，在“图片工具格式”→“映像棱台黑色”的边框样式，在右边“插入”→“插入图片”→“SmartArt”→“垂直V形列表”的形状，输入文字，如图7-26所示。

图7-26　第1张幻灯片

（2）制作第2张幻灯片。在“开始”→“幻灯片”→“新建幻灯片”→“项目清单”版式，在标题占位符处，输入“《雨后望月》李白”设置字体为：黑体48号字，加粗。

在文本占位符处输入诗的内容。字体为：隶书、40号字。

（3）在“插入”→“插入图像”→“图片”命令，在浏览器中找到适合内容的图片，移动图像到合适的位置，如图7-27所示。

（4）制作第3张、第4张幻灯片。依照步骤2、3的方法制作第3张、第4张幻灯片，如图7-28和图7-29所示。

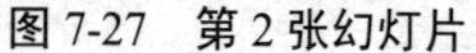

图7-27　第2张幻灯片

图7-28　第3张幻灯片

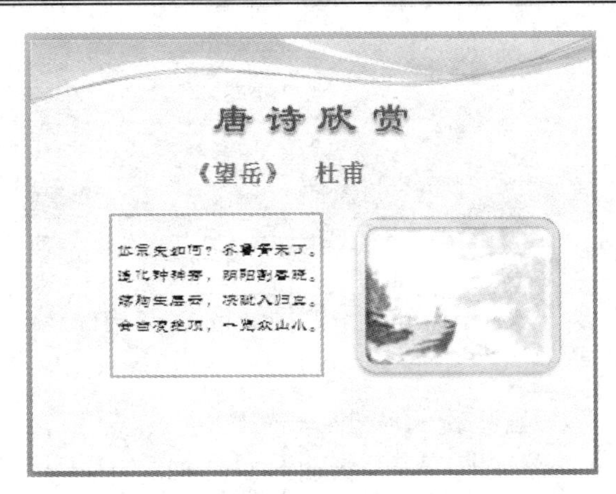

图 7-29　第 4 张幻灯片

（5）最后存盘。在 D 盘建立自己学号文件夹，将制作好的文件存在此文件夹中名为“唐诗三首.ppt”。

2. 在幻灯片加动画效果

（1）将幻灯片视图转换到幻灯片浏览视图，选中第 1 张幻灯片，在“动画”→“切换到此幻灯片”中，单击“盒状展开”效果，在“动画”→“动画”→“自定义动画”右选择框中选中“右侧飞入”。选中后，幻灯片自动预览，每行字依次从右侧飞入。

（2）选中第 2 张幻灯片，在“动画”选项卡中的“幻切换到此灯片”中选中“盒状收缩”，在“动画”选项卡中的“动画”中选择在“自定义动画”右选择框中“左侧飞入”选项。选中后，幻灯片自动预览，每行字依次从左侧飞入。

（3）第 3 张、第 4 张，用同样的方法做，但要选择其他的效果和动画。

（4）幻灯片切换和动画设置好后，在视图方式中选择幻灯片放映，观看效果。

动画事件设计为单击鼠标，执行下一步。也就是说每单击一下鼠标，字幕有一次变化。也可以设置为时间间隔为变化对象。

具体做法如下。

（1）在“动画”选项卡中的“幻切换到此灯片”组中，单击“在此之后自动设置动画效果”命令，选择 00：03。

（2）在“切换声音”中，选中“打字机”声音。此时不用鼠标电击，每隔 3 秒自动切换画面，并伴随有打字机的声音。

【巩固练习】

根据演示文稿模板制作演示文稿。

启动 PowerPoint 以后，选择 Office 菜单中的“新建”命令，在弹出的对话框中选择“演示文稿”页面，此模板共有 7 张幻灯片，每一张幻灯片的格式、背景都已确定，只要把相应的文字该为自己需要的文字即可，如图 7-30 所示为其中的一个幻灯片。

7 张幻灯片创建后，分别加上换页动画效果，然后预览，存盘名为：“演示 2.ppt”。

在第 7 张要链接到“唐诗欣赏”.PPT，具体制作方法如下。

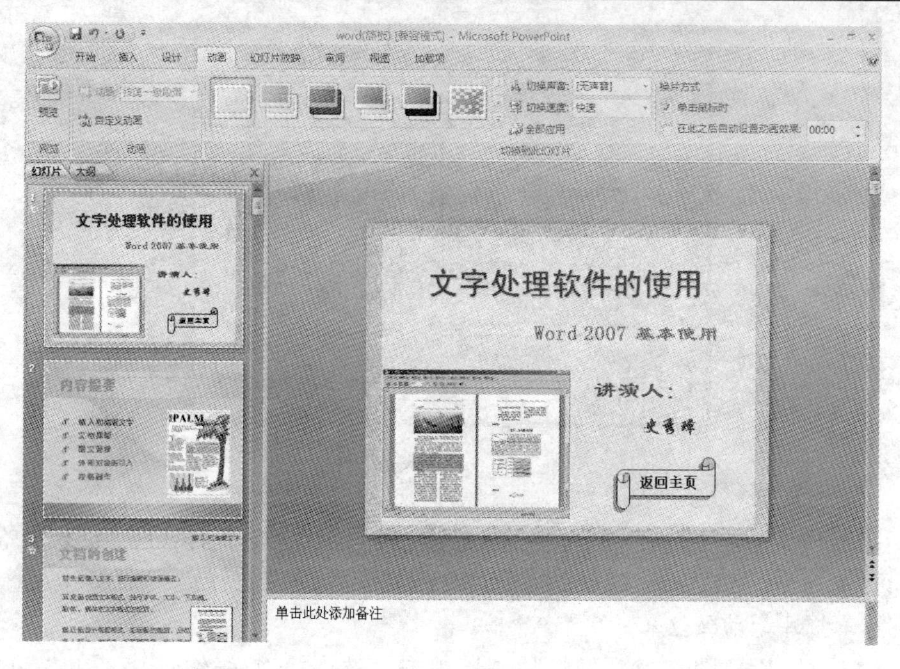

图 7-30　幻灯片杨文

单击“幻灯片放映”→“动作按钮”选择图形，在幻灯片上鼠标出现十字画一个方框，如图 7-31 所示，接着出现如图 7-32 所示的“动作设置”对话框，在“超级链接到”框选择“其他 PowerPoint 演示文稿”，选中后找到存在 D:\唐诗欣赏.ppt，单击“确定”按钮设置完成。预览在图 7-31 中单击链接图标，可链接唐诗欣赏的 4 张幻灯片。

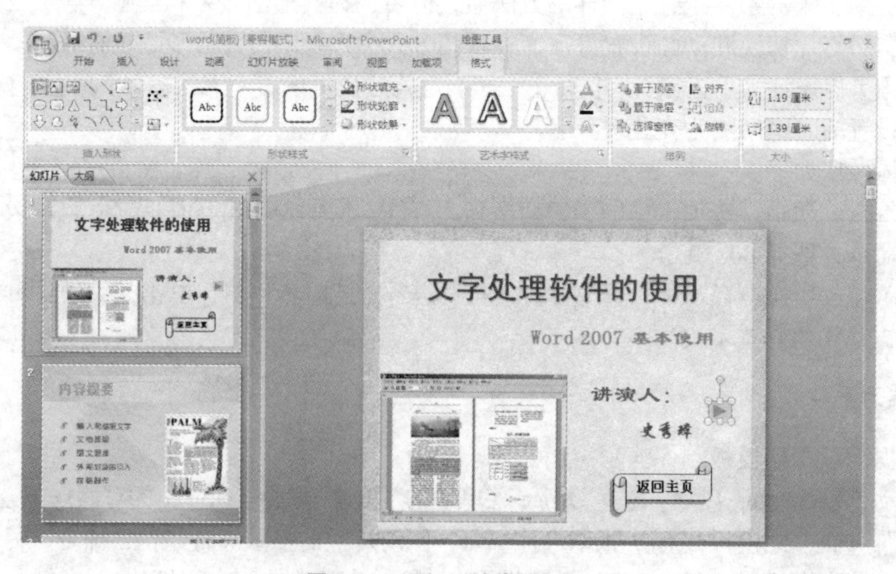

图 7-31　添加“动作按钮”

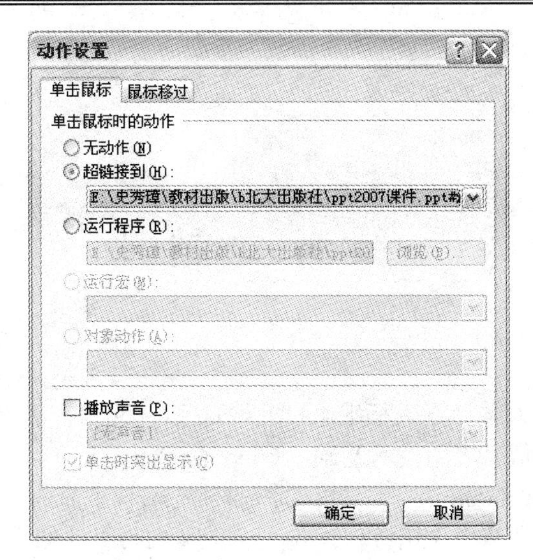

图 7-32 “动作设置”对话框

【自测练习】（请记录实际完成的时间：_______分钟）

根据设计模板制作一个含有“自我介绍”演示文稿的 4 张幻灯片。

要求：

（1）背景可用 PowerPoint 的应用设计模板，也可自己设计。

（2）第 1 张为标题、制作人姓名和制作时间。

（3）内容：有艺术字、图片、字体、字号不同。

（4）要求有声音和动画效果。

参考文献

[1] 冯博琴，等. 大学计算机基础 [M]. 第3版. 北京：清华大学出版社，2009.

[2] 尚俊杰，等. 信息应用技术基础（Windows XP环境）[M]. 第2版. 北京：中国铁道出版社，2008.

[3] 卢湘鸿，等. 计算机应用教程（Windows XP环境）[M]. 第4版. 北京：清华大学出版社，2007.

[4] 王彦祺，等. 大学计算机基础 [M]. 北京：电子工业出版社，2009.

[5] 顾刚. 大学计算机基础 [M]. 北京：高等教育出版社，2008.

[6] 孙践知. 计算机基础案例教程 [M]. 北京：清华大学出版社，2006.

[7] 王志强，等. 大学计算机应用基础 [M]. 北京：清华大学出版社，2005.

[8] 王移芝，等. 计算机基础知识 [M]. 北京：电子工业出版社，2001.

[9] 李大友. 计算机网络 [M]. 第2版. 北京：清华大学出版社，2005.

[10] 徐惠民，等. 计算机文化基础（Windows 2001版）[M]. 北京：人民邮电出版社.